卓越农林人才培养实验实训实习教材

动物生产学实验与实训

主　编

刘安芳　（西南大学）

范成莉　（西南大学）

副主编

罗宗刚　（西南大学）

王　玲　（西南大学）

周勤飞　（西南大学）

汪水平　（西南大学）

编写人员（按姓氏笔画排序）

王克君　（河南农业大学）

龙　翔　（西南大学）

付树滨　（西南大学）

刘凌斌　（西南大学）

李文婷　（河南农业大学）

李明晖　（西南大学）

杨海丽　（西南大学）

杨震国　（西南大学）

吴红翔　（江西农业大学）

张龚炜　（西南大学）

陈俊材　（西南大学）

罗　嘉　（西南大学）

赵小玲　（四川农业大学）

西南大学出版社

SWUP　国家一级出版社　全国百佳图书出版单位

图书在版编目（CIP）数据

动物生产学实验与实训 / 刘安芳，范成莉主编. -- 重庆：西南大学出版社，2023.12
ISBN 978-7-5697-1746-4

Ⅰ. ①动… Ⅱ. ①刘… ②范… Ⅲ. ①畜禽—饲养管理—实验 Ⅳ. ①S815-33

中国国家版本馆CIP数据核字(2023)第202000号

动物生产学实验与实训

主编　刘安芳　范成莉

责任编辑：鲁　欣
责任校对：杨光明
装帧设计：殳十堂_朱　璇
排　　版：吴秀琴
出版发行：西南大学出版社(原西南师范大学出版社)
印　　刷：重庆天旭印务有限责任公司
成品尺寸：195 mm×255 mm
印　　张：18
字　　数：380千字
版　　次：2023年12月 第1版
印　　次：2023年12月 第1次印刷
书　　号：ISBN 978-7-5697-1746-4

定　　价：56.00元

卓越农林人才培养实验实训实习教材

总序 GENERAL PREFACE

2014年9月，教育部、农业部（现农业农村部）、国家林业局（现国家林业和草原局）批准西南大学动物科学专业、动物医学专业、动物药学专业本科人才培养为国家第一批卓越农林人才教育培养计划改革试点项目。学校与其他卓越农林人才培养高校广泛开展合作，积极探索卓越农林人才培养的模式、实训实践等教育教学改革，加强国家卓越农林人才培养校内实践基地建设，不断探索校企、校地协调育人机制的建立，开展全国专业实践技能大赛等，在卓越农林人才培养方面取得了巨大的成绩。西南大学水产养殖学专业、水族科学与技术专业同步与国家卓越农林人才教育培养计划专业开展了人才培养模式改革等教育教学探索与实践。2018年9月，教育部、农业农村部、国家林业和草原局发布的《关于加强农科教结合实施卓越农林人才教育培养计划2.0的意见》（简称《意见2.0》）明确提出，经过5年的努力，全面建立多层次、多类型、多样化的中国特色高等农林教育人才培养体系，提出了农林人才培养要开发优质课程资源，注重体现学科交叉融合、体现现代生物科技课程建设新要求，及时用农林业发展的新理论、新知识、新技术更新教学内容。

为适应新时代卓越农林人才教育培养的教学需求，促进"新农科"建设和"双万计划"顺利推进，进一步强化本科理论知识学习与实践技能培养，西南大学联合相关高校，在总结卓越农林人才培养改革与实践的经验基础之上，结合教育部《普通高等学校本科专业类教学质量国家标准》以及教育部、财政部、发展改革委《关于高等学校加快"双一流"建设的指导意见》等文件精神，决定推出一套"卓越农林人才培养实验实训实习教材"。本套教材包含动物科学、动物医学、动物药学、中兽医学、水产养殖学、水族科学与技术等本科专业的学科基础课程、专业发展课程和实践等教学环节的实验实训实习内容，适合作为动物科学、动物医学和水产养殖学及相关专业的教学用书，也可作为教学辅助材料。

本套教材面向全国各类高校的畜牧、兽医、水产及相关专业的实践教学环节，具有较广泛的适用性。归纳起来，这套教材有以下特点：

1. 准确定位，面向卓越 本套教材的深度与广度力求符合动物科学、动物医学和水产养殖学及相关专业国家人才培养标准的要求和卓越农林人才培养的需要，紧扣教学活动与知识结构,对人才培养体系、课程体系进行充分调研与论证,及时用现代农林业发展的新理论、新知识、新技术更新教学内容以培养卓越农林人才。

2.夯实基础,切合实际 本套教材遵循卓越农林人才培养的理念和要求,注重夯实基础理论、基本知识、基本思维、基本技能;科学规划、优化学科品类,力求考虑学科的差异与融合,注重各学科间的有机衔接,切合教学实际。

3.创新形式,案例引导 本套教材引入案例教学,以提高学生的学习兴趣和教学效果;与创新创业、行业生产实际紧密结合,增强学生运用所学知识与技能的能力,适应农业创新发展的特点。

4.注重实践,衔接实训 本套教材注意厘清教学各环节,循序渐进,注重指导学生开展现场实训。

"授人以鱼,不如授人以渔。"本套教材尽可能地介绍各个实验(实训、实习)的目的要求、原理和背景、操作关键点、结果误差来源、生产实践应用范围等,通过对知识的迁移延伸、操作方法比较、案例分析等,培养学生的创新意识与探索精神。本套教材是目前国内出版的能较好落实《意见2.0》的实验实训实习教材,以期能对我国农林的人才培养和行业发展起到一定的借鉴引领作用。

以上是我们编写这套教材的初衷和理念,把它们写在这里,主要是为了自勉,并不表明这些我们已经全部做好了、做到位了。我们更希望使用这套教材的师生和其他读者多提宝贵意见,使教材得以不断完善。

本套教材的出版,也凝聚了西南大学和西南大学出版社相关领导的大量心血和支持,在此向他们表示衷心的感谢!

总编委会

前言

随着现代畜牧业、人工智能、大数据等的发展，动物生产学在畜牧业中的地位愈加重要。为了贯彻实施国家“卓越农林人才教育培养计划2.0”和适应目前中国大学MOOC（慕课）、案例教学和翻转课堂等多种教学模式发展的需要，西南大学联合四川农业大学、河南农业大学以及江西农业大学组织长期从事动物生产学教学和研究工作的一线专家和青年教师编写了《动物生产学实验与实训》。

本教材在内容编排上，兼顾了实验和实训教学两部分内容。综合课程特色和各院校实际情况，教材内容涵盖了猪生产学、家禽生产学、牛生产学、羊生产学和兔生产学课程的实验和实训项目，是西南大学“动物科学国家级实验教学示范中心建设”和“卓越农林人才教育培养计划”项目的重要成果。本教材在编写过程中参考了大量国内外相关文献和图片，力求理论和实践相结合，旨在为读者提供一本动物生产学实验与实训技术指南。本书不仅适用于动物科学专业，也适用于动物医学类及其他农学类相关专业课程的实验与实训教学，还可供生命科学相关专业的科研技术人员参考。在实际使用本教材时，各个院校可根据自己的教学大纲、教学条件和教学特色等进行合理的选择。同时本教材也可作为科研单位、畜牧企业以及畜牧工作者的参考用书。

教材的编写得到了其他兄弟院校老师的大力支持和帮助，在此向他们表示衷心感谢！本书虽经再三斟酌与审校，但由于时间仓促，加之编者水平有限，书中错误和疏漏之处在所难免，恳请专家、读者批评指正。

编者

2023年9月

第一篇 猪生产实验与实训

第二篇 家禽生产实验与实训

第三篇 牛生产实验与实训

第四篇 羊生产实验与实训

第五篇 兔生产实验与实训

第一篇

猪生产实验与实训

概述

中国是养猪大国，猪存栏量、出栏量和产肉量一直占据世界近50%的比重。中国早就有养猪的习惯，在农业社会，猪不仅是重要的肉食来源，也是养猪家庭重要的经济来源。中国人以猪肉为主要肉类的饮食习惯很难改变，在很长时间内，猪肉仍旧是中国人餐桌上重要的肉类。我国的养猪业正处于由传统的、分散的小农经济生产方式向规模化、专业化、现代化的生产方式发展的阶段。规模化养猪生产方式已成为发展农村经济、农民增收致富的主要途径，是当前发展养猪生产的主要方向。

猪生产学是动物科学相关专业的核心课程，也是一门实践操作性要求很高的课程，因而在动物生产学教学过程中，除了加强猪生产理论课的学习外，还需进一步强化实验与实训的教学，提高学生分析与解决问题的能力，培养学生动手和独立思考的能力。

猪生产实验与实训部分由实验篇和实训篇两部分组成，实验篇由4个验证性实验组成，内容涉及猪品种识别、猪体尺测量、个体身份识别、猪的屠宰、胴体品质测定及肉质评定，重在提高学生的实验操作技能和学习兴趣。实训篇有5个项目，内容涉及猪的发情鉴定、配种、仔猪接产和管理等技术环节，以及猪场修建等。同时，根据部分实验和实训的特点，在各部分内容中介绍了基本原理，强调了注意事项，设置了问题与思考用于拓展。

本篇可供动物生产学猪生产实验与实训教学、毕业论文设计和科学研究时查阅和参考，也可供猪养殖从业者参考。

猪生产实验

实验一　猪品种识别及外形鉴定

一、实验目的

(1)识别猪的主要品种。

(2)掌握猪外貌鉴定的步骤和方法。

二、实验原理

1.猪的品种

猪是世界上分布最广泛的动物之一,也是和人类生活密切相关的家养动物。由于长时间的地域隔离,不同地方的猪具有不同的特点和明显的地域特色,形成品种的多样化。本节将从我国地方品种、国外主要品种和我国培育品种三个方面来介绍猪的主要品种和特点,以帮助同学们更好地识别和利用这些猪品种,培育出更多适应社会民生需求的新品种。

(1)我国的地方品种。我国是猪遗传资源丰富的国家,目前现存地方猪品种83个,约占世界猪遗传资源的1/3。2011年出版的《中国畜禽遗传资源志·猪志》收录了76个地方猪种。我国地方猪按照品种特征、分布区域等因素分为以下六种类型(表1-1-1)。

表 1-1-1　六类中国地方猪种的品种特征和分布区域

类型	猪种(列入国家畜禽遗传资源保护)	品种特征	分布区域
华北型	民猪、八眉猪、黄淮海黑猪、汉江黑猪和沂蒙黑猪	毛色多为黑色,偶尔在末端出现白斑;体躯较大,四肢粗壮;头平直,嘴筒较长,耳大下垂,额间多纵行皱纹,皮厚多皱褶,毛粗密,鬃毛发达;冬季密生绒毛,抗寒力强;乳头8对左右,产仔数一般在12头以上,母性强,泌乳性能好,仔猪育成率较高;耐粗饲	主要分布于秦岭、淮河以北地区,包括东北三省、内蒙古、河北、山西、山东、新疆、宁夏、河南和甘肃等地的大部分地区,以及陕西、湖北、安徽、江苏四省的北部地区和青海西宁市、四川广元市的部分地区
华南型	两广小花猪(陆川猪、广东小耳花猪、墩头猪等),滇南小耳猪,蓝塘猪,香猪,隆林猪,槐猪,五指山猪,海南猪	毛色多为黑白花,头和臀部多为黑色,腹部多为白色;体躯偏小,体形丰满,背腰宽阔下陷,腹大下垂,皮薄毛稀,耳小直立或向两侧平伸;性成熟早,乳头多为5~7对,产仔数较少,每胎6~10头;脂肪偏多	分布在我国南部的热带和亚热带地区,主要包括云南西南部和南部边缘、广西和广东两地偏南的大部分地区、福建的东南角以及台湾等地
江海型	太湖猪(二花脸猪、梅山猪、枫泾猪、嘉兴黑猪、米猪、沙乌头猪),姜曲海猪,东串猪,圩猪,阳新猪,兰屿小耳猪,浦东白猪,黔邵花猪	毛色自北向南由全黑逐步过渡为黑白花,个别猪种为全白色;骨骼粗壮,皮厚而松,多皱褶,耳大下垂;繁殖力强,乳头多为8对或8对以上,窝产仔13头以上,有的能超过15头;脂肪多,瘦肉少	主要分布在汉水和长江中下游沿岸、东南沿海地区及台湾西部的沿海平原
华中型	清平猪、嵊县花猪、金华猪、大花白猪、湘西黑猪、通城猪和宁乡猪	毛色以黑白花为主,头尾多为黑色,体躯中部有大小不等的黑斑,个别全黑;体质较疏松,骨骼细致,背腰较宽而多下凹;乳头6~7对,每窝产仔10~13头;肉质细嫩	主要分布于长江和珠江之间的广大地区
西南型	内江猪,荣昌猪,成华猪,雅南猪,湖川山地猪(鄂西黑猪、盆周山地猪、合川黑猪、罗盘山猪、渠溪猪、丫杈猪),乌金猪(柯乐猪、大河猪、昭通猪、凉山猪)和关岭猪	毛色多为全黑或黑白花,也有少量红毛猪;头大,腿较粗短,额部多有旋毛或纵行皱纹;产仔数为8~10头;屠宰率低,脂肪多	四川盆地和云贵高原的大部分地区,以及湖南、湖北西部
高原型	藏猪、合作猪	被毛多为全黑色,少数为黑白花和红毛,头狭长,嘴筒直尖,犬齿发达,耳小竖立,体形紧凑,四肢坚实,形似野猪;每窝产仔5~6头;生长慢,胴体瘦肉多;背毛粗长,绒毛密生以适应高寒气候	主要分布在西藏、青海、甘肃和四川西部及云南地区

(2)国外主要品种。

①大白猪(约克夏猪)。大白猪原产于英国北部约克郡及其邻近地区,分大、中、小三型。小型猪属于脂肪型猪,已经被淘汰;中型猪亦称中白猪,为肉脂兼用型猪;大型猪亦称大白猪,属于瘦肉型猪。

外貌特征:大白猪全身白色,头颈较长,面宽微凹,耳中等大且直立,体较长,背平直,胸宽深,臀部丰满,四肢粗壮较长。

生产性能:大白猪增重快,饲料利用率高。平均日增重达982 g,料重比2.8:1,屠宰率71%~73%,瘦肉率高达61.9%。

繁殖性能:与其他国外引进品种相比,大白猪繁殖能力较强,母猪初情期在5月龄左右,8~10月龄体重达130 kg时,可进行初配。初产母猪平均窝产仔猪11头,经产母猪平均窝产仔猪12.5头。母猪泌乳性强,哺育率较高。

②长白猪(兰德瑞斯猪)。长白猪原产于丹麦,原名兰德瑞斯猪,是世界上分布最广泛的瘦肉型猪。20世纪60年代,我国从法国、瑞典、英国、丹麦及加拿大等国引入了长白猪。

外貌特征:长白猪全身白色,耳长而向前倾,头和颈部较轻,背腰长,平直,后躯肌肉丰满,四肢较轻。

生产性能:成年公猪平均体重246.2 kg,成年母猪218.7 kg。在国内良好的饲养条件下,6月龄长白猪体重可以超过90 kg,料重比3.0:1,胴体瘦肉率在62%以上,背膘较薄。

繁殖性能:长白猪性成熟较晚,公猪在6月龄性成熟,10月龄体重达120 kg左右时可开始配种。母猪多在6月龄初期发情,8~10月龄体重达110 kg时开始配种。初产母猪平均窝产仔猪10.8头,经产母猪平均窝产仔猪11.33头。

③杜洛克猪。杜洛克猪原产于美国东部的纽约和新泽西州,现在广泛分布于全世界。我国目前饲养的杜洛克猪来自美国的美系杜洛克和加拿大的加系杜洛克。

外貌特征:全身棕红色,但深浅不一,金黄色、深褐色等都是纯种的特征。头较小而清秀,耳中等大小且前倾,面微凹,体躯深广,背平直或略呈弓形,后躯发育好,腿部肌肉丰满,四肢较长,对环境适应性强,易饲养。

生产性能:杜洛克成年猪的体重较大,成年公猪体重约400 kg,成年母猪约350 kg。平均日增重651 g,料重比2.55:1,屠宰率74.38%,瘦肉率62.40%。

繁殖性能:杜洛克猪繁殖力一般,平均窝产仔猪9.93头。在猪的良种繁育过程中,杜洛克适合作为终端父本。

④汉普夏猪。汉普夏猪原产于美国肯塔州,是北美分布较广的瘦肉型品种,现在广

泛分布于世界各地。

外貌特征:汉普夏猪具有独特的毛色特征,肩颈部(包括前肢)为白色,其他部位为黑色,有“银带猪”之称。嘴较长而直,耳直立、中等大小,背腰平直、较长,肌肉发达,胴体品质好。

生产性能:汉普夏猪生长速度稍慢,饲料转化率稍低,6月龄体重可达90 kg,屠宰率72%~75%,胴体瘦肉率在65%以上。

繁殖性能:汉普夏猪性成熟晚,母猪一般在6~7月龄开始发情,繁殖性能不佳,平均窝产仔猪8~9头。

⑤皮特兰猪。皮特兰猪原产于比利时,我国从20世纪80年代开始引进。

外貌特征:体躯呈方形,体宽而短,骨细四肢短,肌肉特别发达,呈双肌臀。毛色灰白有黑色斑块,耳中等大小且前倾。

生产性能:皮特兰猪的瘦肉率特别高,达70%左右,背膘厚1 cm左右。小猪60 kg以前生长较快,平均日增重700 g,料重比2.65∶1。90 kg以后生长速度显著降低,且肉质欠佳,肌纤维较粗。另外,皮特兰猪应激反应严重,约有50%的猪有氟烷隐性基因。用纯种皮特兰作父本杂交,后代易出现灰白肉(PSE肉),可用皮特兰猪与杜洛克猪或汉普夏猪杂交,杂交一代公猪作杂交父本,既可提高瘦肉率又可减少灰白猪肉的出现。

繁殖性能:皮特兰猪的初情期一般在190日龄,产仔数中等,平均窝产仔猪10.2头,母性好。

(3)我国的培育品种。我国地方猪种具有繁殖力强、肉质好和抗逆性强三大优点,但是也有生长速度慢、瘦肉率低和饲料利用率低三个缺点,而引进的国外优秀品种正好能弥补这些缺点。很多育种工作者用国外引进的优良品质对我国地方品种进行改良,经过多年努力,培育出很多适应市场需求的新品种(如表1-1-2所示)。

表1-1-2 1998—2014年我国审定的新培育猪品种

品种	审定时间	选育世代	外来品种	地方品种	屠宰率/%	料重比	背膘厚/cm	瘦肉率/%	眼肌面积/cm^2	经产仔猪/头
南昌白猪	1998年	5	大白猪	滨湖黑猪	76.55	3.12∶1	2.68	58.59	36.62	11.80
军牧1号白猪	1999年	5	斯格猪	三江白猪	70.10	3.11∶1	1.78	63.90	45.71	13.00
苏太猪	1999年	9	杜洛克猪	太湖猪	72.07	3.09∶1	2.26	56.18	29.92	14.62
大河乌猪	2003年	6	杜洛克猪	大河猪	73.47	3.31∶1	3.30	55.35	26.66	10.72

续表

品种	审定时间	选育世代	外来品种	地方品种	屠宰率/%	料重比	背膘厚/cm	瘦肉率/%	眼肌面积/cm²	经产仔猪/头
鲁莱黑猪	2005年	6	大白猪	莱芜猪	73.55	3.25∶1	2.39	53.20	29.50	14.60
鲁烟白猪	2007年	7	长白猪、斯格猪	烟台黑猪	73.90	2.94∶1	2.15	61.66	33.18	13.02
豫南黑猪	2008年	9	杜洛克猪	淮南猪	74.67	2.94∶1	2.66	56.08	31.77	12.34
滇陆猪	2009年	10	长白猪、大白猪	乌金猪、太湖猪	69.17	3.23∶1	2.54	52.78	24.05	11.44
松辽黑猪	2010年	10	杜洛克猪、长白猪	民猪	69.90	2.80∶1	2.53	57.20	30.88	12.70
苏淮猪	2011年	7	大白猪	新淮猪	72.00	3.09∶1	2.87	57.23	31.15	13.26
湘村黑猪	2012年	6	杜洛克猪	桃源黑猪	74.62	3.34∶1	3.30	58.76	29.41	13.29
苏姜猪	2013年	6	杜洛克猪	姜曲海猪	72.42	3.20∶1	2.85	56.60	33.94	13.81
晋汾白猪	2014年	6	长白猪、大白猪	马身猪、太湖猪	72.84	2.86∶1	2.14	59.82	39.60	13.47

2. 猪的外貌鉴定

不同品种的猪，其外貌具有很大差异，通过外貌可以识别猪的品种，并且猪的外貌能反映猪生长发育情况、生产性能、健康状态和对外界环境的适应能力等。猪的外貌评定是根据品种特征和育种要求，对后备个体进行评定的过程。进行外貌评定时，一般先绕猪的正面、侧面和后面走一圈，进行总体观测评定（如图1-1-1所示）。然后再根据猪的一般体躯划分进行外貌评定。猪的体躯一般划分为头颈部、前躯、中躯和后躯四个部分。头颈部是从鼻端到颈肩结合处，包括头部和颈部。前躯包括鬐甲、肩部和前肢。中躯是从肩胛骨后缘到腰角前缘，包括背、腰、体侧、腹和乳头等部位。后躯部是从腰角前缘到臀端，包括臀、尾、大腿和后肢等部位（如图1-1-2所示）。在进行猪的外貌评定时，一般从前到后，从上到下，从左到右，对于种猪还要重点关注外生殖器和肢蹄发育。最后根据观测结果进行综合打分，评定优劣。

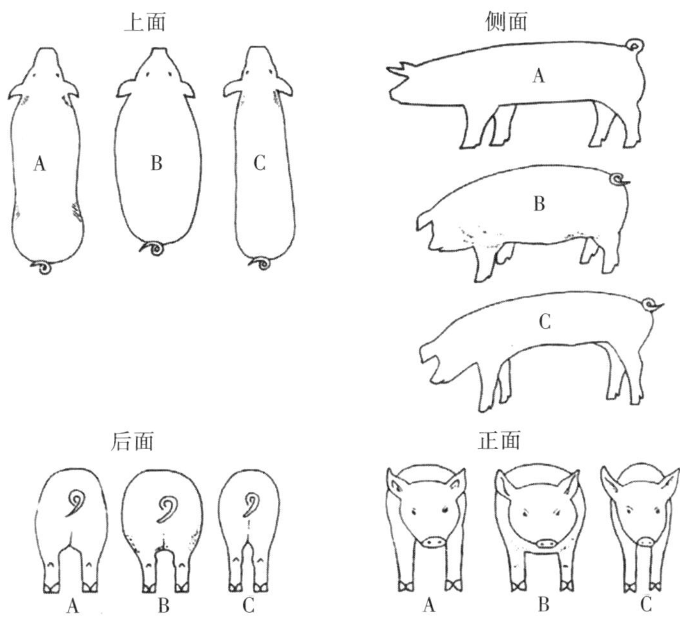

A.理想型;B.脂肪型;C.瘦肉型

图1-1-1　不同角度观察猪的体形

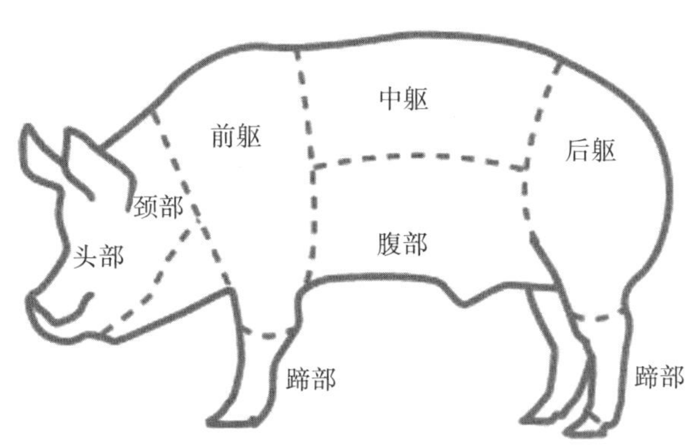

图1-1-2　猪的外形部位

猪的外貌鉴定包括种猪外貌鉴定和商品猪外貌鉴定,其中种猪的外貌鉴定更为重要。首先,种猪鉴定必须以本品种的要求为模板,在头形、耳形、体形、毛色等方面均符合本品种的要求。其次,必须按理想型的要求进行鉴定,对和繁殖有关的部位和器官要重点考察鉴定。猪的外貌评分有具体的评分标准(如表1-1-3所示)。理想型的种猪选择要具备本品种特征(毛色、头形、耳形等),体形良好、面目清秀、头颈较轻、体格健壮、背线平直、乳头排列整齐均匀,无瞎乳头、副乳头,有效乳头至少6对,其中3对在脐部以前;外阴应该选择较大且外突明显的个体,注意阴户发育较小且上翘的母猪属于生殖器官发育不良的个体,发生难产的概率偏高。雄性种猪睾丸发育良好且对称,趾蹄发育正常。对于商品猪要按理想型的要求进行鉴定。

表 1-1-3　猪的外貌评分

项目	理想要求	外形缺陷	公猪		母猪	
			给分	系数	给分	系数
特征及体质	品种特征明显,体质结实,健壮,体格发育匀称,肥瘦适中,性情温驯,鬃毛良好,行动自然稳健	品种特征不明显,体格发育不良,体质粗糙、纤弱,鬃毛短而稀,性情不驯或过于迟钝,行动不协调、不自然	5分	6	5分	5
头颈	头中等大小,嘴筒齐,上下唇吻合好,眼大明亮,耳根硬,颈长短适中,肌肉发达,颈肩结合良好	头过大或过小,嘴筒尖,吻合不齐,颈肩结合不良	5分	1	5分	1
前躯	鬐甲平宽,肩宽,胸宽深,肩胸结合好,肌肉丰满,肩后无凹陷	肩胸窄而浅,结合不良,肩后凹陷	5分	3	5分	2
中躯	背腰平直,宽而长(双脊),腹中等大小,肋拱圆,体侧深,乳头排列均匀,发育良好,有效乳头12个以上	背腰凹陷,过窄,前后结合不良,卷腹或垂腹	5分	4	5分	6
后躯	臀宽广、长短适中,大腿肌肉发达丰满,尾根粗;公猪睾丸发育均匀,公猪包皮无积尿,睾丸发育良好,两侧对称、均匀外露。无单睾、隐睾,母猪外阴户正常	斜臀、尖臀、尾根细而过长,公猪单睾、隐睾,阴囊松垂,大小不一	5分	3	5分	4
四肢	结实,张开直立,系正直,蹄坚实	细弱,狭窄,肢势不正,熊脚,卧系,蹄质松脆	5分	3	5分	2
合计						

注:1.完全符合理想要求的给5分;有微小缺陷但不属于体质的给4分;缺点较多但不影响健康和生产力的给3分;缺点严重,体质不良的给2分;有遗传缺陷的给1分。2.给分时不能给半分。3.按5分制给分后,最后乘以系数,各项成绩之和为总分,满分100分。

三、实验材料

体重60 kg以上的后备种母猪或种公猪、记录本、圆珠笔等。

四、实验方法

(1)将猪赶到一个空旷的场地,用围栏对其运动范围进行限定。首先,对猪进行品种特征描述，判断猪的品种。其次，进行外貌鉴定。外貌评定时，人与被评定个体间保持一定距离，一般以3倍于猪体长的距离为宜。先从猪的上面、侧面、正面和后面进行总体观察，并且记录被毛发育情况。理想型的被毛要求皮肤较薄而致密。被毛细顺贴于体表，油润而有光泽。外貌的主要缺陷是皮厚，被毛粗糙无光。然后，按照体形划分从前向后进行评定。最后，单独鉴定公母猪的趾蹄和生殖器官发育情况。

(2)头颈部。理想的头部和体躯成一定比例，一般头长为体长的18%～24%。头的形状符合本品种的特征要求，眼大有神，口裂吻合良好，鼻嘴长短适中且下颌无垂肉。理想的颈部要求颈和颈前后的连接平滑良好。在相同品种中，公猪的头颈比母猪的头颈粗重，颈部短。头颈部的主要缺陷是头部过分粗糙，鼻嘴尖长或过短，上、下颚长短不齐，吻合不良，颌部距离窄；颈瘦薄或粗糙，过长或过短，与头部和躯体结合不良，在结合部出现凹陷。

(3)前躯。前躯的形状、容积与心脏器官的发育和功能相关，同时前躯是产肉的重要部位。因此，前躯的发育状况，直接影响着猪的产肉性能。前躯包括鬐甲和胸。鬐甲是颈、背和前肢肌肉的附着处，也是躯体运动的一个支点。肉猪的鬐甲较低，宽平，且与背成一条直线。鬐甲的主要缺陷是窄而尖削，与肩胛有凹陷。胸要求宽深且圆，肋骨拱张，肩宽，肌肉附着良好，肩背结合良好。胸的主要缺陷是浅窄而肋骨扁平，肌肉不丰满；肩窄，与肩胛骨衔接不良，出现凹陷。

(4)中躯。中躯主要包括背部、腰部和肷部。背腰宽长且平直或稍有弓起，肌肉丰满与臀部结合良好，无凹陷。肷部短而丰满，无皱褶。背腰的主要缺陷是短而尖削，呈屋脊状，向下凹陷或过分向上弓张，与臀部结合不良。肷部长大而下陷是营养不良和肌肉松弛的表现。

(5)后躯。后躯主要包括臀和大腿。要求臀部长短适宜，平直或稍微倾斜，宽而多肉；大腿发育良好，丰满多肉、不凹陷，大腿至飞节部衔接良好，无凹陷；尾根粗，着生高，尾尖较细，尾长不过飞节。后躯的主要缺陷是臀部短而窄，倾斜，肌肉不丰满而尖削；大腿发育不良，肌肉不丰满而尖削；尾根细，着生低，尾长过飞节。

(6)腹部。腹部主要鉴定乳房、乳头。要求乳头多于6对，两排乳头距离较宽，摆布均匀，大小长度适中，且乳腺发育良好，无附生乳头或瞎乳头。腹部的主要缺陷是乳腺发育不良，乳头少于12个，摆布不均匀，有附生乳头。

(7)四肢。四肢要求结实且直立，前、后肢开张，肢长不过高，骨骼细致结实。系部直立，蹄质细致坚实，不卧系、不踏蹄，飞节发育良好。四肢的主要缺陷是四肢臃肿，节关多皱褶，肢间距离窄，肢势不正，呈“X”或“O”形状；飞节内靠，卧系踏蹄，蹄质疏松有裂痕。

(8)生殖器。外生殖器发育良好,母猪阴唇外形正常,阴户大而明显。公猪睾丸大小一致,无单睾或隐睾,阴囊紧缩不松弛。生殖器的主要缺陷是母猪外阴外形不正常,公猪睾丸大小不一,有单睾或隐睾,阴囊松弛下垂,部位较低,包皮蓄尿。

五、实验结果

为了便于记录,做到有据可查,在生产鉴定现场常常用鉴定符号来代替文字记录。常用的鉴定符号如表1-1-4所示。

表1-1-4　猪外貌鉴定常用的鉴定符号

符号	意义	符号	意义
-	稍稍	—	平直
↓	下垂	⌒	丰满
∨	消瘦	∩	肢势正确
O	开张良好	‖	直立
\	倾斜	〈	开张不良
∵	乳房排列不整齐	━	背腹线平行
w	软弱	3	结合良好
←→	体长	→—←	体短
密	被毛浓密	稀	被毛稀疏
瘦	瘦肉型品种猪	脂	脂肪型品种猪
兼	兼用型品种猪		

六、思考题

(1)我国地方猪的种质特性有哪些?

(2)种猪外貌鉴定时要重点关注哪些方面的特征?

七、拓展

杂交生产是现代畜牧业的主要生产模式。为了提高杂交商品代的生产力,通常把配合力好的几个品种组合生产,然后根据杂交商品代的生产性能不断对原品种进行选育提高,经数个世代后,商品代的优势生产性能可稳定保持,就可以培育成一个配套系。请通过查找和阅读资料,简述含有我国地方猪种的配套系。

实验二　猪的体尺测量及编耳号技术

一、实验目的

(1)识别猪体尺测量的工具。

(2)掌握猪体尺测量的方法和应用。

(3)学会正确编制和识别猪的耳号。

二、实验原理

1.猪的体尺测量

猪的体尺指标包括头长、头深、体长、体高、胸围、胸深、胸宽、背高、腿臀围、臀长和管围。头长:两耳连线中点至吻突上缘的直线距离;额宽:两侧眼眶外缘间的直线距离;头深:两眼内角连线中点至下颌骨下缘的切线距离;体长:即在猪正常站立时,从额头或两耳连线中点至尾根的距离,用卷尺沿脊背量到尾根的第一自然轮纹为止(图1-1-3A所示);体高:猪正常站立时,肩部最高点到地面的垂直距离(图1-1-3B所示);胸围:种猪正常站立时,从肩胛骨后缘绕胸一周的长度(图1-1-3C所示),用皮尺测量;胸深:由鬐甲至肋骨下缘的垂直距离(沿肩胛骨后角量取);胸宽:肩胛后角左右两侧垂直切线间的最大距离;背高:背部最低处至地面的垂直距离;荐高:荐骨最高点至地面的垂直距离;腹围:腹部最大地方的周长;腿臀围:自左侧膝关节前缘,经肛门绕至右侧膝关节前缘的距离,用软尺紧贴体表量取;臀长:腰角前缘至臀端后缘的直线距离;管围:左前肢管部上1/3最细处的周径。测定工具一般包括测杖、圆形测定器(如图1-1-4所示)和卷尺、皮尺、软尺等。

注意:不同品种在相同日龄的体尺差别比较大,同一品种不同日龄的体尺差异也很大,注意在测量之前对猪只的选择,尽量选均一性好的个体进行测量。

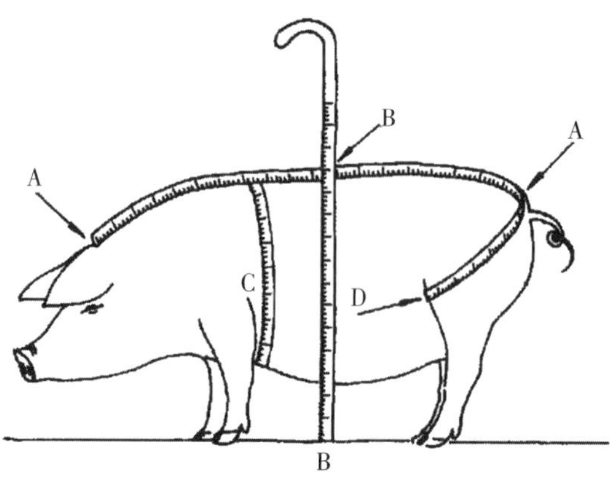

图 1-1-3　猪的体尺测量示意图

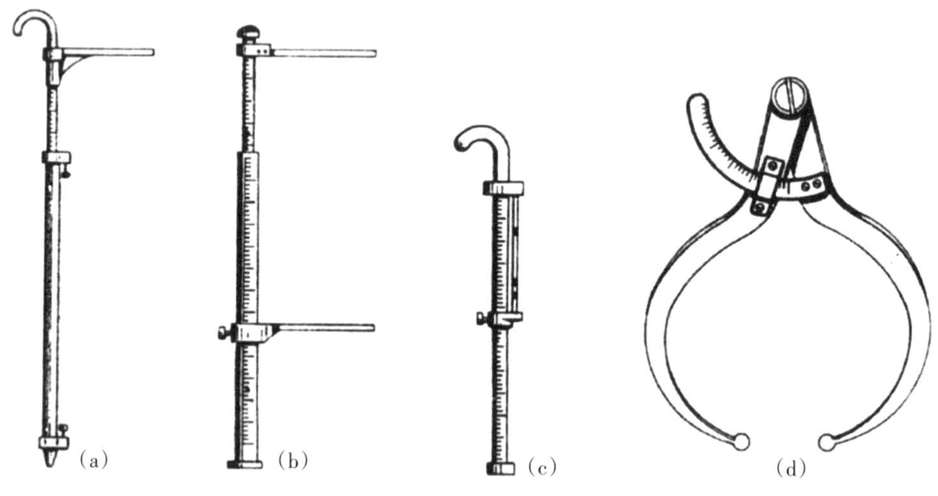

a～c 均为测杖;d 为圆形测定器

图 1-1-4　猪体尺测量的常用测量工具

根据体尺数据可以对猪的体重进行估测。

估测公式一:

$$体重(kg)=\frac{胸围(cm)\times 体长(cm)}{系数}$$

当猪的体况良好时系数为 142,当猪的体况不好时系数为 162,当猪的体况一般时系数为 156。

估测公式二:

$$体重(kg)=\frac{胸围的平方(cm^2)\times 体长(cm)}{15200}$$

公式二的基础是猪的体重为 65.25～80.00 kg,当猪的体重不在此范围内时,得到的数据需要校正，校正值如表1-1-5所示。

表1-1-5　猪体重估测的校正值

范围/kg	调整值
65.25以下	+3.0
65.25～80.00	0
80.50～191.50	−4.5
192.00～202.50	−9.0
203.00～214.00	−13.5
214.50～225.00	−18.0
225.50～236.50	−22.5
237.00～242.50	−27.0
234.00～229.00	−31.5

2.猪的耳号管理

在猪的生产管理过程中，耳号起着非常重要的作用。尤其是种猪场的耳号管理，贯穿生产管理的每个环节，若耳号管理不善有可能造成信息混乱，种猪遗传背景不详，影响育种管理，更影响猪遗传评估的准确性。

目前国内的猪耳号管理方法有以下几种。①耳缺法，即打耳孔法，参照图标法，国内联合育种采用统一的编号规则，即耳缺号由窝号和窝个体编号组成，个体编号单数为公猪，双数为母猪，窝号为四位，位置包括左右耳中部（耳洞）、右耳尖及上缘、右耳下缘、左耳上缘；窝内个体编号为两位，位置包括左耳尖、左耳下缘。靠近耳根耳缺表示3，靠近耳尖表示1（如图1-1-5所示）。②耳刺法，即在猪耳朵上纹身或刺青，一般国外常用。③挂耳牌法，即将猪的唯一编号通过手写、热压或激光喷码于耳牌上，然后将其固定到猪耳朵上。新型的标识方法包括微波雷达标识、电子射频标识和生物学身份标识，有助于猪场的智能化管理，但是成本都较高，没有得到广泛使用。

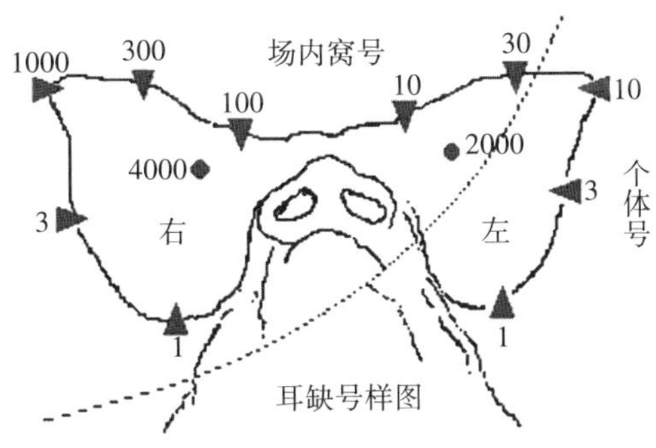

图1-1-5　猪的耳缺表示法

三、实验材料

1. 实验工具

测杖、圆形测定器、皮尺、记录表、圆珠笔、耳号夹和耳标等。

2. 实验对象

断奶仔猪和6月龄青年猪若干头。

四、实验方法

(1)选择好实验猪,在平坦、干净的场地上进行保定待测。

(2)将学生进行分组,3~4个人一组,每组一头猪,先进行体尺测量,然后进行耳号标记。

(3)测量之前,先检查和校正测量工具,学习测杖、圆形测定器和皮尺的使用方法及正确读数方法。

(4)组内合作将每一个部位进行正确判断,然后再进行测量和记录。

(5)测量完成后对猪进行耳号标记。

五、实验结果

将测量结果准确记录到测量表格。

六、思考题

(1)在测量开始之前需要准备哪些工作?

(2)猪的状态会影响测量数据的准确性吗?如会,请举例说明。

(3)简述猪场为什么要进行耳号编制。

(4)简述猪耳标几种类型的优缺点。

七、拓展

(1)体尺测量数据也是遗传育种中重要的参考数据,请思考怎样将数据进行有效利用。

(2)简述一种新型电子耳标的原理及应用。

实验三　猪的活体测膘及妊娠诊断

一、实验目的

(1)掌握猪活体背膘厚的测定方法。

(2)掌握猪妊娠诊断的步骤和方法。

二、实验原理

猪的背膘厚度具有较高的遗传力(h^2=0.5),与猪胴体瘦肉率呈较高的遗传负相关性(r_A=−0.6～−0.5)。因此,猪的活体背膘厚是瘦肉型猪选育的主要性状,也是猪的遗传育种和性能鉴定的重要参考数据,对猪的育种具有重要意义。按照农业行业标准NY/T 2894—2016《猪活体背膘厚和眼肌面积的测定　B型超声波法》规定,猪活体背部脂肪层扫描断面的深度用毫米(mm)表示,测量误差应在1 mm以内,测定部位为左侧倒数第3根至第4根肋骨之间距背中线5 cm处。

妊娠诊断是规模化猪场和现代化养猪企业母猪管理的重要工作之一。妊娠检查也是母猪场妊娠舍管理的重要内容,实施妊娠检查的目的是在妊娠期的28～35 d尽快找出90%的空怀母猪,因为空怀母猪会增加非生产天数、降低猪群的生产力、提高仔猪的断奶成本。总之,有效的妊娠检查可以提高猪场的生产效率。

在兽医临床上,猪的妊娠诊断方法有多种,如试情法、外部观察法、尿液检测法等。但是这些方法由于确诊妊娠时间较晚、准确性差、母猪应激比较大,已经逐步淘汰了。随着新技术的不断出现,超声诊断在猪的妊娠诊断中逐渐占据主要地位。超声诊断是一种无创伤、无疼痛、方便、直观的诊断方法,现在用于动物妊娠诊断的主要有A型超声仪(一维的示波和报警)、B型超声仪(二维B型超声)和D型超声仪(多普勒超声)。经实践发现,A超仪在妊娠30 d检查的准确率为81.3%,只适合猪场用于测定母猪妊娠中后期是否流产,而不适合早期妊娠的诊断。D超仪在妊娠30 d检查的准确率为70%。相比之下,B超在配种后22 d检查,准确性可达到100%,所以B超仪适用于母猪的早期妊娠诊断。B超诊断法又被称作超声断层扫描法,是由探头发出超声波,当超声波遇到液体性的组织时可折射通过,而当遇到骨骼、肌肉等组织时会被反射回来,这样就可在显示屏上成像。如果显示的图像中含有胚囊、胚胎的断层图像,则为阳性,表示母猪已怀孕;如果显示的图像中没有胚囊、胚胎的断层图像，则为阴性，表示母猪未怀孕。

三、实验材料

后备母猪、配种20～40 d的妊娠母猪、兽用B超仪、B超耦合剂等。

四、实验方法

1.猪活体背膘厚的测定

（1）测定前的准备。将待测后备母猪赶入限位栏内，使其保持自然站立，背腰平直，相对安静。接通B超仪的电源，开机，确认设备运行正常，设置相关参数，按要求对仪器进行预热。

（2）选定测量位置。猪活体背膘厚测量位置一般在倒数第3与倒数第4根肋骨的中间，离背中线5 cm的位置。测定时先找到与被测种猪背中线平行5 cm处（大约四指的宽度），然后给猪剃毛，接着在胸腰结合部向肩部方向涂抹耦合剂（长度15 cm左右）。

（3）活体背膘厚测定。找好位置后，将B超仪探头放在腰荐结合部距背中线5 cm处，水平向前滑动，观察图像，寻找倒数第1根肋骨（猪的倒数第1根肋骨前有1根退化的肋骨，找到退化的肋骨之后向前滑行可确定倒数第1条肋骨）；当第1根肋骨的图像清晰可见时，再向前轻轻滑动探头，使图像固定在倒数第3与倒数第4根肋骨间，然后左右轻轻摆动，直到出现两条平直（或稍向下倾斜）筋膜亮线与胸膜亮线。确定测定膘厚的部位在倒数第3与倒数第4根肋骨间凹形弧面对应的垂直线上，测量时务必使探头直线平面与背正中线纵轴面垂直，不可斜切，以获得正横轴面的切面影像。选择清晰图像，点击探头前端“冻结”键或点击屏幕上“冻结”选项。

（4）背膘厚数据的读取和储存。使用外接鼠标或标记笔，放置于图片选定的位置（倒数第3和倒数第4根肋骨中间的背膘处）。在识别超声影像时，首先确定皮肤界面、脂间结缔组织和背最长肌肌膜所产生的3～4条强回声带。背膘厚度测量的超声影像中可见3～4条明显的强回声影带，第1条为测量膜与皮肤界面的超声反射，第2条为脂间筋膜反射，第3条为眼肌肌膜反射，从第1条影带到第3条影带的垂直距离即为背膘厚。点击背膘上线一点和下线一点，在两点间将出现一条垂直线，该线的长度即为背膘厚度，点击保存测定图片及测量数据，数据单位用毫米（mm）表示。

注意：测量位置若需剪毛，尽量剪干净。探头向肩部移动，观察B超显示的影像，直至倒数第1根至倒数第4根肋骨均清晰可见（自上而下分别是皮肤脂肪层、筋膜与眼肌层、肋骨）时，冻结图像。活体背膘厚测量起止点位于影像上垂直于倒数第3根至倒数第

4根肋骨之间的纵线上，起点是皮肤层上缘与耦合剂形成的灰线，终点是眼肌上缘筋膜层形成的白色亮带中间点。用光标标记起止点，读数即为测定活体背膘厚度。

2. 母猪的妊娠诊断

母猪妊娠诊断的方法多种多样，但目前综合判断，用兽用B超仪进行诊断比较常见，而且准确性高。本实验以兽用B超仪进行妊娠诊断为例来展示具体的妊娠诊断实验方法和步骤。

(1)测定前的准备。仪器预热和设置基本参数：按照仪器使用要求进行预热，然后设置探测头频率为5.3 MHz。

(2)选定测定部位。将探头指向母猪最后1~2对乳头中间的上方，45°向前面、45°向侧面、45°向斜面进行扫查，探测区呈扇形（图1-1-6所示）。

(3)保证探头与母猪皮肤紧密接触，并给适当压力，向前、向后或向侧面转动探头，直到能显示出清晰图像。检查结束后，彻底清洁探头，妥善保管。

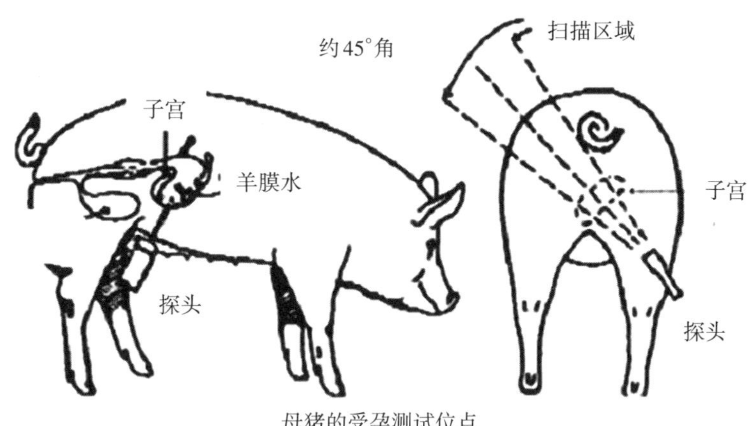

图1-1-6　母猪妊娠诊断部位选择（牛晨光供图）

五、实验结果

1. 猪活体背膘厚测定结果

利用B超仪找到背膘测定的准确位置，得到清晰的图像，进行数据测量。图1-1-7A表示猪的眼积面积和背膘厚的相对位置。图1-1-7B细线表示猪的活体背膘厚，即第1条测量膜到第3条肌膜层间的垂直距离。

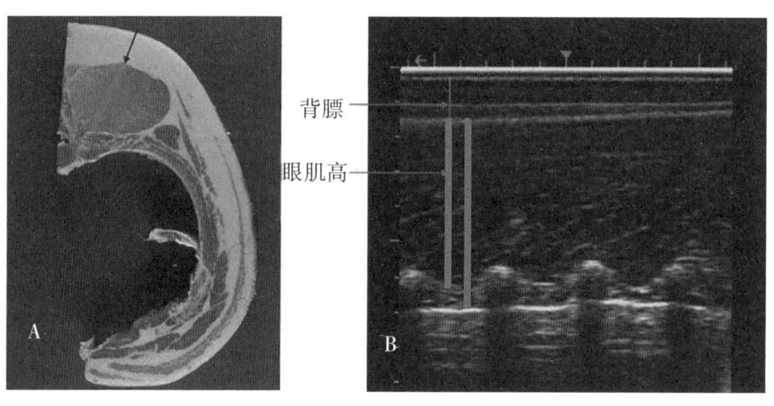

图1-1-7　猪的背膘厚测定

2. 母猪早期妊娠诊断结果

20 d孕期左右的母猪，即可进行B超诊断(图1-1-8)，但由于羊水太少，图像不好判断，准确度也会因检测人员的检测水平等因素有所影响，容易造成误判，而且检查时间长，耗费人力。

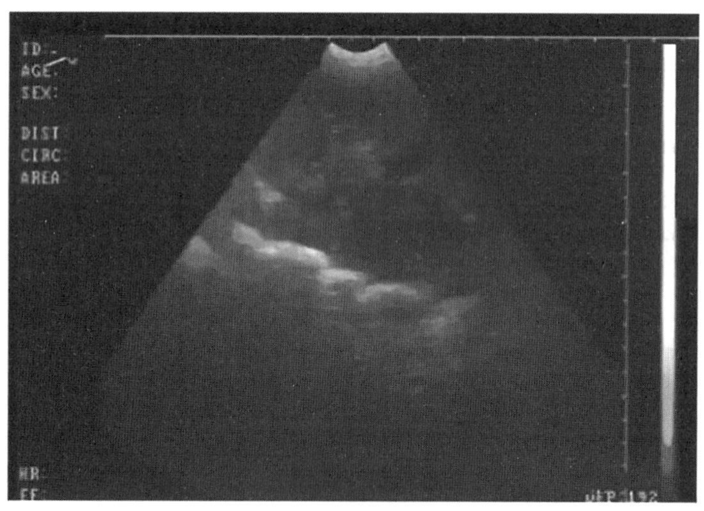

图1-1-8　妊娠20 d的B超图像(牛晨光供图)

24 d妊娠图像：亮线以上为子宫区域，子宫区域内显示三个相邻孕囊，还显示胎体反射(图1-1-9)。

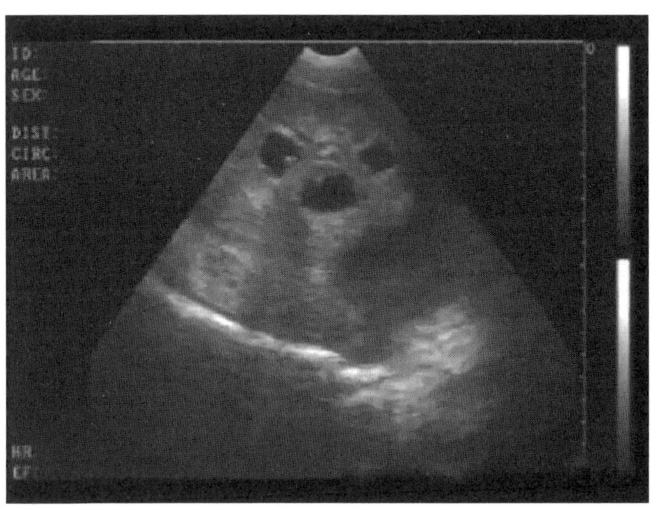

图1-1-9　妊娠24 d的B超图像(牛晨光供图)

六、思考题

(1)测定活体背膘厚时,如何正确选择测定位置?

(2)母猪早期妊娠诊断的方法有哪些?各自的优缺点有哪些?

七、拓展

请通过查阅资料和阅读文献了解最新的用于活体背膘厚测定和妊娠管理的仪器使用方法、数据保存和处理方法。

实验四　猪的屠宰、胴体品质测定及肉质评定

胴体品质的测定及肉质评定是家畜育种中最基本的工作，将为畜禽个体的遗传评定、估计群体经济性状的遗传参数、评价畜群的生产水平和牧场经营管理以及不同杂交组合配合力测定提供信息。

一、实验目的

(1)了解猪的屠宰操作过程，熟悉猪胴体分割、分级方法。

(2)掌握猪皮、骨骼、脂肪和肌肉的分离方法，以及猪胴体相关指标的计算方法。

(3)掌握猪背膘和眼肌面积的测量和计算方法。

(4)掌握肉品质各项指标的测定方法。

二、实验材料

育肥猪、放血刀、砍刀、分割刀、游标卡尺、软尺、天平、手术刀柄、手术刀片、称重秤、色差仪、肉质pH计、压力仪、肉色比色板、猪大理石评分标准板、恒温水浴锅。

三、实验方法

1.猪的屠宰

参照GB/T 17236—2019《畜禽屠宰操作规程　生猪》，猪的屠宰主要操作见图1-1-10。

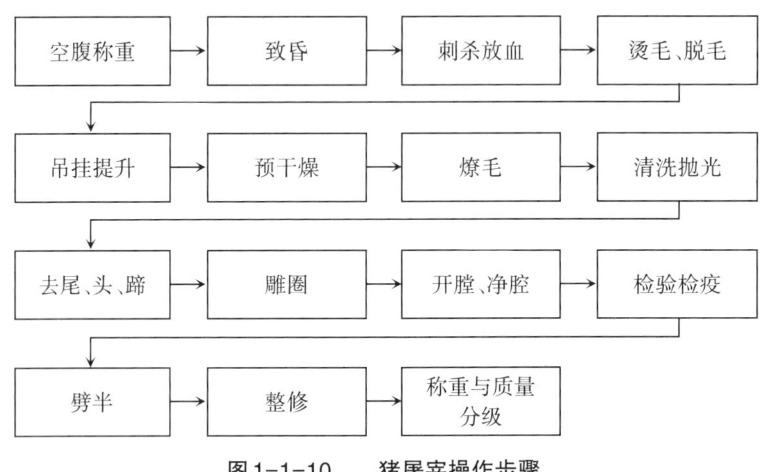

图1-1-10　猪屠宰操作步骤

2. 胴体品质测定

屠宰率：屠宰前称活重，屠宰后称胴体重（将猪体放血，脱毛，去头、蹄、尾和内脏，保留板油及肾脏的左右侧两半片的重量），按下式计算屠宰率。

$$屠宰率=\frac{胴体重(kg)}{宰前活体重(kg)}\times 100\%$$

胴体长用软尺测量：胴体长（直长）为从耻骨联合前缘至第一颈椎（环椎）前缘止；胴体长（斜长）为从耻骨联合前缘至第一肋骨中部前缘止。

平均背膘厚：用游标卡尺测量，先测鬐甲上部膘厚、6～7肋间膘厚、最后肋骨处膘厚、腰荐结合处膘厚4处背膘厚，然后计算平均值，即为平均背膘厚。

皮厚：用游标卡尺测量，一般测量6～7肋间背部皮厚，或者在测膘厚的部位测得同处皮厚，然后计算平均皮厚。测量之前先用剥离刀将被测处的皮肤分开一小部分，然后用卡尺测量。

眼肌面积：用砍刀在6～7肋间和最后肋骨处与脊椎垂直砍断并切开，测量6～7肋骨处和最后肋骨处背最长肌横截面积。眼肌面积的计算方法有两种。(1)公式法：眼肌面积=宽×厚×0.7；(2)使用求积仪测量。

大腿重量和比例：吊挂冷冻的胴体大腿应在腰荐结合处垂直切下，软胴体应在第1～2腰椎间垂直切下。切下后称出重量并计算出占左侧胴体的比例。

$$大腿比例=\frac{大腿重量(kg)}{左侧胴体(包括板油和肾脏)重量(kg)}\times 100\%$$

3. 猪肉质评定参照NY/T 821—2019《猪肉品质测定技术规程》

取样：取样部位为背最长肌。宰后40 min以内，从倒数第三胸椎前端向后取背最长肌为样品，猪肉品质评定样品的切取顺序与长度见图1-1-11（引自NY/T 821—2019）。

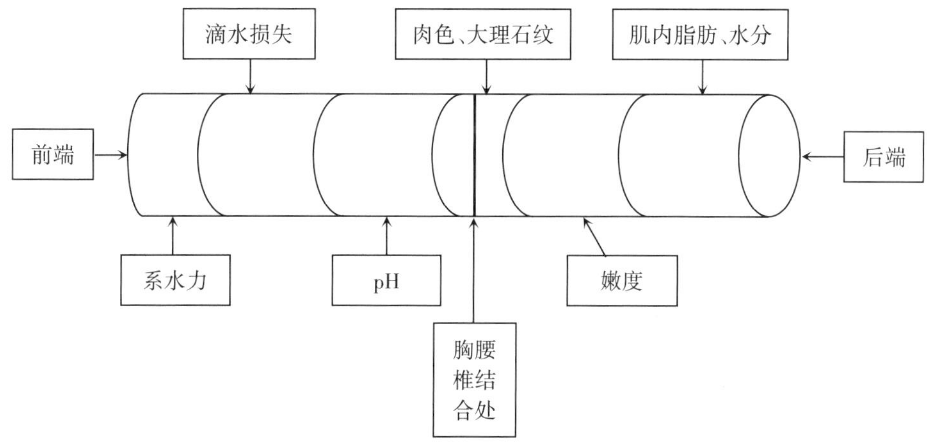

图1-1-11 猪肉质评定取样部位示意图

肉色：评定部位是胸腰椎结合处背最长肌的横断面，在屠宰后45～60 min完成第1次评定，之后于0～4 ℃冰箱内保存至宰后24 h±15 min进行第2次评定，光照条件要求室内白天正常光度，不允许阳光直射肉样评定面，也不允许在室内阴暗处进行评定。评定方法：用肉色比色板评定（见图1-1-12），采取6分级评分，1分淡灰粉色至白色，2分为灰粉色，3分为亮红或鲜红色，4分为深红肉色，5分为紫红色，6分为暗紫红色，可在两级间增设0.5分级。或者用色差仪L值来表述结果，L值保留两位小数，测定三次并取平均值。结果评判：①L值≥60，肉色评分值为1分，PSE肉（pale，soft and exudative，PSE）；②L值为53～59，对应肉色评分值为2分，趋近于PSE肉；③L值为37～52，对应肉色评分值为3～4分，正常肉色；④L值为31～36，对应肉色评分评分值5分，趋近于DFD肉（dark，firm and dry，DFD）；⑤L值≤30，对应肉色评分值6分，DFD肉。

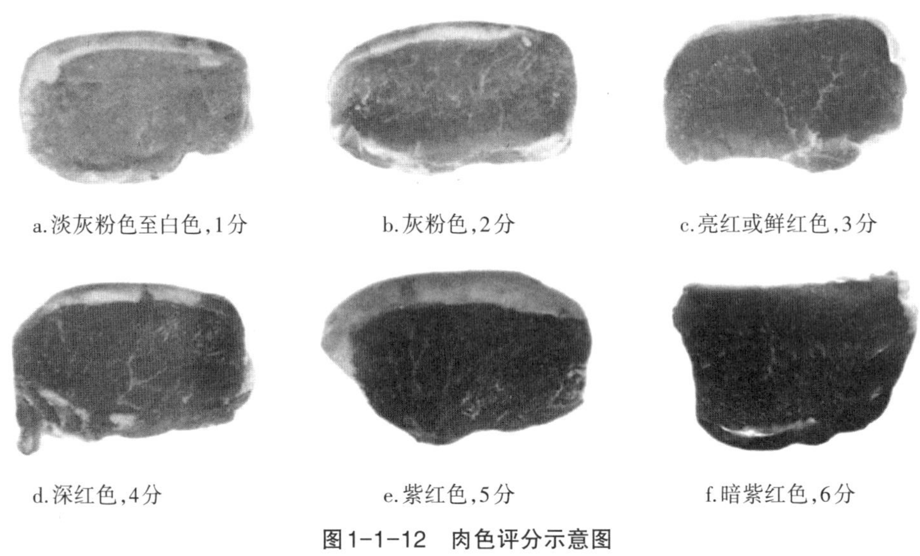

a.淡灰粉色至白色，1分　b.灰粉色，2分　c.亮红或鲜红色，3分

d.深红色，4分　e.紫红色，5分　f.暗紫红色，6分

图1-1-12　肉色评分示意图

pH：判定肉样为PSE肉时，测定最末胸椎处背最长肌中心的pH；判定肉样为DFD肉时，测定头半棘中心部位pH。测定时间：背最长肌的pH测定时间为宰杀后45～60 min，头半棘肌的pH测定时间为宰杀后24 h。用肉质酸度计测定样品的两端的pH，各测定两次并取平均值。结果评判：①$pH_{(1\,h)}$在5.9～6.5之间或者$pH_{(24\,h)}$在5.6～6.0之间，为正常肉pH；②$pH_{(1\,h)}<5.9$或者$pH_{(24\,h)}<5.6$，为PSE肉pH；③$pH_{(1\,h)}>6.5$或者$pH_{(24\,h)}>6.0$，为DFD肉pH。

滴水损失：屠宰后2 h内，将胸椎部背最长肌横切为2 cm的薄片，修整成长5 cm、宽3 cm、厚2 cm的长方体后称重（m_1）。用铁丝钩住肉的一端，使肌肉纤维垂直向下，装入塑料袋中，肉样不与袋壁接触，封口，在4 ℃冰箱中吊挂24 h后取出，用滤纸轻轻吸干肉样表面的液体，称重（m_2）。计算公式：

$$\text{滴水损失} = \frac{m_1 - m_2}{m_1} \times 100\%$$

肌肉大理石纹：取背最长肌横断面在0～4 ℃冰箱中存放24 h（与肉色评定同时进行），对照大理石纹评分表进行评分。1分为脂肪呈痕量分布，2分为脂肪呈微量分布，3分为脂肪呈少量分布，4分为脂肪呈适量分布，5分为脂肪呈过量分布。两级之间只允许评0.5分。

熟肉率：测定样品为腰大肌中段，约100 g，测定时间为屠宰后2 h内。剥离腰大肌处外膜和附着的脂肪后进行称量（感量为0.1 g的天平），放入锅内用沸水煮或蒸30 min后，取出吊挂于阴凉处15 min后称重。计算公式如下：

$$\text{熟肉率} = \frac{\text{蒸后肉样重 (kg)}}{\text{蒸前肉样重 (kg)}} \times 100\%$$

四、实验结果

将实验所得结果填入表1-1-6、表1-1-7。

表1-1-6　屠宰胴体测定记录表

<table>
<tr><td>屠宰前活重/kg</td><td colspan="5"></td></tr>
<tr><td>胴体重/kg</td><td colspan="3">左：</td><td colspan="2">右：</td></tr>
<tr><td>头重/kg</td><td colspan="2"></td><td colspan="2">四蹄重/kg</td><td></td></tr>
<tr><td>尾重/kg</td><td colspan="2"></td><td colspan="2">胴体重/kg</td><td></td></tr>
<tr><td>屠宰率/%</td><td colspan="5"></td></tr>
<tr><td>板油/kg</td><td colspan="2"></td><td colspan="2">肾重/kg</td><td></td></tr>
<tr><td>胴体长/cm</td><td colspan="3">直长：</td><td colspan="2">斜长：</td></tr>
<tr><td rowspan="2">背膘厚/cm</td><td>鬐甲上部</td><td></td><td>最后肋骨处</td><td colspan="2"></td></tr>
<tr><td>6～7肋间</td><td></td><td>腰荐结合处</td><td colspan="2"></td></tr>
<tr><td>平均膘厚/cm</td><td colspan="2"></td><td colspan="2">6～7肋处皮厚/cm</td><td></td></tr>
<tr><td>背最长肌长度/cm</td><td colspan="2"></td><td colspan="2">背最长肌宽度/cm</td><td></td></tr>
<tr><td>眼肌面积/cm</td><td colspan="2"></td><td colspan="2">大腿比例/%</td><td></td></tr>
<tr><td>肉重/kg</td><td colspan="2"></td><td colspan="2">瘦肉率/%</td><td></td></tr>
<tr><td>脂肪重/kg</td><td colspan="2"></td><td colspan="2">脂肪率/%</td><td></td></tr>
<tr><td>骨重/kg</td><td colspan="2"></td><td colspan="2">皮重/kg</td><td></td></tr>
<tr><td>总重/kg</td><td colspan="5"></td></tr>
</table>

续表

侧胴体	肉重/kg		脂肪重/kg	
	骨重/kg		皮重/kg	
	总重/kg			
瘦肉率/%			脂肪率/%	
骨/%			皮/%	

表 1-1-7　肉质测定记录表

肉色	比色板评分法					
	L值					
pH	背最长肌	1 h				
		24 h				
	头半棘肌	1 h				
		24 h				
滴水损失	m_1		m_2		滴水损失/%	
大理石纹						
熟肉率	蒸前肉样重/kg		蒸后肉样重/kg		熟肉率/%	

五、思考题

(1)屠宰测定在猪生产中有哪些用途?

(2)为什么猪肉的pH是评价PSE肉和DFD肉的主要指标?

六、拓展

我国从20世纪60年代就开始从国外引进优良品种猪,这些品种猪具有生长速度快、瘦肉率高和饲料转化率高等优点,但其肉质存在肌内脂肪含量低、肉色灰白、系水力低等缺点。我国地方品种猪资源丰富,其肉质具有肉色鲜红、系水力强、肌内脂肪含量高、肌纤维直径小等优点,这恰好弥补了国外品种猪在肉质上的缺陷。引进猪种和地方猪种的肉质性状见表1-1-8。

表 1-1-8　引进猪种和地方猪种的肉质性状

品种	肉色	大理石纹	$pH_{(1\,h)}$	$pH_{(24\,h)}$	失水率/%	滴水损失/%
杜洛克猪	3.30±0.24	3.13±0.25	—	5.67±0.12	22.74±4.60	3.17±2.37
汉普夏猪	2.18±0.24	2.00±0.58	6.04	—	25.00	—
大约克夏猪	2.80	2.30	—	5.66±0.11	20.11±1.80	5.26
长白猪	2.50	2.50	—	5.59±0.07	36.42±2.05	2.16±0.31
皮特兰猪×杜洛克猪	1.75±0.42	2.00±0.44	5.76	5.14±0.28	36.05±4.28	—
滇南小耳猪	3.22±0.29	3.14±0.25	6.54±0.40	—	4.99±0.51	—
迪庆藏猪	3.46±0.32	3.42±0.49	6.57±0.15	—	20.40±2.87	—
撒坝猪	3.19±0.31	3.25±0.41	6.48±0.15	—	17.49±5.77	—
玉山黑猪	3.42±0.13	3.90±0.18	6.56±0.21	6.07±0.22	—	4.46
通城猪	3.26±0.42	—	6.61	—	13.43±2.54	1.89±0.76
合作猪	3.44	3.22	6.41	6.27	11.05	1.33
八眉猪	3.08	3.14	6.13	5.77	—	2.86
莱芜猪	3.39	3.90	6.33	—	8.05±0.40	2.13
糯谷猪	3.50±0.21	3.12±0.42	6.30±0.21	—	15.49±1.23	—

注:“—”表示“未记录”。

第二部分 猪生产实训

实训一　猪的配种技术

随着我国养猪规模的日益扩大及集约化水平的不断提高，母猪繁殖水平已成为直接影响养殖企业经济效益的重要因素之一。要提高母猪的繁殖水平最直接有效的途径就是采用合理有效的配种技术。采用适宜的配种技术不仅能大大提高母猪受胎率，加快猪种改良，促进我国养猪生产水平的提高，还可大大减少种公猪的养殖数量，降低饲养成本。

一、导入实训项目

一头种公猪在合理利用的前提下，自然交配能承担20～30头母猪的配种任务，如果采用人工授精技术，公猪的一次采精量便可满足5～15头母猪的配种需求，全年可担负200～400头母猪的配种任务。从以上数据可以看出，合理的配种技术不仅能够提高工作效率，还可以节约养殖成本，提高猪场经济效益。本节主要从以下几个方面对猪的配种技术进行重点概述：①母猪查情；②采精；③精液品质检测；④精液的稀释与保存；⑤配种技术。

二、实训任务

(1)了解并掌握现代规模化猪场常用的配种技术。

(2)熟悉并掌握公猪采精及精液品质检测技术。

三、实训方案

1.母猪查情

每天上午、下午喂料完毕后，各进行1次查情。先观察母猪行为及阴户外观，判断母猪是否发情。对发情特征不明显、无静立反射的母猪可采用公猪诱情(图1-2-1)。母猪发情的标准：母猪开始发情时，兴奋性逐渐增加，走动、不安、频频排尿、食欲下降、外阴发红微肿，并流出少量透明黏液；性欲旺盛、爬栏，接受其他母猪爬跨或爬跨其他母猪，自动接近诱情公猪。当发情达高峰时，阴户红肿严重，并流出白色浓稠带丝状黏液，用力按压母猪腰部，出现静立反射(压背或骑到母猪背上时，母猪静立不动)，两耳耸立，尾向上翘(图1-2-2)。第3次发情时开始配种，每间隔8 h配种一次，第2次配种后记为第0 d。注意，要准确记录母猪发情时的发情日龄、发情体重、耳号、栏号、计划配种日期等信息。

注意事项：公猪诱情时，切勿敲打周围圈舍栏或制造其他噪声惊吓停止前行的公猪。

图1-2-1　公猪诱情

图1-2-2　母猪静立反射

2.采精

(1)种公猪选择标准：健康、繁殖力高、体形外貌符合品种特征。

(2)采精室、精液处理室及器具准备：采精室及精液处理室要清洁卫生，定期消毒，防止细菌污染；与精液接触的所有器具(如采精杯、假猪台等)都必须洗涤干净后，进行消毒处理。

(3)精液采集：最常用的采精方法是手握法。采精员手戴胶皮手套，蹲于或立于假猪台右侧后方；待公猪爬跨上假猪台并伸出阴茎时，采精员右手掌心向下，轻握阴茎的螺旋部，使猪的龟头露出手掌外，并以拇指触其顶端，其余四指有节奏地轻握。待公猪达到高潮后，顺势将阴茎拉出包皮外，使其射精（图 1-2-3）。弃去刚开始的精液，后续精液用2～4层纱布过滤后，收集于采精杯（保温杯）中（图 1-2-4），迅速在精液处理室进行检验、稀释和分装保存。

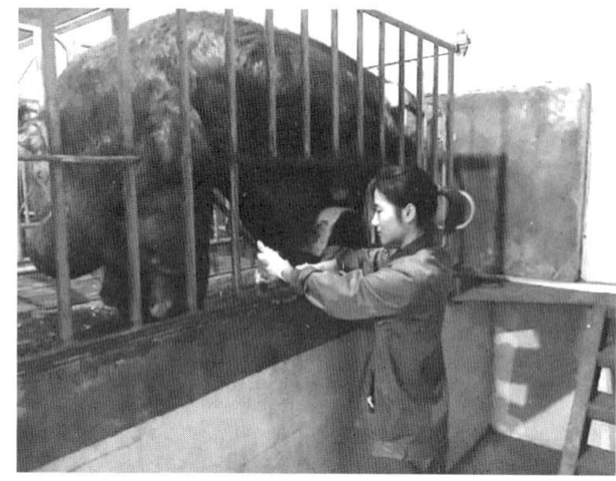
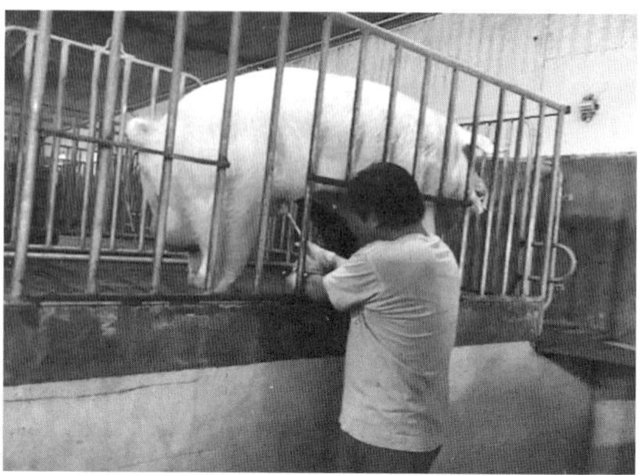

图 1-2-3　精液采集

图 1-2-4　采精杯

注意事项：采精动作要轻柔，为猪准备防滑板，防止给公猪带来伤害。采精前，挤去包皮内积尿，用蘸有高锰酸钾水的湿布由包皮口向后单向擦拭。

3. 精液品质检测

公猪精液质量直接关系到猪场的配种受胎率和产仔数，因此，对精液品质的检测在公猪采精管理工作中有着非常重要的作用。采精后和配种前均应检测精液品质，常规检测指标包括精液量、气味、色泽、精子活力和密度。

(1)精液量：通常一头成年公猪每次的射精量为200～500 mL。一般采用电子秤称量采集精液的重量，1 mL精液的重量约等于1 g(图1-2-5)。

图1-2-5　精液称重

(2)气味：正常的精液略带腥膻味。异常精液的气味包括精液臊味、臭味等刺鼻气味(可能受到包皮液、尿液、脓液等污染)。

(3)色泽：猪的精液一般呈浅灰白色至浓乳白色。公猪刚射出的浓精液则呈奶油色，略偏黄。异常精液的颜色包括血红色、浅绿色等(可能受到血液、脓液等污染)。

(4)精子活力：公猪精子活力直接关系到受配母猪的受胎率及产仔数。因此，每次精液采集后及使用前，均需要进行精子活力检查(图1-2-6)，具体方法如下。

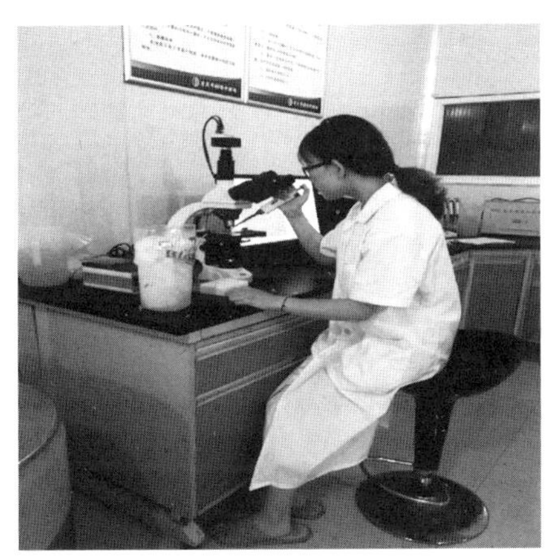

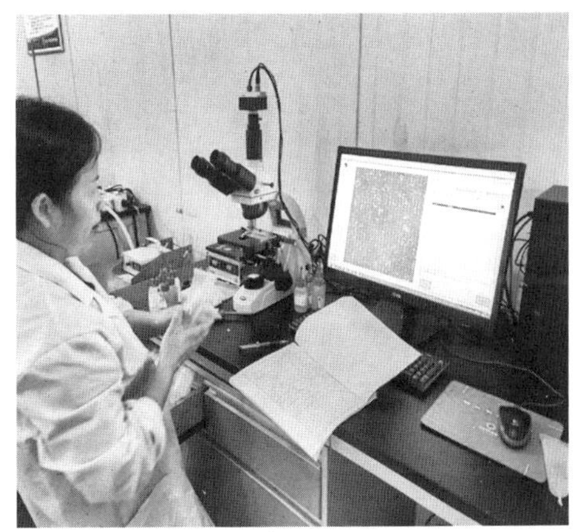

图1-2-6　精子活力检测

先将载玻片放在37 ℃保温板上预热2～3 min，再滴上1小滴精液，盖上盖玻片后，放在显微镜下观察。精子活力一般采用十级一分制，即在显微镜下观察，一个视野内作直线运动的精子：若有90%的精子呈直线运动，则其活力为0.9；有80%呈直线运动，则活力为0.8；依此类推。猪的优良精液要求镜检精子活力大于0.7。

(5)精子密度:精子密度是指单位体积精液所含的精子总数,单位通常为"亿/mL",常用精子密度仪测量法和红细胞计数法。猪的优良精液的精子密度为(3亿~6亿)/mL。

注意事项:气味、色泽异常的精液必须废弃。检查精子活力前,载玻片必须用37 ℃左右的保温板预热。检测室的温度一般控制在20~30 ℃,温度不宜过高。

4.精液的稀释与保存

精液稀释后可增加精液的容量,增加配种头数。精液稀释液可以补充精子代谢所需要的营养物质,缓冲酸碱度,延长精子的存活时间。猪的精液稀释液种类多,常用蔗糖奶粉液、6%葡萄糖溶液等,稀释液中还需要加入少量青霉素与链霉素,稀释倍数为2~4倍。采集完精液后,应迅速完成精液稀释过程。一般将精液与稀释液温度调节到一致(约30 ℃),将稀释液沿采精杯壁缓慢倒入,轻轻摇匀(图1-2-7)。稀释后的每毫升精液中应含有1亿~3.67亿个精子,每份60~80 mL,有效精子数为20亿~30亿个,精子活力大于0.7。精液稀释后,保存在16~18 ℃的恒温箱中,保存时间约为3 d。

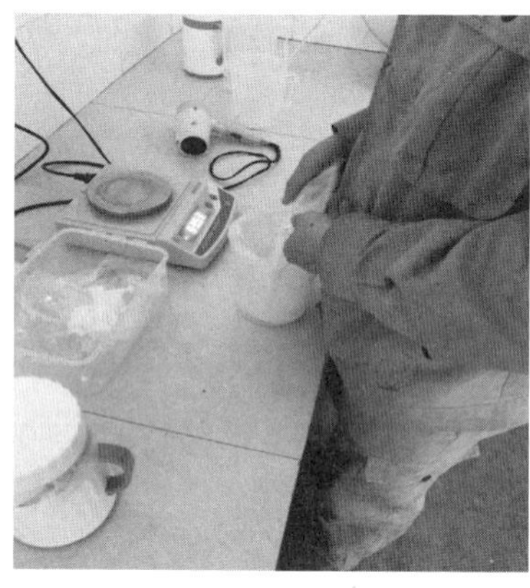

图1-2-7 精液稀释

5.配种技术

(1)本交:即自然交配,指发情母猪与公猪的直接交配,可分为单次配种、重复配种、双重配种、多次配种等。公母猪交配时,要保持环境安静,严禁大声吵闹或鞭打公猪。交配完后,用手轻压母猪的腰部,以防止母猪拱腰引起精液外流。及时登记配种公猪的耳号和日期,以便记录后代血统和推测预产期。注意:尽可能先选择有经验的公猪,公猪、母猪体形尽量一致。宁可用一头体形较小公猪配一头体形较大的母猪,也不能用一头体形较大公猪配一头体形较小的母猪。

(2)人工授精:猪人工授精技术采用遗传性能良好的公猪作父本,是加速品种改良的有效手段,可以加快优质基因的迅速推广,将质量差的公猪及时淘汰,从而促进品种的更新和提高商品猪的品质。常用的人工授精技术有以下两种。

①普通输精法。

a.配种前，赶入公猪，使其与母猪接触（图1-2-8）。

b.核实待配母猪的发情状态（图1-2-9）。

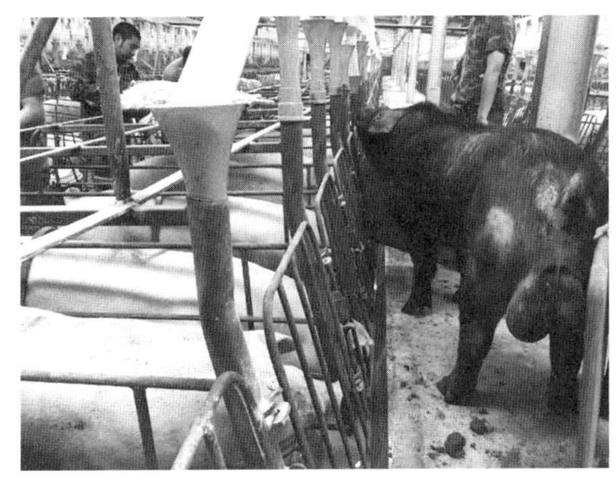

图1-2-8 配种前公猪与母猪接触

图1-2-9 核实待配母猪的发情状态

c.用温水清洗待配母猪后躯、尾巴及阴户外围，喷洒0.1%的高锰酸钾溶液消毒，再用清水冲洗干净并用干净毛巾擦干。

d.翻开外阴，用清水自上而下冲洗后，用干纸巾以相同的方向将外阴擦拭干。

e.检查输精管外包装完整后，去除海绵头部外包装袋，涂上一圈润滑剂。翻开外阴，将输精管与产道呈45°角推进约10 cm，再向水平方向推进，边推边以逆时针旋转，直至感到再不能推进时，即插入到子宫颈口，回拉确保锁定。

f.查看精液瓶标签信息与待配母猪卡是否相符。摇匀精液后打开瓶口，挤掉一点精液以检查输精管的畅通性。缓慢地注入精液，通过调整精液瓶高度来调节精液流速。如果发现精液逆流，可暂停一下，轻轻活动输精管后继续注入精液（图1-2-10）。

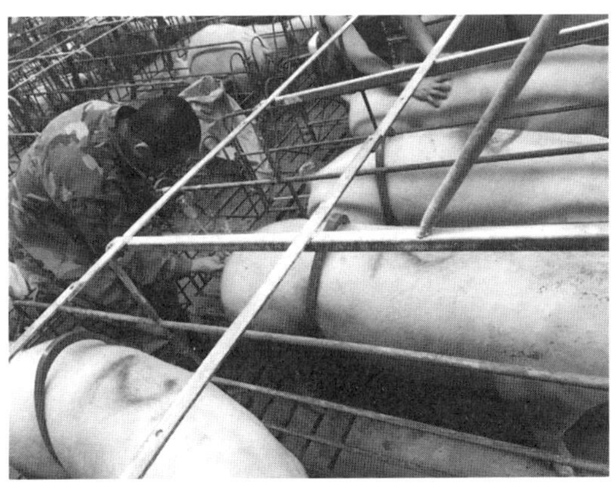

图1-2-10 人工授精

g.精液输完后，塞住输精管末端，折叠管尾，并套上输精瓶，防止精液倒流。输精后再按摩母猪 1～2 min。半小时后拔出输精管，慢慢地抽出输精管。一般输精要在 3～5 min内完成。

注意事项：去掉包装时，输精管前2/3不要用手触摸，以防污染。涂润滑剂时，不能使其接触输精管头部，以防交叉感染。

②深部输精法。

一手握住母管，另一只手把子管来回轻轻转动送入母猪子宫体或子宫颈前端接近子宫体的部位，防止出现单侧插入。用力挤压精液瓶，挤进精液。待精液输完后，从后向前卷紧精液瓶，拔出输精管。

注意事项：配种前不用赶公猪，也不需要刺激母猪，要使用质量好的输精器，需专人操作。

四、结果分析

对所采集的精液进行品质检测，并根据结果综合评估该精液能否被用来进行后续的人工授精。

五、拓展提高

（1）简析相比于公猪母猪本交的配种方式，人工授精技术的优缺点。

（2）如何提高人工授精的受胎率？

（3）如何延长精液的保存时间？

（4）简述公猪精液品质不良原因及对策。

六、评价考核

（1）熟悉并掌握现代规模化生猪养殖场的人工授精技术。

（2）熟悉并掌握采精及精液品质检测技术。

实训二　仔猪接产与管理

随着猪品种改良技术及营养精准化水平的提高，母猪的产仔数越来越多，仔猪接产与管理工作已成为现代规模化生猪养殖产业的关键内容。母猪分娩时，仔猪要脱离母体内部强有力的保护，出生对仔猪来说是经历生死关的考验，因此，有效的接产及管理是确保仔猪快速适应外部环境，进而健康生长发育，提高猪场经济效益的核心环节之一。

一、导入实训项目

想要猪场盈利多，关键是要生得多、死得少、长得快。目前，我国猪场母猪平均窝产仔数大多能达到12头，但最终平均每头母猪每年提供的出栏生猪数却很少，其中关键因素是仔猪成活率低，病死、病残、弱仔猪多，导致肥育猪的生长速度慢，料肉比高，饲养成本长期居高不下。生产实践表明，提高仔猪成活率，降低肥猪料肉比，对新生仔猪科学正确的接产与管理尤为重要。本节主要从以下几点对仔猪接产与管理进行重点概述：①临产判断；②产前准备；③接产管理。

二、实训任务

（1）了解并掌握现代规模化生猪养殖场的仔猪接产与管理技术。

（2）掌握仔猪寄养方法及注意事项。

三、实训方案

1.临产判断

通过对母猪行为和生理学上的观察，精准判断其是否临产。临产判断既可以有助于管理者合理安排时间，提高产房的接产效率，又可以减少流产现象的发生。简单来说，母猪临产判断可总结为“四看一挤”。

（1）看预产期：检查生产母猪档案卡（图1-2-11），查看预产期，并核对配种日期，母猪的妊娠期平均为114 d。

生产母猪档案卡

品种耳号　　出生日期　　父（编号）母（编号）　　祖父（编号）祖母（编号）

序号	配种日期	与配公猪	预产日期	产仔情况								转入/头	转出/头	记录日期	备注
				产仔/头	存活/头	壮仔/头	弱仔/头	畸形/头	死胎/头	木乃伊/头	窝重/kg				
1															
2															
3															
4															
5															
6															
…															

图1-2-11　生产母猪档案卡

（2）看乳房：临产前母猪乳房膨大，有光泽，并呈外八字形（图1-2-12）。

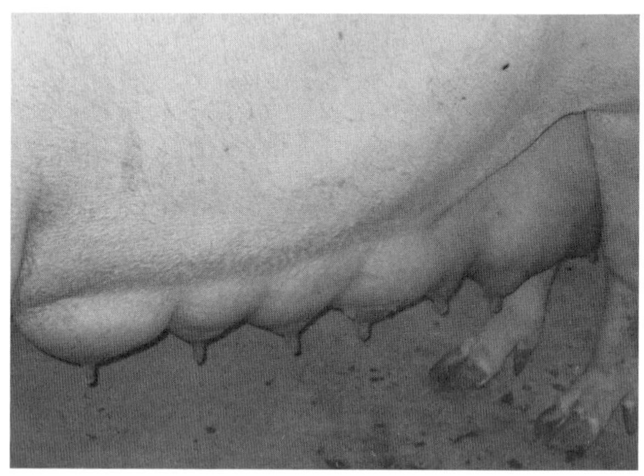

图1-2-12　临产母猪乳房

（3）看尾根：临产母猪尾根两侧呈下凹状，阴门红肿、松弛，产道松弛并有黏液流出（图1-2-13）。

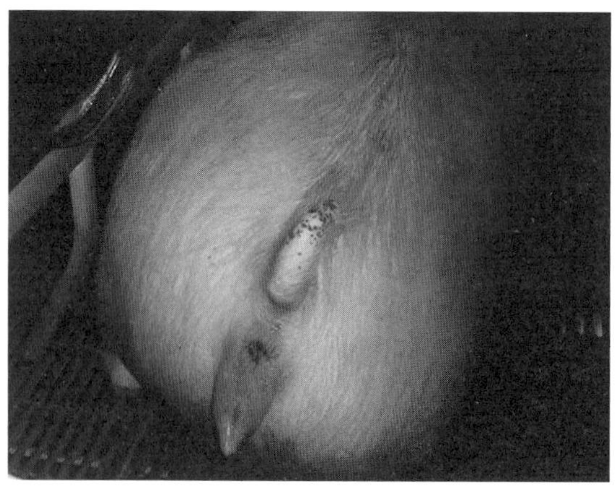

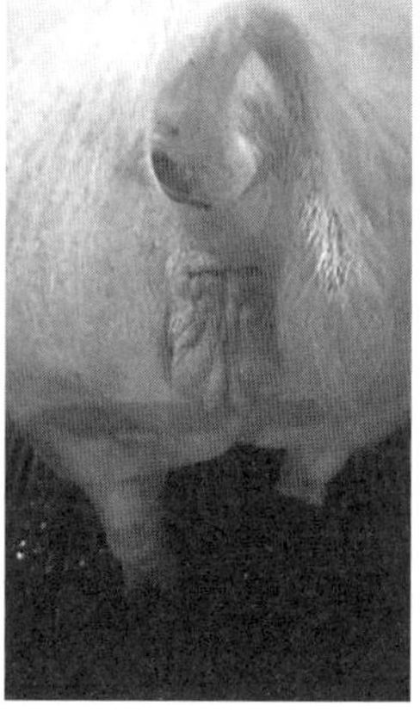

图1-2-13　临产母猪阴门

(4)看行为:临产前,母猪精神紧张,坐卧不安(图1-2-14),在猪舍或栏内来回走动并用头撞击周围圈舍,对环境敏感且远离生人,呼吸加快,食欲大减,排粪尿频繁(图1-2-15)。

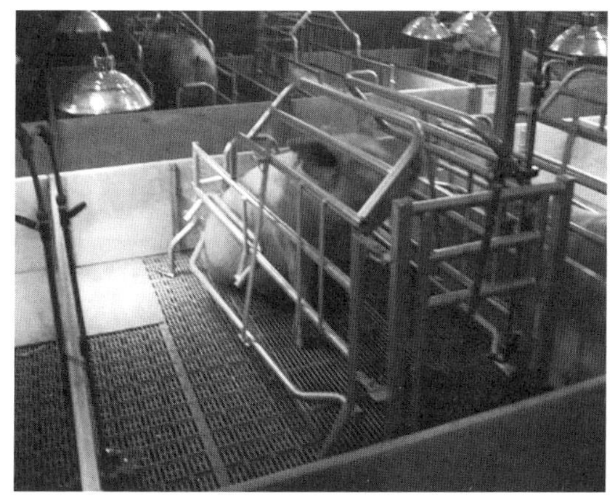

图1-2-14　临产母猪坐卧不安

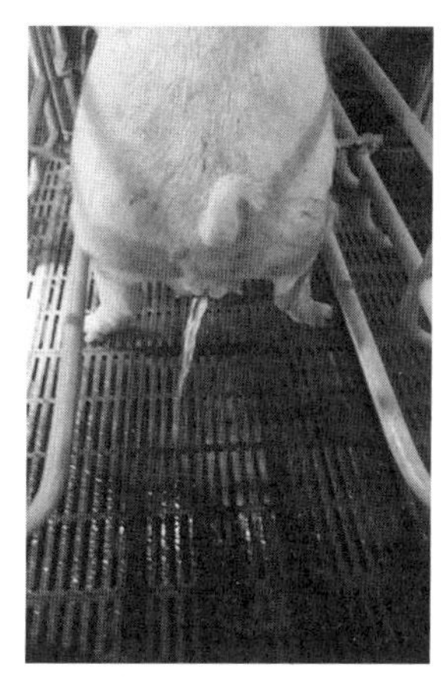

图1-2-15　临产母猪排尿频繁

(5)挤压乳头(图1-2-16):若母猪最前端一对乳头能挤出乳汁,显示其即将在24 h左右产仔;若中间乳头能挤出乳汁,显示其即将在12 h左右产仔;若最后一对乳头能挤出大量乳汁,显示其即将在4 h左右产仔。

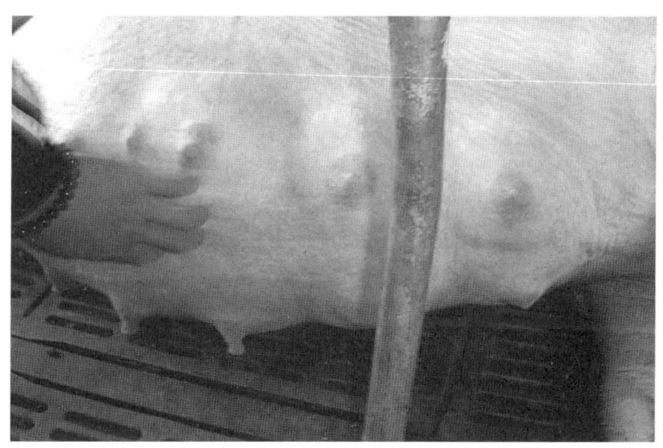

图1-2-16　挤压乳头判断临产时间

2.产前准备

临产前,产房饲养员应提前做好接产准备工作。主要包括准备好产房用具、接产工具、药品器械,调节好猪舍内温度及母猪清理等。

(1)产房用具:母猪产床、仔猪保温箱、母猪固定架和饮水器等都要彻底清洁后消毒。

(2)接产工具:母猪分娩前,准备好剪牙钳、耳号钳、剪刀、结扎线、消毒盆、干净毛巾、保温灯等接产工具。

(3)药品器械：母猪临产前，检查母猪产后消炎药、输液管、碘酒、润滑剂、干燥粉、消毒液(0.1%高锰酸钾溶液等)、注射器及针头等是否准备齐全。

(4)舍内及保温箱内温度(图1-2-17、1-2-18)：新生仔猪神经系统发育还不健全，皮下脂肪较少，皮肤较薄，体表面积与体重之比较高。所以，给新生仔猪保温就显得尤为重要，猪舍内要求安装最高最低温度计(图1-2-19)，以便于检查每天温差情况，做好保温工作。母猪临产前，舍内温度最好保持在约25 ℃。新生仔猪保温箱内温度保持在30～35 ℃，产后一周后可降至28～30 ℃。

图1-2-17　分娩舍内保温

图1-2-18　保温箱内保温

图1-2-19　最高最低温度计

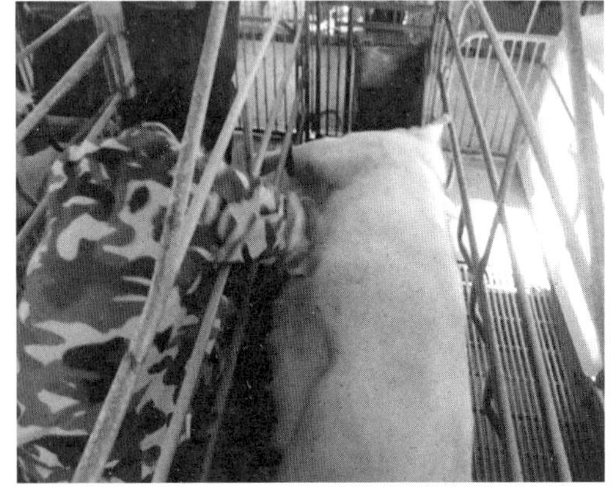

图1-2-20　产前母猪清洁消毒

(5)母猪清洁消毒(图1-2-20)：当母猪出现全身性肌肉间歇性阵缩时，说明即将分娩，接产人员应尽快对母猪阴户、乳房等进行消毒并用清洁毛巾擦干。

3.接产管理

(1)全身清理(图1-2-21)：仔猪出生后，先用经过消毒的干净毛巾清除口鼻处的黏液，使其尽快适应新环境，用肺呼吸，然后擦净全身，涂抹干燥粉。注意：如有新生猪包裹胎衣(羊膜)，应立即剥除以防窒息。

（2）断脐（图1-2-22）：脐带是母体与胎儿之间物质交换的主要媒介，胎儿产出后一般脐带仍与母体相连，需要对脐带进行处理，断脐不当会严重影响仔猪存活及生长。生产上常采用以下方法断脐：将脐带内的血液向仔猪方向挤压后，在距离腹部3～4 cm处用细线扎紧，剪断多余的脐带，断面及周围用碘酒消毒，然后将仔猪放入调节好温度的保温箱中。注意：剪刀和脐带断面要消毒。

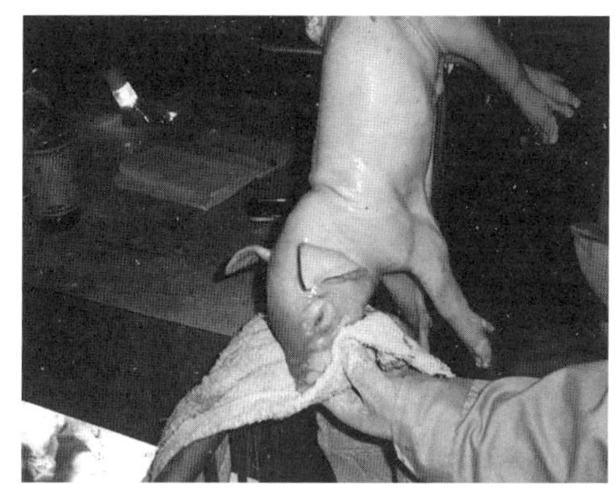

图1-2-21　新生仔猪清洁

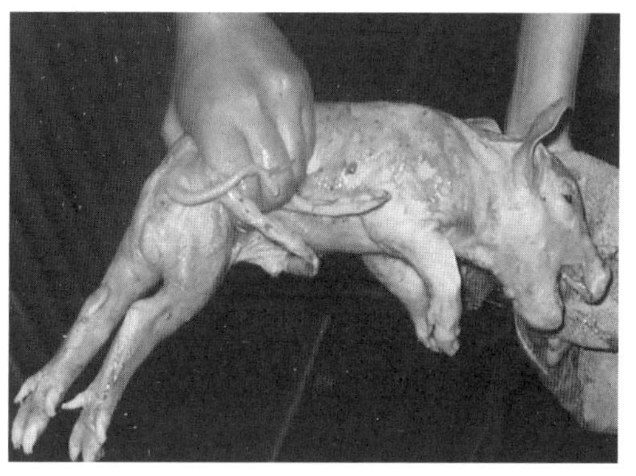

图1-2-22　新生仔猪断脐

（3）称重：仔猪出生重是衡量母猪繁殖力的重要指标之一，仔猪出生擦干后应立即称个体重或窝重。

（4）断犬齿（图1-2-23）：为了防止仔猪吸吮母乳时损害母猪乳头，或争斗时伤及其他仔猪，在仔猪出生2 h内用经过消毒的剪齿钳从接近牙床表面处剪断位于初生仔猪上下颌的8颗犬齿，并涂上消炎药。注意：剪牙不要太短，剪掉牙齿的2/3即可，不要剪到牙根，以免损害齿龈和舌头；断口要平整；对弱小仔猪来说，不宜剪牙或者推迟1～2 d再剪牙。

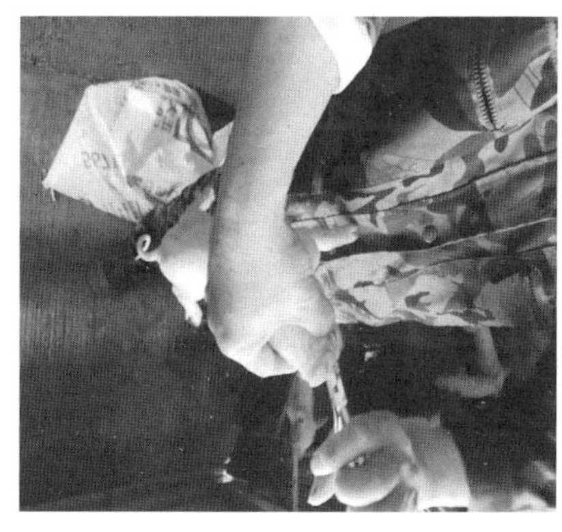

图1-2-23　新生仔猪剪牙

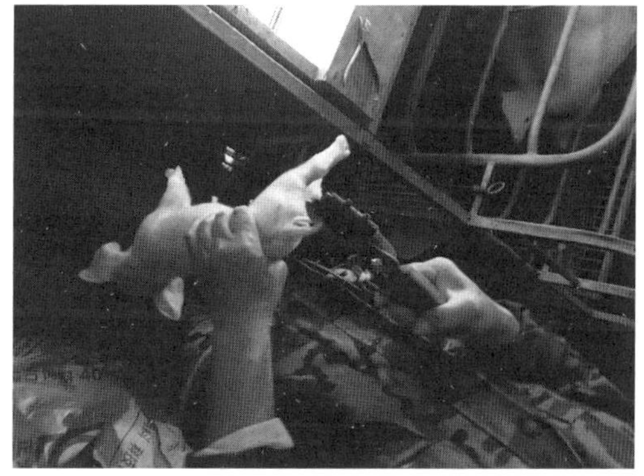

图1-2-24　新生仔猪剪尾

（5）剪尾（图1-2-24）：仔猪出生2～3 d后将尾断掉。具体方法如下：用消毒过的断尾钳，在距仔猪尾根1.5～2.0 cm处剪断，并用碘酒或1%的高锰酸钾溶液消毒断面及周围。

（6）打耳号（图1-2-25）：利用耳号钳在猪的耳朵上打号，每剪1个耳缺代表1个数字，把2个耳朵上所有的数字相加,即得出所要的编号。以猪的左右耳朵而言,一般多采用左大右小,上1下3,公单母双(公仔猪打单号、母仔猪打双号),或公母统一连续排序的方法。

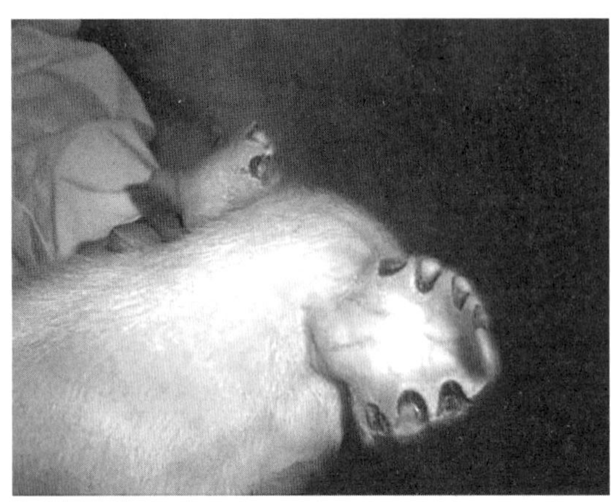

图1-2-25　新生仔猪打耳号

(7)吃初乳(图1-2-26),固定乳头(图1-2-27):初乳中含有丰富的营养物质和免疫抗体,仔猪越早吃到初乳,就可以越早获得免疫力。在出生1~2 h内,将保温箱中的新生仔猪放出喂乳,特别是弱小仔猪应给予人工辅助,让其尽快吃上初乳。在仔猪吃初乳时,饲养员要及时做好固定乳头的工作,将个体较大、强壮的仔猪固定到母猪后部的乳头,而出生较迟、弱小的仔猪固定到母猪前部乳头。对吃乳能力较差的仔猪,饲养员要进行人工喂奶辅助。

图1-2-26　新生仔猪吃初乳

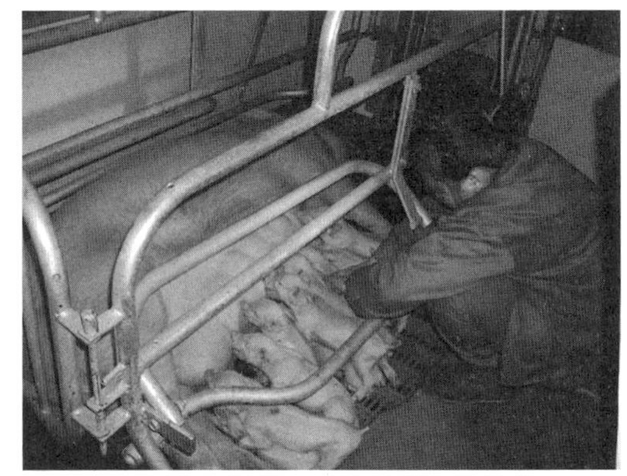

图1-2-27　固定乳头

(8)寄养(图1-2-28):在生产中,常出现母猪乳头数少于产仔数、少乳或无乳、母猪难产死亡等现象,倘若新生仔猪吃不到充足的母乳,很容易导致仔猪营养不良、僵猪甚至死亡等现象。因此,寄养就成为一种常见的解决策略。合理寄养可使仔猪及时获得充足的母乳，保证其健康快速地生长。因实际养殖情况的不同，寄养的方法也不尽相同，常用方法如下。

①寄养母猪的选择。寄养母猪一般与被寄养母猪产期接近，另外需满足泌乳量高、性情温顺、哺育性能好等条件。

②寄养时间。分娩后1～2 d是寄养的最佳时期，主要是因为这个时候，新生仔猪不能辨别异味，不易发生寄养母猪咬仔猪现象，而且仔猪还未建立乳头秩序，仔猪之间不易发生争斗。一般选择晚上寄养仔猪。

③寄养方式。先出生的仔猪寄养到后出生的窝内时，要挑选体重小的仔猪进行寄养。后出生的仔猪寄养到先出生的窝内时，要挑选体重大的仔猪进行寄养。要尽量保证两头母猪的分娩时间相近，一般要求相差3 d以内。

④消除寄入仔猪气味。猪的嗅觉特别灵敏，母仔相认主要靠嗅觉来识别。寄养时，要使母猪分辨不出被寄养仔猪的气味，才能寄养成功。可以把准备寄养的仔猪用寄入窝中的胎衣、奶或尿等涂擦全身，再与寄入窝中仔猪在保温箱内自由接触1 h，即可消除异味。

⑤注意观察。在刚寄养的前几天，要注意观察母猪及其所产仔猪是否接受新寄养的仔猪。如果发生母猪咬仔猪或仔猪之间咬架现象，要及时分开，按以上寄养方法重新处理之后再进行寄养。

注意：当利用产仔数少的初产母猪作为寄母时，时间不能拖太晚，以防未被利用的乳头乳腺发育不充分，甚至停止活动，导致无法泌乳。寄养前需要确认仔猪已吃足初乳，必须保证仔猪吸吮至少6 h的初乳。

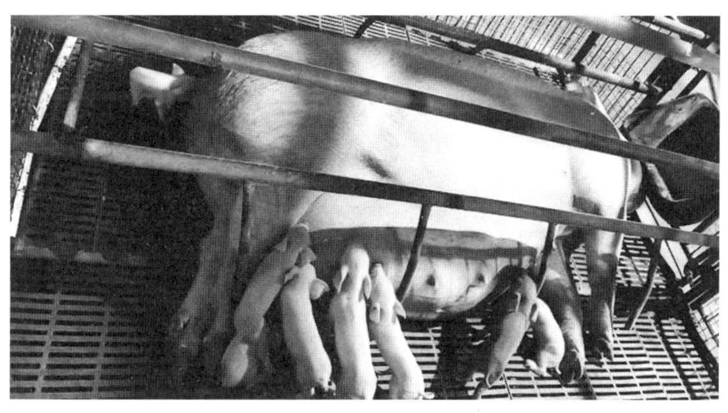

图1-2-28　新生仔猪寄养

(9)去势(图1-2-29)：仔猪可在出生后1周左右进行去势，这时的仔猪自身已经有一定的抵抗力，能抵御一些病菌的侵入，身体的某些器官也已生长健全。仔猪早期去势可减少去势时的痛苦,可用手术刀进行。在去势时先要对入刀部位的皮肤消毒,减少细菌侵入,手术刀、手术人员等的消毒也是必不可少的,在术后要给仔猪伤口涂抹抗菌消炎药物,防止伤口恶化。注意:在术后要仔细观察,看去势后的仔猪有没有不良反应,特别关注伤口有没有出血,如果大量出血要及时止血,严重时要对伤口进行缝合,另外还要注意排泄是否正常,有没有影响到肠道。

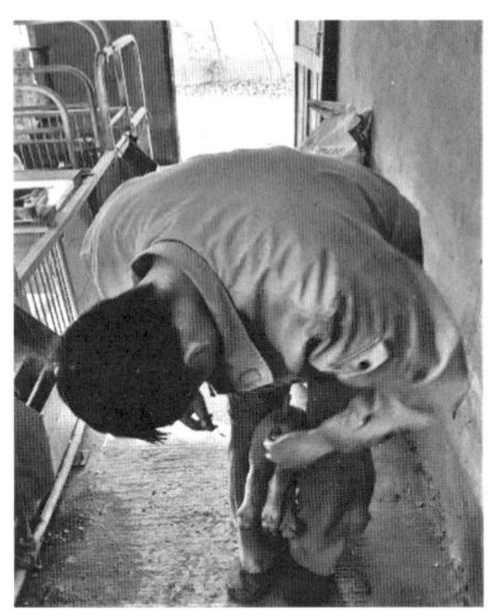

图1-2-29　仔猪去势

四、结果分析

根据记录的产仔情况,计算出新生仔猪存活率、死胎率、弱仔率,并推算出初生窝重变异系数。

五、拓展提高

近年来,许多猪传染病(非洲猪瘟、蓝耳病、口蹄疫等)给养猪业带来了巨大的经济损失,因此做好防疫工作至关重要。根据猪场的实际情况,制订消毒措施和免疫方案。

六、评价考核

熟悉并掌握现代规模化生猪养殖场的仔猪接产与管理中的各个流程及注意事项,并能熟练操作。

实训三　现代规模化生猪养殖场建设常规知识及猪场实践

现代规模化生猪养殖场具有生产规模大、资金投入多、环境污染大、占用资源多、技术范围广、安装设备多等特点，一旦出现问题会造成巨大的损失，影响很大。因此，严格按照国家规定建设程序进行报建、审批和施工，按照猪生产的基本参数进行设计规划，可以少走弯路，避免产生不必要的程序上或技术上的损失。

一、导入实训项目

现代生猪养殖产业正在经历精细化、设施化、智能化的变革，特别在猪场建设、环境控制、智能化饲养等方面，较之传统的养猪业已经有了翻天覆地的变化，技术日新月异，新技术、新标准、新设备、新工艺、新成果不断出现。

二、实训任务

(1)了解现代养猪生产的主要生产工艺。

(2)掌握猪生产各环节的基本参数的计算方式。

三、实训方案

1.猪场的选址

水源是选址的先决条件，猪场多使用地下水，最好是深层地下水。猪场用水包括人畜饮用水、栏舍冲洗用水、粪池用水、夏季降温用水以及人的生活用水等。水质要求符合人饮用水标准，猪群用水量参看表1-2-1。

表1-2-1　猪场用水量统计表

单位：t/d

供水量	100头基础母猪规模	300头基础母猪规模	600头基础母猪规模
猪场供水总量	20	60	120
猪群饮水总量	5	15	30

面积与地势：要把生产、管理和生产区都考虑进去，并留有余地，计划出建场所需占

地面积，特别注意排污的压力，宜留有大量的种植和水产面积来消纳净化污水，并有一定坡度便于自流。地势宜高燥，地下水位低，土壤通透性好。场址要选择通风良好的地方，切忌把大型养猪工厂建到山窝等通风不良的低洼地带。

排污：猪场产生臭味是不可避免的，场址尽量处于居民区主要盛行风的下风面。产生的污水应远离居民区，尽量避免处于居民区饮用水地势的上面，否则一旦污染居民饮用水源，猪场就得关停并面临赔偿；与地表水源、河流等保持安全距离；按畜禽规模养殖污染防治条例规定，不得在政府划定的禁养区内建养猪场。

交通与防疫：两者有一定的矛盾，猪场既要避开交通主干道，但因为饲料、产品和物资运输很频繁，又要交通方便。因此，猪场离交通主干道不能太远(20 km内较合适)，且要有较宽阔的进场道路(宽度不小于3.5 m)；既要考虑猪场本身防疫，又要考虑猪场对居民区的影响。因此，距居民区至少2 km。猪场与其他养殖场之间也需要保持一定距离。

另外，必须有稳定的电源和方便的天然气供应。

2. 猪舍小气候环境调节

猪舍内温度、光照、湿度、气流等要素决定猪舍的内部环境状况，现代猪场的建设就是给予各阶段的生猪最舒适的环境，使猪的生产性能最大化。同时，控制猪舍小气候，克服外界大环境变化的影响，使不同季节、不同地域的猪舍内小气候条件基本保持一致，舍内的温度、相对湿度及通风的基本参数见表1-2-2、表1-2-3。

表1-2-2　猪舍内温度和相对湿度

猪舍类型	温度/℃			相对湿度/%		
	舒适范围	高临界	低临界	舒适范围	高临界	低临界
种公猪	15 ~ 20	25	13	60 ~ 70	85	50
妊娠母猪	15 ~ 20	27	13	60 ~ 70	85	50
哺乳母猪	18 ~ 22	27	16	60 ~ 70	80	50
哺乳仔猪	28 ~ 32	35	27	60 ~ 70	80	50
保育猪	20 ~ 25	28	16	60 ~ 70	80	50
生长育肥猪	15 ~ 23	27	13	65 ~ 75	85	50

表 1-2-3　猪舍通风量与风速

猪舍类型	通风量/[m³·(h·kg)⁻¹]			风速/(m·s⁻¹)	
	冬季	夏季	春秋季	冬季(最大值)	夏季
种公猪	0.35	0.70	0.55	0.30	1.00
空怀妊娠母猪	0.30	0.60	0.45	0.30	1.00
哺乳猪	0.30	0.60	0.45	0.15	0.40
保育猪	0.30	0.60	0.45	0.20	0.60
生长育肥猪	0.35	0.65	0.50	0.30	1.00

注:通风量是指每千克猪体重每小时需要的空气量。

饲养密度指猪舍内猪的密集程度,包括同一栏中猪只的数量和每头猪占用的面积大小等因素。饲养密度大,猪只散发出来的热量多,舍内气温高、湿度高,灰尘、微生物和有害气体增多,猪的采食、饮水、排粪尿、活动、休息等生理行为均会受到影响,各阶段商品猪的饲养密度见表 1-2-4。

表 1-2-4　各阶段商品猪的饲养密度

猪群类型	每栏饲养头数/头	实体地面猪栏/(m²/头)	漏缝地板猪栏/(m²/头)
保育猪	10 ~ 20	0.28 ~ 0.37	0.2 ~ 0.4
生长猪	20 ~ 25	0.6 ~ 0.9	0.4 ~ 0.6
育肥猪	20 ~ 25	0.9 ~ 1.2	0.6 ~ 0.8

3. 猪场布局

猪场饲养模式一般分为一点式和多点式,可根据管理要求设计两点式或三点式,每个区域布局可根据主风向把保育区放在上风向,其他饲养区域可布局在下风向。相较于一点式饲养,多点式饲养可有效避免病原在不同生产区之间的循环传播,但不同点之间转运猪只可能带来疫病风险。猪场主要功能区包括办公区、生活区、生产区、隔离区及环保区等。办公区设置办公室、会议室等;生活区为人员生活、休息及娱乐的场所;生产区是猪群饲养的场所,是猪场的主要建筑区域,也是生物安全防控的重点区域;隔离区主要是引进后备猪时隔离使用;环保区主要包括粪污处理、病死猪无害化处理以及垃圾处理等区域。净区与污区是相对的概念,生物安全级别高的区域为相对的净区,生物安全级别低的区域为相对的污区。在猪场的生物安全金字塔中,公猪舍、分娩舍、配怀舍、保育舍、育肥舍和出猪台的生物安全等级依次降低。猪只和人员单向流动,从生物安全级别高的地方到生物安全级别低的地方，严禁逆向流动。种猪场还包括选种区。

4.生产工艺流程

工艺流程决定栏舍的设计形式以及设备的配置，其主要的内容就是定义生猪生产各阶段的饲养时间和转接标准。

（1）基本概念。

繁殖周期：同一批母猪从断奶到再次断奶的天数，由断配期、妊娠期和哺乳期构成，断奶到配种的时间取5 d，妊娠期按114 d计，哺乳期一般为21～35 d，因此繁殖周期一般为140～154 d。

生产节律：相邻两批泌乳猪转群的时间间隔。

批次化生产：将生产母猪群按指定的生产节律有计划、分批次地进行配种、分娩、断奶、后续保育、育成、销售，每个生产环节全进全出，从传统的连续性生产转向节律性的生产。

产床利用周期：指同一个产床断奶后到下一次再断奶的天数，包括母猪提前上产床的天数+哺乳天数+产床洗消维护天数。

（2）母猪生产流程（图1-2-30）。

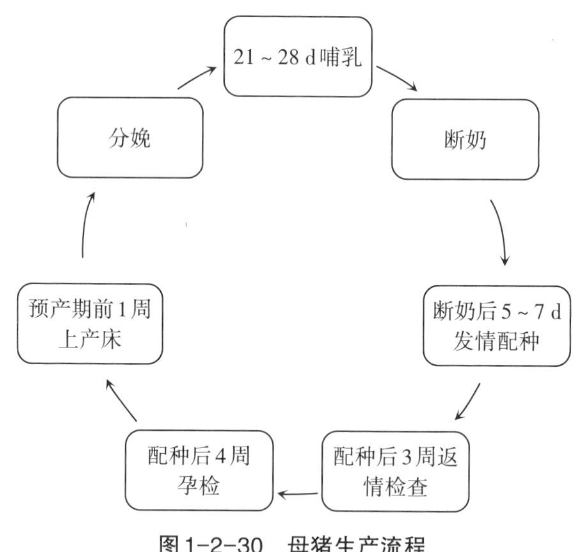

图1-2-30　母猪生产流程

（3）育肥猪生产流程（图1-2-31）。

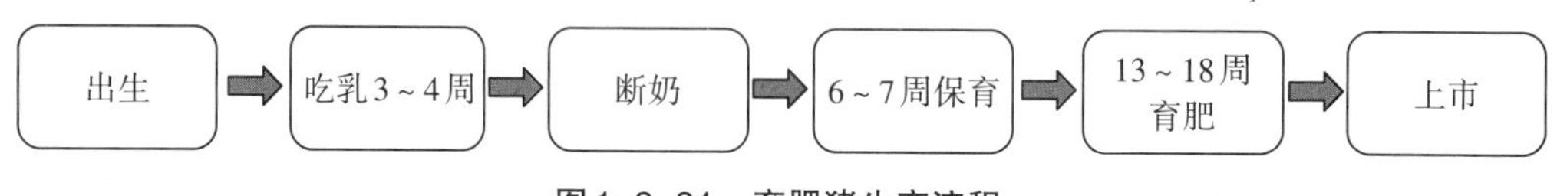

图1-2-31　育肥猪生产流程

5.污染处理工艺

生猪生产污染的来源主要是粪尿与病死猪，各阶段的大致排污情况见表1-2-5。

表1-2-5　各阶段猪只大致排污量

猪类型	饲养周期/d	体重范围/kg	饲料消耗/（kg/d）	饮水量/（kg/d）	排污量/（kg/d）			
					粪尿	固体含量	冲洗水	合计
母猪	365	140 ~ 160	3.15	12.29	6.72	0.66	29.44	36.82
公猪	365	120 ~ 140	2.74	10.69	6.41	0.58	26.38	33.37
仔猪	49	7 ~ 30	1.00	3.90	2.91	0.20	9.99	13.1
育肥猪	105	30 ~ 100	2.29	8.93	5.95	0.50	19.06	25.51

（1）水冲粪工艺。

水冲粪工艺是20世纪80年代中国从国外引进规模化养猪技术和管理方法时采用的主要清粪模式。该工艺的主要目的是及时、有效地清除畜舍内的粪便、尿液，保持畜舍环境卫生，减少粪污清理过程中的劳动力投入，提高养殖场自动化管理水平。水冲粪的方法是粪尿污水混合进入缝隙地板下的粪沟，每天数次从沟端的水喷头放水冲洗。粪水顺粪沟流入粪便主干沟，进入地下贮粪池或用泵抽吸到地面贮粪池。

优点：水冲粪工艺可保持猪舍内的环境清洁，有利于动物健康；劳动强度小，劳动效率高，有利于养殖场工人健康，在劳动力缺乏的地区较为适用。

缺点：耗水量大，一个万头猪的养猪场每天需消耗大量的水（200 ~ 250 m^3）来冲洗猪舍的粪便；固液分离后，大部分可溶性有机质及微量元素等留在污水中，污水中的污染物浓度仍然很高，而分离出的固体物养分含量低，肥料价值低；该工艺技术上不复杂，不受气候变化影响，但污水处理部分的基建投资及动力消耗很大。

（2）水泡粪工艺。

水泡粪工艺主要目的是定时、有效地清除畜舍内的粪便、尿液，减少粪污清理过程中的劳动力投入，减少冲洗用水，提高养殖场自动化管理水平。水泡粪工艺是在水冲粪工艺的基础上改造而来的，工艺流程是在猪舍内的排粪沟中注入一定量的水，粪尿、冲洗用水和饲养管理用水一并排放进缝隙地板下的粪沟中，储存一定时间（一般为1 ~ 2个月），待粪沟装满后，打开出口的闸门，将沟中粪水排出。粪水顺粪沟流入粪便主干沟，进入地下贮粪池或用泵抽吸到地面贮粪池。

优点：比水冲粪工艺用水更省。

缺点：由于粪便长时间在猪舍中停留，发生厌氧发酵，产生大量的有害气体，如H_2S

(硫化氢)、CH_4(甲烷)等,恶化舍内空气环境,危及动物和饲养人员的健康;粪水混合物的污染物浓度更高,后续处理也更加困难;该工艺技术上不复杂,不受气候变化影响,但污水处理部分的基建投资及动力消耗较大。

(3)干清粪工艺。

干清粪工艺的主要目的是及时、有效地清除畜舍内的粪便、尿液,保持畜舍环境卫生,充分利用劳动力资源丰富的优势,减少粪污清理过程中的用水、用电,保持固体粪便的营养物,提高有机肥肥效,降低后续粪尿处理的成本。干清粪工艺的主要方法是粪便一经产生便分流,干粪由机械或人工收集、清扫、运走,尿及冲洗水则从下水道流出,分别进行处理。干清粪工艺分为人工清粪和机械清粪两种。

人工清粪只需用一些清扫工具、人工清粪车等。优点:设备简单,不用电力,一次性投资少;还可以做到粪尿分离,便于后面的粪尿处理。缺点:劳动力投入量大,生产效率低。

机械清粪包括铲式清粪和刮板清粪两类。优点:可以减轻劳动强度,节约劳动力,提高工作效率。缺点:一次性投资较大,还要花费一定的运行维护费用。

四、结果分析

运用课堂所学知识,查阅资料,设计一个600头基础母猪的自繁自养猪场。

五、拓展提高

猪场建设程序

猪场建设前期,建设单位形成投资意向,上报主管部门进行审批、立项。在建设准备期,完成勘察、设计、施工,做好建设现场、建设队伍、建设设备等方面的准备工作。具体包括报建,委托规划、设计,获取土地使用权,拆迁、安置,工程发包与承包等。建设施工阶段是建设单位为了保证项目施工顺利进行需从事相关的管理工作,可分为施工准备阶段的管理和施工阶段的管理两种。其中,施工阶段的管理主要职责是做好工程建设项目的进度控制、投资控制和质量控制,以及竣工验收备案与保修阶段。猪场建设基本流程如图1-2-32所示。

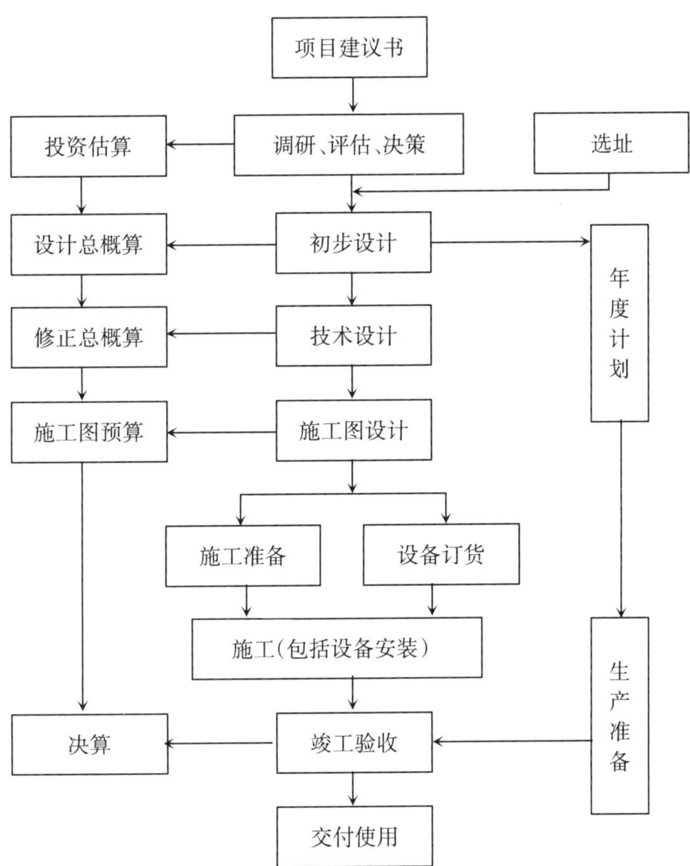

图1-2-32　猪场建设基本流程图

六、评价考核

(1)熟悉现代规模化生猪养殖场设计的基本参数。

(2)了解现代规模化生猪养殖场建设的基本流程。

实训四　猪场生产记录档案

养殖档案是根据《中华人民共和国畜牧法》和农业部(现农业农村部)的规定,并结合本地的实际情况建立的养猪生产记录报表制度。建立养殖档案是法规强制执行的一项养殖行为,是实行数据化、精细化和电子化管理,提高劳动生产率、增加收入的重要手段。养猪生产正向着规模化、集约化的方向发展。从某种意义上来说,猪场的经营管理就是数字管理,规模猪场的经营管理是指以实现猪的经济效益为目的,对猪场经营活动,如采购、销售、生产规模、年度计划、人员控制等进行有效管理。经营管理与生产管理有所不同,但又是紧密地结合在一起的。

一、导入实训项目

猪场的生产记录档案对经营管理有什么作用呢?首先,完善的生产记录档案可以使猪场实现信息化管理,全面提升猪场的管理水平,使各项决策均有据可依。其次,完善的生产记录档案也是猪场信息化管理所必需的信息。信息技术目前已应用到养猪生产的各个方面,包括猪的育种、饲料配方、信息管理、猪病诊断与销售等。加强猪场的信息化建设,不仅可提高猪场管理水平、减少管理费用,还可实现集团化、猪场间的资源共享。最后,育种工作是养猪企业核心竞争力的关键。育种的根本目的是让猪群的重要性状得到遗传改良,使生产获得最大的经济效益,而要实现育种目标,就需要了解猪生产上的一些性状。对于种猪场或繁殖场而言,测定和记录影响种猪生产性能的各种重要经济性状,是确定育种目标和进行种猪有效选育的第一步,更是猪场进行品种(系)选育和杂交改良效果评价等的重要依据。因此,猪场生产记录档案是猪场生产管理中不可缺少的工作内容,必须建立和健全原始资料的记录,并进行科学的整理和分析,这样才能够及时有效地总结经验,改善生产管理,提高养猪生产水平和经济效益。

二、实训任务

(1)了解猪场生产记录档案在猪场经营管理中的作用和意义。

(2)熟悉猪场生产记录包括的主要内容。

(3)设计猪场各类型生产记录的表格,了解各类型生产记录档案的处理和利用。

三、实训方案

养猪场生产记录档案主要包括种猪档案、配种记录、母猪产仔哺育记录、种猪生产记录、饲料消耗、猪群的周转记录、疾病记录、猪群动态记录以及生产报表等。

1.种猪的档案

(1)公猪的档案。包括公猪基本信息、配种成绩、体质外貌、肥育性能、后裔成绩、生长发育以及总评等信息，由配种舍负责人记录。具体信息见表1-2-6公猪卡。

表1-2-6　公猪卡

<table>
<tr><td colspan="5">公猪卡片　　第___号</td></tr>
<tr><td>耳号：</td><td>品种：</td><td>出生：　年　月　日</td><td>产地：</td><td>后备期卡片号：
____年第___号</td></tr>
<tr><td>入籍：　年　月　日</td><td>移动情况：</td><td>除籍时间：　年　月　日</td><td colspan="2">除籍原因：</td></tr>
<tr><td colspan="3" rowspan="2">毛色特征：</td><td rowspan="2">有效乳头数</td><td>左：</td></tr>
<tr><td>右：</td></tr>
</table>

<table>
<tr><td colspan="6">一、血统</td></tr>
<tr><td rowspan="4">父</td><td rowspan="4">总评：</td><td rowspan="2">父</td><td rowspan="2">总评：</td><td>父</td><td>总评：</td></tr>
<tr><td>母</td><td>总评：</td></tr>
<tr><td rowspan="2">母</td><td rowspan="2">总评：</td><td>父</td><td>总评：</td></tr>
<tr><td>母</td><td>总评：</td></tr>
<tr><td rowspan="4">母</td><td rowspan="4">总评：</td><td rowspan="2">父</td><td rowspan="2">总评：</td><td>父</td><td>总评：</td></tr>
<tr><td>母</td><td>总评：</td></tr>
<tr><td rowspan="2">母</td><td rowspan="2">总评：</td><td>父</td><td>总评：</td></tr>
<tr><td>母</td><td>总评：</td></tr>
</table>

<table>
<tr><td colspan="20">二、配种成绩</td></tr>
<tr><td rowspan="2">年度</td><td colspan="4">与配母猪</td><td colspan="6">产仔</td><td colspan="3">仔猪20日龄</td><td colspan="6">______日龄断奶</td></tr>
<tr><td>受胎/头</td><td>未受胎/头</td><td>合计/头</td><td>受胎率/%</td><td>窝数</td><td>每胎产仔数/头</td><td>每胎产仔存活数/头</td><td>存活率/%</td><td>出生个体重/kg</td><td>出生窝重/kg</td><td>窝数</td><td>存活仔数/头</td><td>平均窝重/kg</td><td>窝数</td><td>存活仔数/头</td><td>每窝仔数/头</td><td>平均窝重/kg</td><td>平均个体重/kg</td><td>育成率/%</td></tr>
<tr><td></td><td></td><td></td><td></td><td></td><td></td><td></td><td></td><td></td><td></td><td></td><td></td><td></td><td></td><td></td><td></td><td></td><td></td><td></td><td></td></tr>
<tr><td></td><td></td><td></td><td></td><td></td><td></td><td></td><td></td><td></td><td></td><td></td><td></td><td></td><td></td><td></td><td></td><td></td><td></td><td></td><td></td></tr>
</table>

续表

三、体质外貌

年度	品质特征特性	体质	皮与毛	头与颈	前躯	背腰	后躯	四肢	特性	评分	主要优缺点

四、育肥性能

项目	年度	数量/头	起始		测定日期	日增重/kg	每增重1 kg所需饲料量/kg			宰前活重/kg	胴体重/kg	平均膘厚/cm	眼肌面积/cm²	胴体长度/cm	后腿比例/%	花板油/%		评分
			日龄/d	体重/kg			精料	青料	粗料							板油	花油	
全同胞																		
半同胞																		
后裔																		

五、后裔成绩

年度	猪号	性别	月龄	生长发育					体质外貌评分	生产性能					总评分数
				体重/kg	身长/cm	胸围/cm	体高/cm	评分		产仔数/头	断奶窝重/kg	日增重/g	屠宰率/%	评分	

六、生长发育

年度	猪号	体重/kg	身长/cm	胸围/cm	体高/cm	评分

七、总评

年度	月龄	生产力		生长发育	体质外貌	评分
		繁育	肥育			

（2）母猪的档案。包括母猪基本信息、产仔哺育成绩（包括与配公猪、产仔数、断奶仔猪数和断奶窝重等）、体质外貌、肥育性能、后裔成绩、生长发育以及总评等信息，由配种舍负责人记录。具体信息见表1-2-7母猪卡。

表1-2-7 母猪卡

母猪卡片				第___号
耳号：	品种：	出生： 年 月 日	产地：	后备期卡片号：_年第_号
入籍： 年 月 日	移动情况：	除籍时间： 年 月 日	除籍原因：	
毛色特征：		有效乳头数	左：	
			右：	

一、血统

父	总评：	父	总评：	父	总评：
				母	总评：
		母	总评：	父	总评：
				母	总评：
母	总评：	父	总评：	父	总评：
				母	总评：
		母	总评：	父	总评：
				母	总评：

二、产仔哺育成绩

年度	与配公猪			产仔						哺育仔数/头	仔猪20日龄			日龄断奶					
	耳号	品种	配种方法	胎次	日期	产仔数/头	活产仔数/头	窝重/kg	出生个体重/kg		仔猪数/头	平均个体重/kg	窝重/kg	窝重/kg	存活仔数/头	育成率/%	平均个体重/kg	留种数/头	
																		公	母

三、体质外貌

年度	品质特征特性	体质	皮与毛	头与颈	前躯	背腰	后躯	四肢	特性	评分	主要优缺点

续表

四、育肥性能

项目	年度	数量/头	起始		测定日期	日增重/kg	每增重1 kg所需饲料量/kg			宰前活重/kg	胴体重/kg	平均膘厚/cm	眼肌面积/cm^2	胴体长度/cm	屠宰率/%	后腿比例/%	花板油/%		评分
			日龄/d	体重/kg			精料	青料	粗料								板油	花油	
全同胞																			
半同胞																			
后裔																			

五、后裔成绩

年度	猪号	性别	月龄	生长发育					体质外貌评分	生产性能					总评分数
				体重/kg	身长/cm	胸围/cm	体高/cm	评分		产仔数/头	断奶窝重/kg	日增重/g	屠宰率/%	评分	

六、生长发育

年度	猪号	体重/kg	身长/cm	胸围/cm	体高/cm	评分

七、总评

年度	月龄	生产力		生长发育	体质外貌	评分
		繁育	肥育			

(3)配种记录。主要记录进行交配的公猪、母猪的耳号、品种和交配日期,以便查找血统,考查选配效果,推算预产期。具体信息见表1-2-8。

表 1-2-8　猪场配种记录表

年　　月

序号	栏号	品种	耳号	断奶时间	胎次	与配公猪		第一次配种	第二次配种	第三次配种	配种方式	查返情	妊检结果	预产期	配种员	备注
						品种	耳号	日期/时间	日期/时间	日期/时间						
1																
2																
3																
4																

(4)母猪产仔哺育记录。主要记载产仔母猪的耳号、品种、胎次、产仔日期、产仔总数、正常仔数、畸形仔数、木乃伊仔数、仔猪初生重、断奶仔猪数以及断奶窝重等。每头仔猪出生后做好编号,输入档案,形成猪的系谱,由产房负责人或产房专门信息员记录。具体信息见表1-2-9母猪产仔哺育记录表。

表 1-2-9　母猪产仔哺育记录表

栏号	产仔时间	品种	母猪耳号	胎次	与配公猪			预产期	母猪产仔情况/头						初生窝重/kg	断奶时间	断奶头数/头		断奶窝重/kg	饲养员	备注
					时间	品种	耳号		总产	健仔	弱仔	畸形	死胎	木乃伊			合格	不合格			

(5)测定数据。留种的公猪和母猪应在不同阶段(可在30 kg、50 kg和100 kg三个阶段)测定所需要的数据,作为育种工作的依据。测定内容包括体形外貌、体重、背膘厚、眼肌面积等,从而计算出日增重、日采食量和料重比等指标,由育种人员负责测定记录。具体信息见表1-2-10种猪生长性能测定及体形外貌评定记录表。

表 1-2-10　种猪生长性能测定及体形外貌评定记录表

猪场：　　　猪舍：　　　测定日期：　　　测定人：　　　记录人：　　　校核人：

栏舍	品种耳号	性别	测定体重/kg	背腰厚/cm	眼肌面积/cm^2	体形外貌					备注
						外阴/睾丸	肢蹄	奶头	腹线	整体评价	

2. 疾病记录

(1)病原的记录。记录本场现存及既往存在的病原类型，感染的时间、类型，病原的抗药性、预防药物等，由兽医室负责人记录。

(2)用药记录管理。记录本场常用的药物、剂量、效果，以及是否进行过药敏试验等，由兽医室负责人填写用药记录表(如表 1-2-11)。

表 1-2-11　用药记录表

时间	饲喂对象	投药方式	药物名称/剂量	生产厂商/批号	操作人员	备注

(3)种猪的疾病管理。建立种猪的健康档案，记录每次发病的时间以及治疗、康复情况，并对康复后公猪的使用价值进行评估。记录种猪的免疫接种情况，每年接种的疫苗种类、生产厂家、接种时间、当时的免疫反应及监测的抗体水平，由兽医室负责人填写免疫记录表(表 1-2-12)。记录母猪是否发生过传染病，是否有过流产、死胎、早产以及子宫内膜炎，是否出现过产后不发情或屡次不孕以及处理的情况记录，由配种舍负责人记录。

表 1-2-12　免疫记录表

序列	圈栏	数量/头	猪群类型	免疫日期	疫苗种类	剂量	生产厂家	批号	操作人	备注

3. 猪群动态记录

记录各猪舍的猪群变动情况，包括出生、入栏、出栏、淘汰、出售和死亡情况，由各猪舍饲养员负责记录，如表1-2-13、表1-2-14、表1-2-15。

表1-2-13　猪只动态记录(主要用于产仔舍)

日期	母猪/头		仔猪增加			仔猪减少/头			母猪存栏/头				仔猪存栏/头	备注
	转入	转出	产窝/窝	产活仔/头	转入/头	处理	死亡	转出	Y种	L种	D种	小计		
期初	/	/	/	/	/	/	/	/						

表1-2-14　猪只动态记录(主要用于后备、妊娠舍)

单位：头

日期	本期增加	本期减少					存栏				备注
	转入	销售	处理	死亡	转出	小计	Y种	L种	D种	小计	

表1-2-15　猪只动态记录(主要用于保育、生长舍)

单位：头

舍别：												年____月____日	
日期	转入	销售	处理	死亡	转出	Y种♀	Y种♂	L种♀	L种♂	D种♀	D种♂	小计	备注
期初	/	/	/	/	/								

4. 生产报表

包括各生产线、各猪群的变动情况，包括存栏、入栏、出栏、淘汰、出售和死亡情况，母猪舍还包括产仔胎数、产仔头数、仔猪情况等。由各生产线负责人或猪舍小组长负责统计记录，每周、每月、每季度、每年都要进行一次全面统计，如表1-2-16。

表 1-2-16　生产报表

年　月　日至　　年　月　日

类别	种猪群存栏情况/头							配种情况/头						产仔情况/头						死亡情况/头			销售情况/头							调动/头		备注
	合计	后备公猪	后备母猪	种公猪	种母猪	哺乳仔	保育猪	配种		返情		流产		产窝	健仔	弱仔	畸形	死胎	木乃伊	种后备大猪	仔猪		种用仔猪	商品猪	淘汰猪	公猪	母猪	后备	仔猪	调入	调出	
								初配	经产	初配	经产	初配	经产								哺乳	保育										
上期																																
本期																																
D种																																
L种																																
Y种																																

生产指标	哺乳猪育成率/%	保育猪育成率/%	17周前的配种数/头	配种分娩率/%	下月预产胎数/胎	平均窝产仔数/头	平均窝活产仔数/头	平均窝壮仔数/头	平均窝弱仔数/头	平均窝畸形数/头	平均窝死胎数/头	平均出生窝重/kg	平均断奶窝重/kg
D种													
L种													
Y种													
LY种													
二元商													
三元商													

5. 了解生产记录的处理和利用

猪场在配种、分娩、断奶、免疫等生产过程中会产生各种记录，根据猪场的生产规律和各种记录之间的联系，对相关记录进行处理和利用，才能让这些信息更好地服务于猪场的生产管理、规划及种猪的选育。

四、结果分析

根据实训过程中所记录的数据，填写某一头母猪不同胎次的繁殖记录（表1-2-17），为生产提供指导。

表 1-2-17　母猪个体繁殖记录

母猪ID	胎次	配种情况	发情状况	配种日期	与配公猪	配种方法	分娩日期	怀孕天数/d	分娩状况	健仔数量/头	总仔数量/头	出生窝重/kg	断奶仔猪/头	断奶窝重/kg	品种名称

五、拓展提高

选择较好的猪场管理软件，将生产记录中的数据录入，对猪场的种猪生产成绩、生产转群、饲料消耗、兽医防疫和购销情况等工作进行全面的分析，从而安排好猪场的日常工作计划、育种计划和配种计划，提高猪场的工作效率。

六、评价考核

设计并填写猪场1～2项生产记录档案表格。

实训五　现代化猪场饲养设备的构造及其使用

现代养猪是在育种、营养调控、疫病防控等技术上的进步与更新，离不开新设备、新工艺的应用，为解放劳动力、提高生产力，半自动化、自动化设备结合计算机信息技术产生的智能化设备开始引入猪场。如母猪智能化饲喂系统，能够显著提高母猪的年生产力及使用年限，从而提高猪场的经济效益。

一、导入实训项目

现代化养猪虽然前期投入较多，但是猪的品质高且后期消耗小，能够减少养殖成本，提高养殖效益。所以，越来越多的企业开启了现代化养猪之路。那么现代化养猪的主要饲养设备有哪些呢？

现代化养猪设备主要有母猪智能化群养系统，种猪自动测定系统，育肥猪自动分栏系统，猪舍环境控制系统，自动化供料系统、供水系统及粪污处理系统等。其他设备有育种猪测定站、实验室设备、育种工具、妊娠检测工具、B超仪、猪标记装置、养猪场管理软件、养猪场监控系统等。

二、实训任务

（1）了解现代化猪场养猪设备的种类及其工作原理。

（2）掌握现代化猪场养猪设备的使用方法。

三、实训方案

1.母猪智能化群养系统（图1-2-33至图1-2-37）

母猪智能化群养系统由三部分组成，即电子饲喂系统、智能化分离模块、母猪智能化发情鉴定模块。这三个模块相辅相成，其核心是电脑服务终端，储存有母猪膘情、胎次、妊娠天数等数据。电子饲喂系统信号感应能通过母猪的电子耳牌号识别母猪身份，根据之前存储的胎次、膘情、妊娠天数等信息自动执行管理计划。母猪智能化群养系统的优点：①母猪个体精准饲喂；②减少投资；③母猪分组灵活；④适于各种建筑形式；⑤易管理。母猪智能化管理系统不仅可以实现精确喂料、发情监测以及分离待处理母猪，还可以将母猪舍所有信息全部传输到猪场管理者的电脑里，形成详细的工作报告。

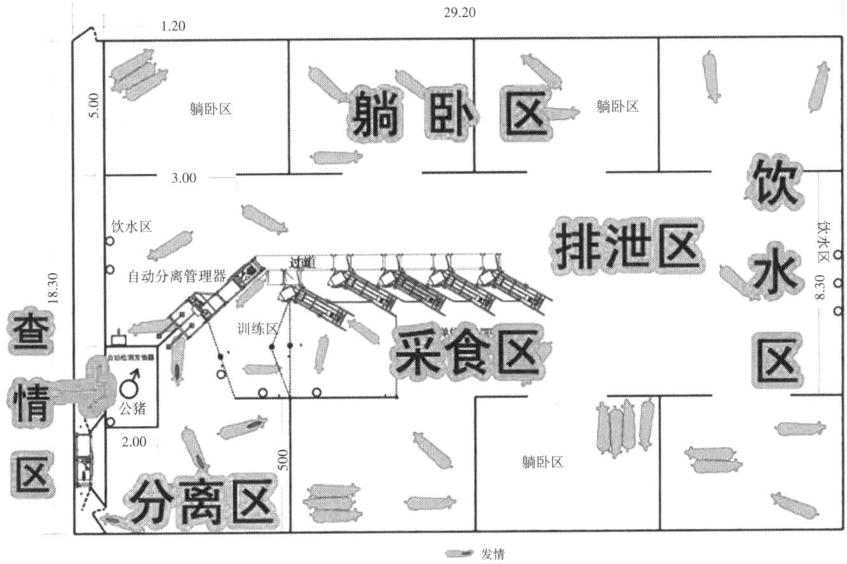

图1-2-33　母猪舍各功能区域平面图

图1-2-34　系统整体外观

图1-2-35　发情监测器

图1-2-36　饲喂器

图1-2-37　母猪通过分离器回到大圈

2.种猪自动测定系统(图1-2-38)

种猪育种过程中,因为要对种猪各方面的性能进行监测,从而开发了种猪自动测定系统。种猪自动测定系统的主要功能是对大栏中的个体种猪的采食量和体重进行实时跟踪、测定、记录、计算、统计与生成报告,报告主要输出的结果有猪只的生长速度,采食量,料肉比,体重达30 kg、50 kg、100 kg的日龄及生长曲线。种猪自动测定系统通过电子耳牌识别猪只,在猪只自由采食时,记录每头猪只进入、退出测定站的时间和料槽重量,每次进入、退出的料槽重量差就是该猪只的采食量。在测定猪采食量的同时,测定系统将对该猪只的体重进行记录,将当日测定的某猪只的所有体重值取中间值作为该猪只当天的体重,并以平均采食量和平均日增重的比值计算饲料报酬。测定系统控制芯片能够保存几天的测定数据,一旦服务终端电脑开启,数据将自动上传,形成可打印的报表。

图1-2-38　种猪自动测定系统

3.育肥猪自动分栏系统(图1-2-39、图1-2-40)

在大群饲养条件下,育肥猪自动分栏系统可随时自动测定育肥猪进入分栏站的体重和行为,并分配饲喂合适的饲料。猪场管理者可以对每头猪做到精准管理,提高育肥效率和整齐度。育肥猪自动分栏系统主要有以下特点。

(1)育肥猪大群饲养(200~350头),有专门的休息区和采食区。

(2)每头猪采食前必须通过智能分栏站称重,基于该猪的增重状况决定其去哪个采食区吃料,不同采食区饲料配方不同。

(3)设置出栏体重,智能分栏站可将要出栏的猪自动分离出来。

(4)身份识别,每头猪从农场到餐桌可全程追溯。

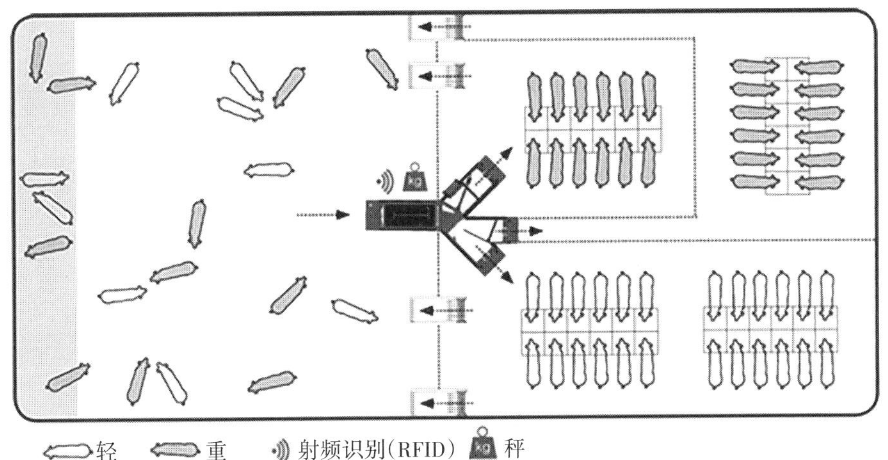

图1-2-39 三出口分栏管理器图例(饲喂三种料)

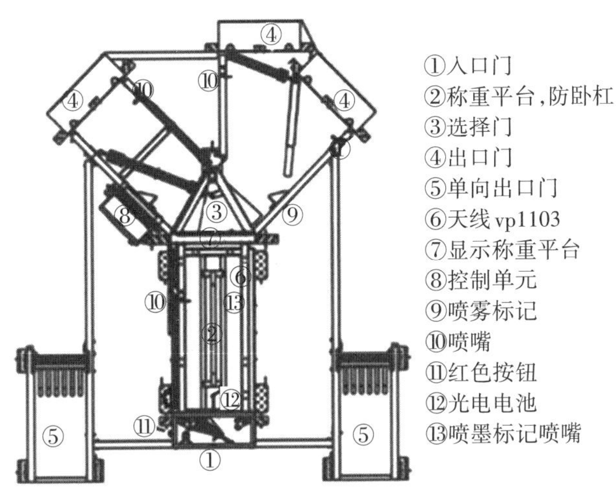

图1-2-40 三出口分栏站主要部分(天线用于感应电子耳牌)

4.猪舍环境控制系统

猪场环境控制系统是根据猪的生长需要,为猪提供舒适的温度和通风量,同时排出猪舍内的有害空气、湿气、粉尘。通过保障猪舍内温度和通风的均匀性,有效降低温度及通风不均匀或温度变化幅度较大所造成的冷应激或热应激给猪带来的影响,提高猪群福利和健康水平,保证饲料消化率和利用率达到最高,从而提高猪群生长速度,提高生产效益。环境控制系统主要通过通风系统来实现功能,通风系统的设计可分为以下几种模式。

(1)隧道通风(纵向通风,图1-2-41)。主要用于夏季降温通风,湿帘经水打湿后可提供大量湿润表面,在风机排气时,室内呈负压状态,迫使室外空气穿过湿帘,由于湿帘表面水蒸气分压力大于不饱和空气水蒸气分压力,因而湿帘表面水分被蒸发,吸收大量热量，让进入猪舍的空气温度下降。隧道通风的主要设备包括轴流风机、湿帘、卷帘、喷雾系统等。

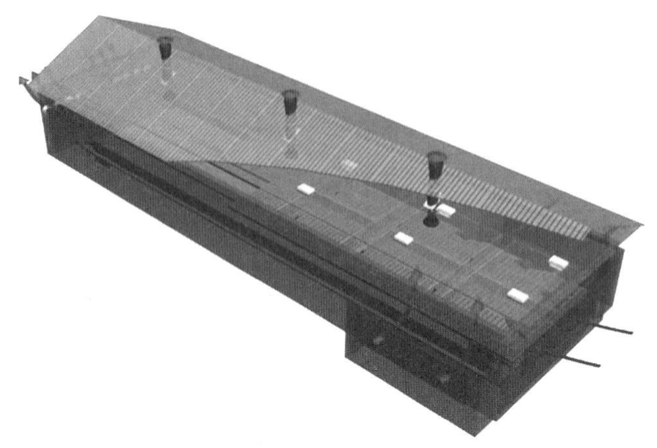

图1-2-41 猪舍环境控制系统（纵向通风）

（2）横向通风（图1-2-42）。主要用于冬季通风，此时通风的目的不是为了降温，而是满足猪的最小呼吸量，其主要方式包括侧墙通风和地沟式通风两种。主要设备包括变速风机、侧墙通风小窗、屋顶通风小窗等。

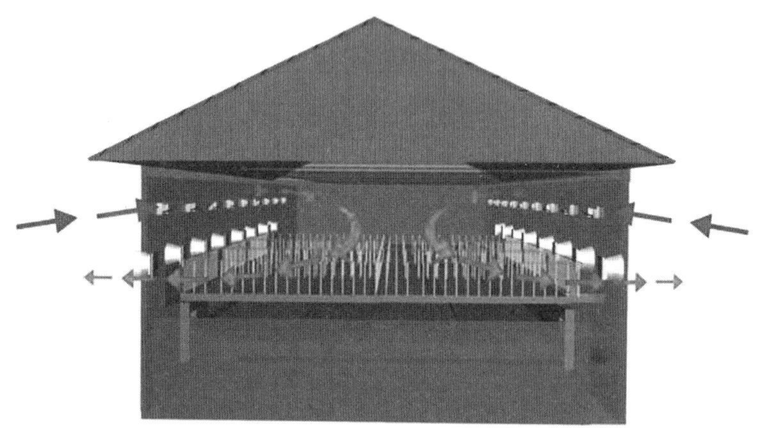

图1-2-42 猪舍环境控制系统（横向通风）

（3）垂直通风（图1-2-43）。在温度降低时，保证进气均匀，将预热的新鲜空气输入猪舍，排出有害气体与舍内湿气，同时尽可能保温。在温度较高时，保证进气均匀，将凉爽的新鲜空气输入舍内，排出有害气体以及降低舍内温度。垂直通风设备主要包括屋顶排风系统、屋顶送风系统、通风天花板、通风小窗等（图1-2-44至图1-2-46）。

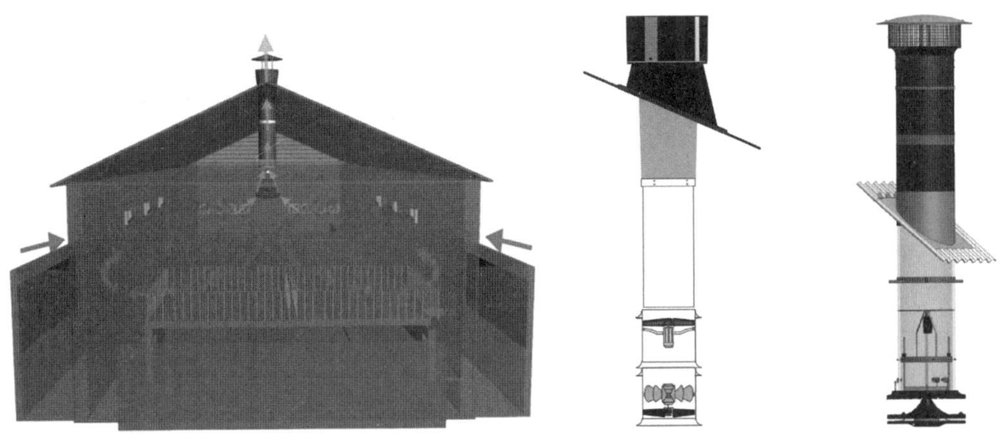

图1-2-43　猪舍环境控制系统(垂直通风)　　图1-2-44　屋顶排气筒　图1-2-45　屋顶进气筒

图1-2-46　侧墙进风小窗

5.自动化供料系统(图1-2-47)、供水系统

猪场自动化供料系统是由传感器自动检测料槽中的料位,当料槽缺料时,在微处理器控制下,启动输料电机,料槽开始下料;当料槽中料满时,传感器检测到料满状态,输料电机停止输料。猪场自动化供料系统可以应用到育肥、产房、保育、定位栏、母猪精确饲喂等饲养模式。猪用自动饮水器的种类很多,主要有鸭嘴式、乳头式、吸吮式和杯式等,每一种又有多种形式(图1-2-48)。

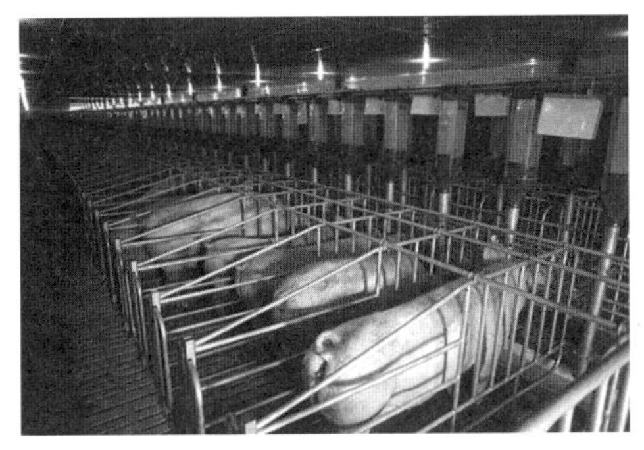

图1-2-47　猪场自动化供料系统

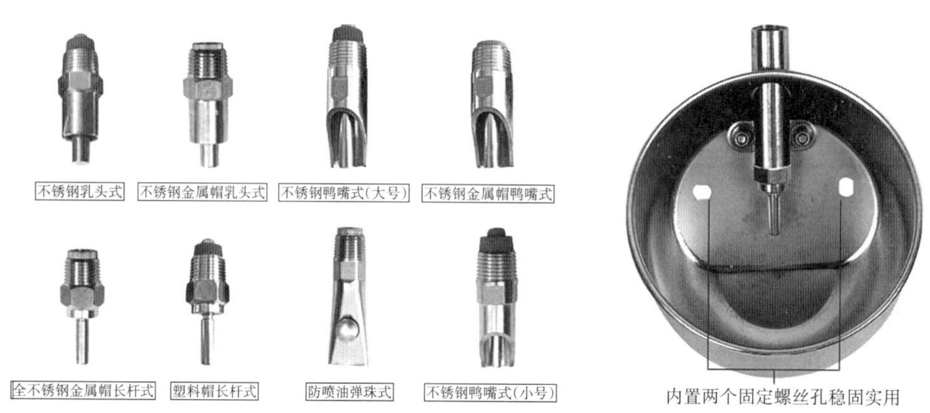

图1-2-48 猪场自动饮水器

6. 粪污处理系统

粪尿中的主要污染物质为有机物、微生物、重金属、有害气体、氮、磷等，主要污染包括水体污染、大气污染和土壤污染三个方面，粪污处理不当会对人类健康造成危害。猪场粪污处理系统可采用猪场专用干湿分离刮粪机，实现室内粪尿自动分离，尿液通过管道进入沼气池。刮粪机刮出的粪便统一转移到集粪池，通过固液分离机进行干湿分离，分离后的干粪可以直接装袋拉走作为有机肥。通过固液分离机分离后的液体也进入沼气池，所有液体进入沼气池进行发酵处理后排入沉淀池，经二次沉淀后就可以排放(图1-2-49至图1-2-53)。

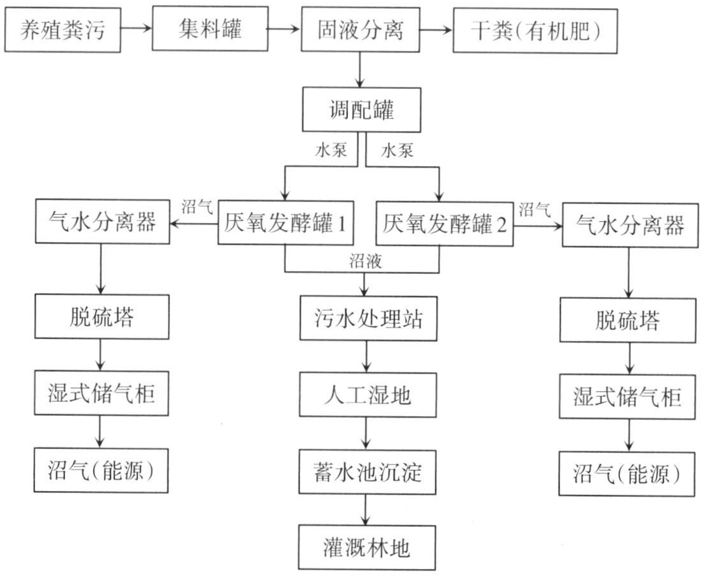

图1-2-49 猪场粪污处理工艺

图1-2-50　污水处理站

图1-2-51　自动控制系统

图1-2-52　干湿分离

图1-2-53　人工湿地

7.其他

(1)猪舍:猪舍是现代化养猪场的基本生产单位,不同的饲养方式和猪类型需要不同形式的猪舍。根据饲养猪的类型,猪舍可分为公猪舍、配怀舍、母猪舍、妊娠舍、分娩舍、保育舍、育成育肥舍等(图1-2-54)。

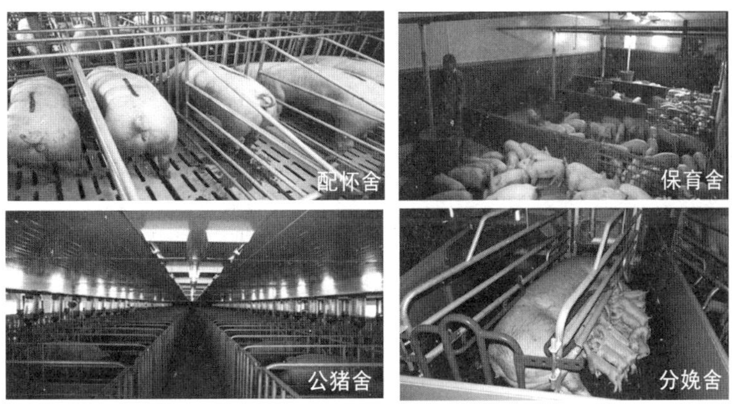

图1-2-54　猪舍分类

(2)漏缝地板:在现代化养猪生产中,为保持猪场栏内卫生、改善环境、减少清扫次数，普遍采用在粪沟上铺设漏缝地板。漏缝地板需具备耐腐蚀、不变形、表面平、防滑、导热性小、坚固耐用、漏粪效果好、易冲洗、易消毒等特点。地板缝隙宽度必须适合各种猪龄的猪行走站立，不卡猪蹄。常用的漏缝地板有：水泥混凝土板块，钢筋编织网、焊接网等金属编织网地板，工程塑料地板以及铸铁、陶瓷地板等(图1-2-55)。

图1-2-55　漏缝地板

四、结果分析

根据猪场种猪自动测定系统拟合猪的生长发育曲线，预测生长拐点日期和体重。

案例一：对40头种公猪后裔的生长肥育猪饲喂的测试结果。体重25～60 kg范围内，自由采食日均次数10～12次，日均采食时间78 min，测试期间料肉比为2.33∶1，生长规律符合Gompertz曲线，模型预测日增重下降拐点在111～117 d之间，对应体重在63～64 kg之间。

五、拓展提高

猪场还有一些配套设备：背膘测定仪(图1-2-56)、B超仪(图1-2-57)、怀孕探测仪、活动电子秤(图1-2-58)、模型猪、耳号钳及电子耳牌、断尾钳、仔猪转运车，以及用于猪舍消毒的火焰消毒器、兽医工具等。

图1-2-56　背膘测定仪

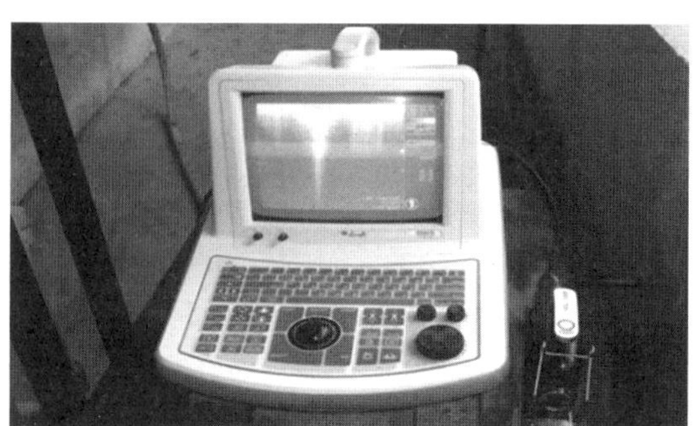

图1-2-57　B超仪

图1-2-58 活动电子秤

六、评价考核

(1)熟悉现代化养猪场养猪设备的种类。

(2)掌握现代化养猪场养猪设备的使用方法。

第二篇

家禽生产实验与实训

概述

家禽生产学是动物科学及相关专业的传统核心课程，是进一步学习后续课程和进行科学实践的重要基础，也是一门实践性很强的学科。因而在家禽生产学教学过程中，除了加强理论课的学习外，还需进一步强化实验与实训的教学，培养学生的动手能力和独立思考能力，提高学生观察问题、分析问题和解决问题的能力，激发学生的主动探索精神和知识创新精神。

家禽生产实验与实训部分由家禽生产实验和家禽生产实训两部分组成，包括5个实验、5个实训。实验部分侧重于巩固课堂所学知识、提高实践能力，要求学生通过观察，深入了解家禽的消化和生殖系统，强化家禽消化和繁殖生理方面的知识；通过对家禽外貌观察与体尺、体重测量，掌握家禽品种识别和体尺、体重等指标的测定方法；通过家禽屠宰性能测定，加强对家禽屠宰分割和胴体品质评价方面知识的了解。生产实训部分，通过家禽的人工孵化、初生雏禽的性别鉴定及管理技术、人工授精、现代化鸡场饲养设备的构造及其使用的实训，提高学生理解问题和分析问题的能力。同时还可提高学生实际操作能力、实验实习报告撰写能力、创新创业意识和“三农”情怀，养成实事求是、科学严谨的工作作风以及吃苦耐劳、探索进取、团结协作的专业素养，为将来走上工作岗位、深入生产实践奠定基础。

本篇内容力求简洁性、实用性和系统性相统一，注重学生能力的培养。在每个实验与实训中不仅介绍了实验、实训背景，还突出了操作方法和过程、现象的观察记录以及结果计算。同时，设置了问题与思考用于拓展思维。

本篇可供家禽生产实验与实训教学、毕业论文设计和科学研究时查阅和参考，也可供家禽养殖从业者参考。

家禽生产实验

实验一　家禽品种识别

根据育种历史背景，家禽品种可分为原始品种、标准品种、地方品种和商业品种。原始品种是指由野生祖先经产地驯养、驯化形成，未经系统选育的家禽品种。标准品种是指近代通过对家禽的体形、外貌、羽色等进行选择后达到一定标准，列入品种志的家禽品种。地方品种是指在当地自然条件和社会经济条件下，经过长期选育形成的有地方特色的品种，比如列入《中国家禽品种志》的品种。商业品种是指在标准品种、地方品种等基础上，利用现代商业育种方法培育形成的良种。标准品种分类法是国际公认的家禽品种分类法，源于中国的标准品种主要有狼山鸡、九斤鸡、丝毛乌骨鸡、北京鸭等。现代商业鸡种主要来源于来航鸡、洛岛红鸡、新汉夏鸡、洛克鸡、白科尼什鸡等。

一、实验目的

熟悉家禽品种的分类，识别主要品种及其特征特性，进一步巩固课堂所学的知识。

二、实验原理

标准品种分类法是把家禽按类、型、品种和品变种进行四级分类，具体如下。

类：按家禽的原产地划分，主要有亚洲类、中国类、美洲类、地中海类等。

型：按家禽的用途划分，有蛋用型、肉用型、兼用型和观赏型。

品种：是家禽种内经过选育而形成的来源相同、性状一致、经济性能相似、遗传性稳定、有一定适应性和足够数量的纯种类群，如来航鸡、洛岛红鸡、洛克鸡、狼山鸡。

品变种：是品种内根据羽色和冠型等特征不同划分的类群，亦称变种或内种，如单冠白来航鸡、玫瑰冠褐来航鸡、单冠洛岛红、玫瑰冠洛岛红、白洛克鸡、芦花洛克鸡、黑狼山鸡、白狼山鸡等。

现代化家禽业使用的品种为高产的杂交商用品系，在实际育种工作中，往往只关注生产性能而不注重其品种所具有的品种特征。但在研究品种时，由于每一品种都是按一定的标准选育而来的，具有一定的品种特征，故要对各品种的主要特征有必要的了解。若不符合品种要求的特征，称为有缺点。若这个缺点是遗传性的或者缺点比较严重时，就叫失格，需要被淘汰。

三、实验材料

不同品种（系）的成年公禽、母禽若干，不同家禽品种的图片或视频，鉴定记录表等。

四、实验方法

1.熟悉鸡的类、型、品种、品变种检索表

根据案例鸡的原产地、用途、生产性能、品种特征等，在图2-1-1中查询其位置。

2.家禽品种识别和特征鉴定

（1）在老师的详细讲解下，让学生观察鸡、鸭、鹅、火鸡品种的幻灯片或图片，熟悉不同类型家禽品种（系）的主要特征。

（2）鉴定实验家禽的外貌形态和主要特征，观察时注意冠形、羽毛色泽、羽毛斑形，皮肤、耳叶、喙和胫的色泽等。

（3）鉴定实验家禽的品种缺点和失格，将实验家禽的外貌与体重对照表2-1-1列出的家禽品种的一般缺点和失格进行鉴定。

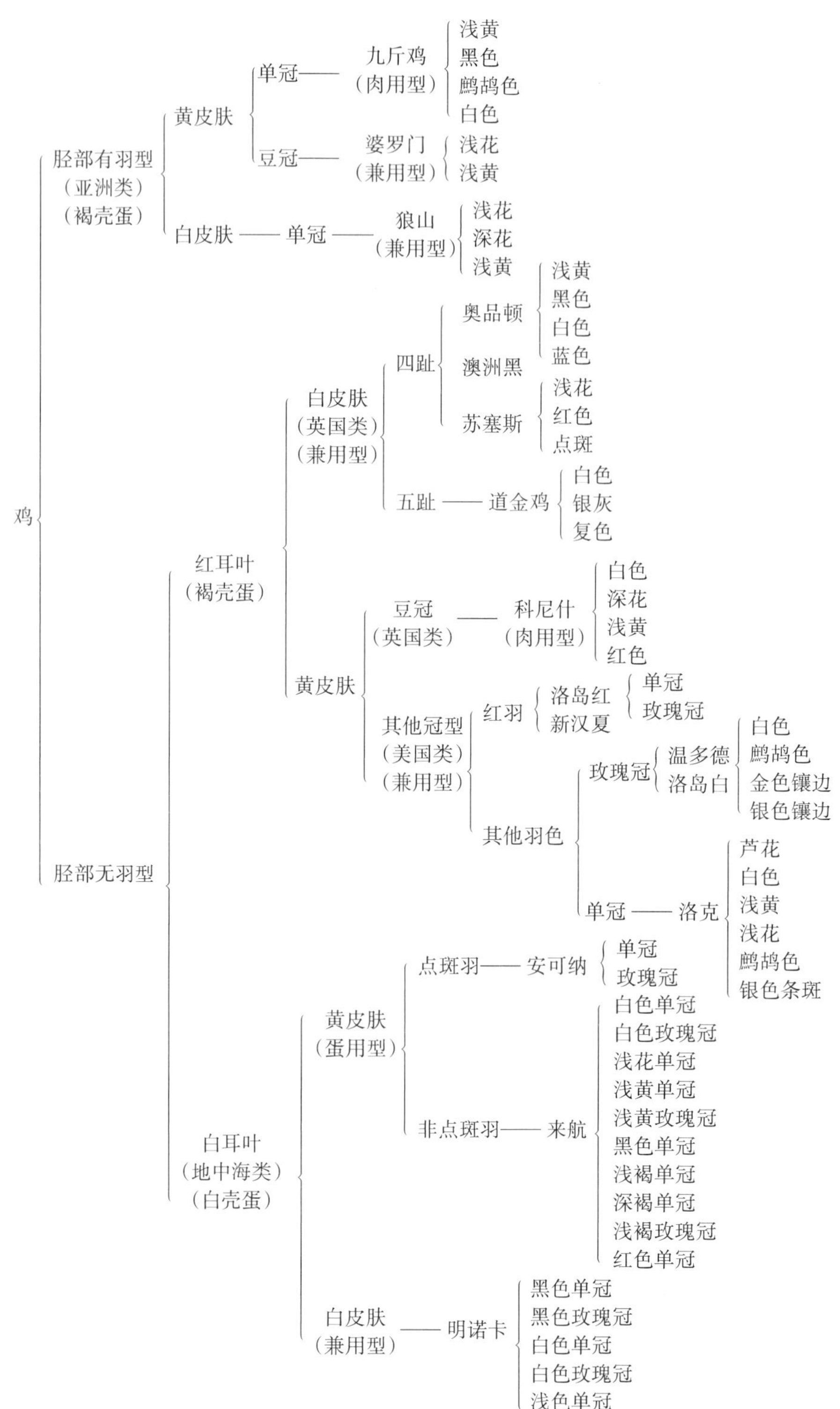

图2-1-1　鸡的类、型、品种、品变种检索表

表 2-1-1　家禽品种的一般缺点和失格表

项目		缺点或失格
外貌评定	喙	畸形喙,如鸡的上下喙交错,鸭的凹形喙
	冠	畸形冠,如单冠和豆冠倒向一侧(地中海类、新汉夏、道金鸡除外),玫瑰冠倾斜一侧,单冠上有侧枝等;以及其他不符合品种要求的冠形
	髯、胡、须	本应有髯、胡和须的品种,却没有;本无髯、胡和须的品种,却有;这些都是失格
	背	驼背或其他畸形
	翼	翼羽畸形,如主翼羽分开、副翼羽分开、主翼羽下垂、主副翼羽扭曲等
	尾	畸形尾,如缺覆尾羽或主尾羽,直立尾、歪尾、松鼠尾、分裂尾或扭曲尾等
	胸	胸骨弯曲
	脚、胫	两脚不直立,呈“O”形或“X”形;无胫羽、脚羽的品种,却在胫、趾上有羽;公鸡无距,四趾品种脚趾多于四趾,五趾品种脚趾少于五趾;鸡趾间有蹼、鸭形脚等
	羽	公鸡的梳羽、蓑羽、镰羽呈圆钝形
	外貌	皮肤、喙、耳叶、胫的色泽不符合品种要求;如黑色羽毛品种出现红色、黄色羽毛,白色羽毛品种出现其他颜色都是失格;芦花洛克、洛岛红、新汉夏主翼羽上容许出现一根黑羽,但也叫有缺点,如果出现两根以上黑羽,即为失格
体重		体重低于标准体重一定范围,如蛋用型公鸡低于 680 g 以上,母鸡低于 450 g 以上,其他鸡种低于 900 g 以上,火鸡低于 2800 g 以上,都叫失格

五、实验结果

根据检索表、品种的一般缺点和失格表鉴定待观察的品种,并将结果填入表 2-1-2。

表 2-1-2　家禽品种鉴定表

家禽序号	品种名称	部位	特征	合格、缺点或失格

六、思考题

(1)我国有哪些主要的地方家禽品种?

(2)家禽的标准品种主要有哪些?

七、拓展

请通过查找和阅读资料,了解我国主要的家禽遗传资源以及自主培育的家禽良种配套系有哪些。

实验二　禽蛋的构造和品质测定

我国是养鸡大国，蛋鸡数量和鸡蛋产量均居于世界前列。蛋品质不仅影响蛋的种用价值，还会影响蛋的食用价值和商品价值。蛋品质主要包括外在品质和内在品质，其中，外在品质包括蛋壳颜色、蛋壳强度、蛋壳厚度、蛋重、蛋形指数等，内在品质包括蛋黄颜色、蛋黄重、蛋黄比率、蛋白高度、哈氏单位、血斑和肉斑等。

蛋品质测定方法有很多种，常用的方法有外观法、透视法、剖检法、仪器测定法等。蛋壳的细腻度、光泽度是外观法的重要评定指标；另外，听音也可评定蛋品质，两蛋轻敲时为瓷质钢脆音则蛋的品质好，如为沙石音质（沙哑）则蛋的品质差。目前，主要通过相关仪器观察蛋的构造并测定蛋品质的相关指标。

一、实验目的

了解蛋的构造并掌握蛋品质的测定方法。

二、实验原理

蛋鸡在排卵的前7 d，卵的重量会增加16倍，成熟后排出的卵重量在16～18 g，卵子的发育过程中，漏斗部（伞部）可将排出的卵子捡拾纳入，从卵排出到全部纳入的时间是13 min，经过壶腹部的时间是15 min，经过膨大部的时间是3 h，通过峡部的时间是75 min，通过子宫的时间是18～20 h，从排卵到形成完整的蛋需要24～26 h。卵巢与输卵管的结构形态见图2-1-2。

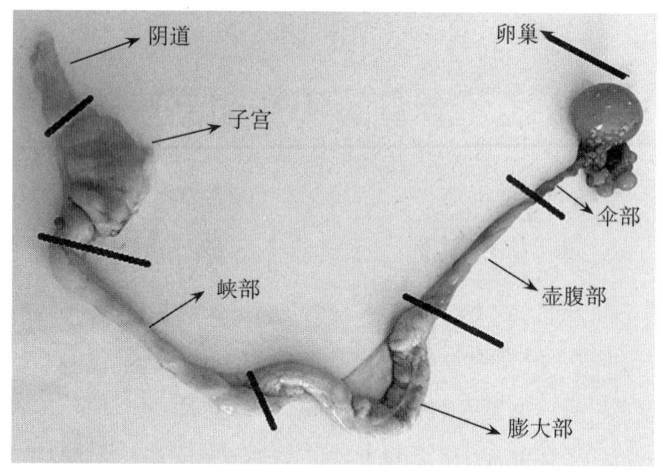

图2-1-2 卵巢与输卵管的结构形态

三、实验材料

1. 材料

新鲜鸡蛋若干枚，保存4周以上的陈旧鸡蛋若干枚，煮熟的新鲜鸡蛋若干枚。

2. 用具

（1）照蛋器、罗氏比色扇、电子秤、粗天平、培养皿、放大镜、剪子、手术刀、液体密度计、多功能蛋品质测定仪、蛋白高度测定仪、蛋壳强度测定仪、蛋壳厚度测定仪、蛋形指数测定仪。

（2）配制好不同密度的盐溶液：每3 L水中加入不同重量的食盐，配制成不同密度的溶液，分别盛于搪瓷筒或玻璃缸内，用液体密度计校正后使每种溶液的密度依次相差0.005，详见表2-1-3。

表2-1-3 不同密度的食盐溶液

溶液密度	1.060	1.065	1.070	1.075	1.080	1.085	1.090	1.095	1.100
加入食盐量/g	276	300	324	348	372	396	420	444	468

四、实验方法

蛋品质测定推荐的顺序如下：

蛋重→蛋形指数→蛋壳颜色→密度→照检→蛋壳强度→壳重→壳厚→气孔数
↓
蛋白高度→蛋黄色泽→蛋黄重

1.蛋的构造

(1)壳上膜(胶护膜):在蛋壳表面的一层透明的保护膜。

(2)蛋壳:蛋壳上有无数个气孔,用照蛋器可以清楚地看到气孔的分布。

(3)蛋壳膜:蛋壳膜分为两层,紧贴蛋壳的叫外壳膜,包围蛋内容物的叫蛋白膜,也叫内壳膜,外壳膜和内壳膜在蛋的钝端分离开而形成气室。

(4)蛋白:由外稀蛋白(约占23%)、外浓蛋白(约占57%)、内稀蛋白(约占17.3%)、系带与内浓蛋白(约占2.7%)组成。

(5)系带:在蛋黄的纵向两侧有两条相互反向扭转的白带叫作系带。

(6)蛋黄:蛋黄位于蛋白中央,由蛋黄膜、浅蛋黄、深蛋黄、蛋黄心胚盘(或胚珠)组成。在蛋黄中央有一圆点,受精蛋叫胚盘(稍透明,里亮外暗,直径3~4 mm),未受精蛋叫胚珠(不透明,无明暗之分,直径略小)。

2.蛋的品质测定

以仪器测定法为主,同时结合透视法、剖解法测定禽蛋品质,主要方法及步骤如下。

(1)蛋重:用电子秤或粗天平称蛋重。一般情况下,鸡蛋40~70 g,鸭蛋70~100 g,鹅蛋120~200 g。

(2)蛋壳颜色:用光电反射式色度仪测定。颜色越深,反射测定值越小,反之则越大。用该仪器在蛋的大头、中间和小头分别测定,计算之后取平均值。一般情况下,白壳蛋蛋壳颜色测定值在75以上,褐壳蛋为20~40,浅褐壳蛋为40~70,绿壳蛋为50~60。

(3)蛋形指数:蛋形是用蛋的长径与短径的比值(即蛋形指数)来表示的,可用蛋形指数测定仪进行测定。蛋形指数是蛋品质的重要指标,与受精率、孵化率及运输有直接关系。正常鸡蛋的蛋形指数为1.32~1.39,标准为1.35;如用短径比长径,正常鸡蛋的比值为0.72~0.76,标准为0.74。鸭蛋蛋形指数一般为1.20~ 1.58(或0.63~0.83)。

(4)蛋的密度:蛋的密度不仅能反映蛋的新陈程度,也与蛋壳的致密度有关。一般采用盐水漂浮法测定蛋的密度,方法如下。先将蛋浸入清水中将脏物清洗干净,取出擦净,然后依次从低密度到高密度溶液中通过,当蛋悬浮于液体中即表明其密度与该溶液密度相等(图2-1-3)。最佳方法是先配好中间密度溶液,将测试样品放入,估计盐浓度范围,再细化浓度,鸡蛋在相邻的两种溶液中一种浮一种沉,可估计密度;一般从低密度到高密度,每从一个溶液中取出后需要擦干净表面的溶液,再放入下一种溶液中。鸡蛋适宜的密度为1.080以上,鸭蛋为1.09以上,火鸡蛋为1.080以上,鹅蛋为1.110以上。

图2-1-3 盐水漂浮法测定蛋的密度

图2-1-4 蛋壳强度测定仪

(5)蛋壳强度：蛋壳强度是指蛋对碰撞或挤压的承受能力，单位为kg/cm²，是蛋壳致密紧固性的重要指标。用蛋壳强度测定仪（图2-1-4）进行测定，方法是将蛋放入仪器盘中心，然后开机运行，当蛋壳破裂时查看数据，根据数据与触点面积计算压力值，或直接读取数据。

(6)蛋白高度和哈氏单位：将蛋打在蛋白高度测定仪的玻璃板上，用蛋白高度测定仪在浓蛋白的较平坦的地方取两点或三点，测量蛋黄边缘到浓蛋白边缘的中点的蛋白高度，取平均值（单位为mm），注意避开系带。可将蛋白高度和蛋重代入下列公式计算出哈氏单位值。

$$HU=100\log(h-1.7m^{0.37}+7.6)$$

其中，h——蛋白高度（mm）；

m——蛋重（g）；

HU——哈氏单位。

如果用多功能蛋品质测定仪（图2-1-5）进行测定，可直接读取蛋白高度、蛋黄颜色和哈氏单位数据。

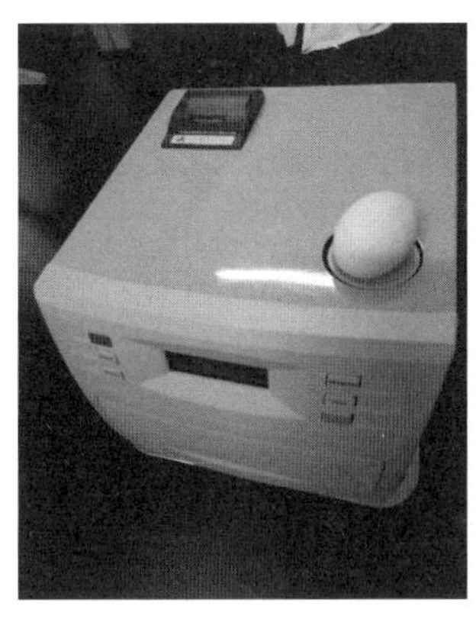
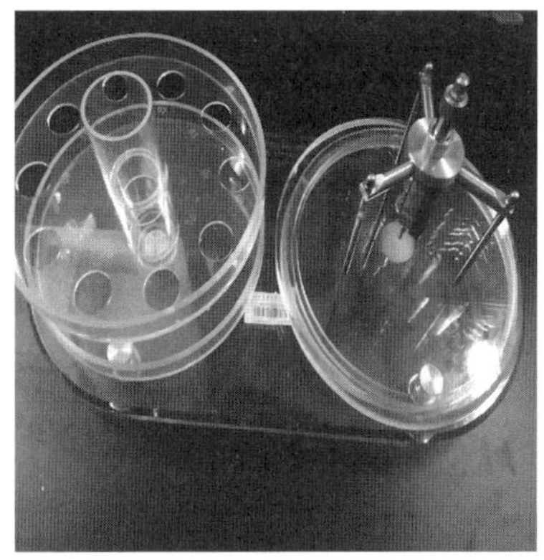

图2-1-5　多功能蛋品质测定仪

也可用蛋白品质测定仪或速查表(表2-1-5)查出哈氏单位及蛋的等级。新鲜蛋的哈氏单位为75～85,蛋的等级为AA级。

(7)蛋壳厚度:指蛋壳的致密度。用蛋壳厚度测量仪在蛋壳的大头、中间、小头分别取样进行测量,求其平均值(单位为μm)。在测量时,若去掉了蛋壳上的内外壳膜,所得值为蛋壳的实际厚度,一般在330 μm左右;如果没去掉内外壳膜,所得值则是表观厚度,一般在330～400 μm。

(8)蛋黄颜色:可用罗氏比色扇和分光测色仪来确定蛋黄颜色的深浅度。将蛋黄颜色与罗氏比色扇(图2-1-6)进行比色,然后取相应值,一般为7～9。分光测色仪(图2-1-7)可以数字化蛋黄的颜色,按仪器的程序开机,进行黑白色校正后可持续测A、B、L值,A、B、L分别代表红度、黄度、亮度,单位为罗维朋单位,数字光度是根据罗维绷单位进行比对的。蛋黄颜色与家禽采食的饲料成分及着色度有关,若采食新鲜绿色食物多则蛋黄着色较深,采食淡色饲料多则着色较浅。

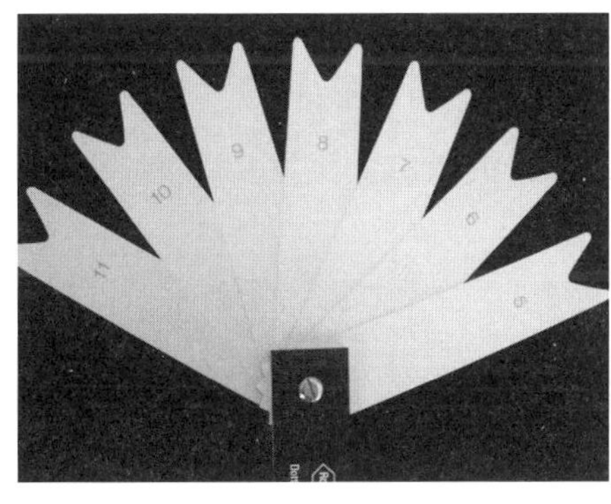

图2-1-6　罗氏比色扇

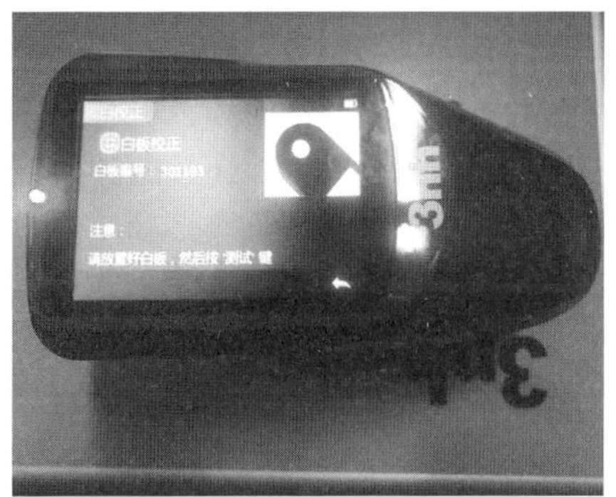

图2-1-7　分光测色仪

(9)血斑与肉斑:血斑与肉斑是卵子排卵时由卵巢小血管破裂的血滴或输卵管上皮脱落物形成的,与品种有关。

3. 观察蛋的构造

（1）气室：用照蛋灯观察气室变化，新鲜蛋气室相对较小，一般直径为0.9 cm，高度为2 mm，还可以观察气孔的分布。

（2）层次：将煮熟的蛋剥壳后用刀纵向切开，观察蛋白层次、蛋黄深浅层及蛋黄心。蛋黄的深浅层为同心圆结构，一般认为是在阳光与黑暗条件下多维的吸收不同而形成的，因而放养鸡的蛋深浅同心圆结构明显。

（3）剖检：目的是直接观察蛋的构造，进一步研究蛋各部分重量的比例以及蛋黄和蛋白的品质等。

①胚盘或胚珠的观察：为更好地观察位于蛋黄上的胚盘或胚珠，应在剖检前将蛋横放于水平位置10 min后，再用刀或手术剪在蛋壳中央开一个小洞，然后小心地剪出一个直径为1～1.5 cm的洞口，胚盘或胚珠就位于这个洞口下面。

受精蛋胚盘的直径为3～4 mm，并有稍透明的同心边缘结构，形如小盘。未受精蛋的胚珠较小，为一不透明的灰白色小点，直径1 mm左右。

②观察蛋的构造及内容物：为进一步研究蛋的构造，将洞口的直径扩大到2～2.5 cm（蛋壳的碎片不要扔掉，用于称蛋壳重）。

将内容物小心倒在培养皿中，注意不要弄破蛋黄膜。在蛋壳的里面有两层蛋白质的膜，可用镊子将它们与蛋壳分开。这两层膜在蛋壳的钝端即气室所在处最容易看清楚。紧贴蛋壳的叫蛋壳膜，也叫外壳膜；包围蛋的内容物的叫蛋白膜，也叫内壳膜。

③系带的观察：观察完蛋的构造及内容物以后，为暴露内层稀蛋白，可用剪刀剪穿浓蛋白（注意不要弄破蛋黄膜），稀蛋白从剪口处流出。注意观察两条系带的情况。

④蛋黄和蛋白的分离与称重：用蛋白蛋黄分离器或漏勺（吸管、铁纱窗）将蛋白与蛋黄分离开，用小镊子去掉两条系带，注意保持蛋黄膜的完整。将蛋壳（包括碎片）、蛋黄分别称重后，用蛋的总重减去这两部分的重量即可获得蛋白的重量（减重法）。

因蛋白易黏附在别的容器上，故由减重法获得的蛋白重较为准确，并计算各部分重量与蛋重的比例。

⑤蛋黄的层次：为了观察蛋黄的层次和蛋黄心，可用手术刀将熟蛋黄沿长轴切开。由于鸡日夜新陈代谢的差异，蛋黄形成深浅两层，深色层为深蛋黄，浅色层为浅蛋黄。

⑥蛋壳上的气孔和数量：为观察蛋壳上的气孔并统计其数量，取一小块（大于1 cm^2）无破损的蛋壳，将蛋壳膜去掉，用滤纸吸干蛋壳上的液体，并用乙醚或酒精棉去除蛋壳上的油脂。在蛋壳内面滴上一小滴美蓝或高锰酸钾溶液，经过15～20 min，蛋壳表面显出许多小的蓝点或紫红点，即为气孔所在处。

可借助放大镜来统计蛋壳上的气孔数(锐端、钝端分别统计),统计面积为1 cm^2。

五、实验结果

(1)每组测定4～6枚鸡蛋,将测定结果填入蛋品质测定记录表(表2-1-4),并对新陈蛋的各项品质进行分析比较和总体评价。

(2)绘出蛋的纵剖面图并注明各部分名称。

表2-1-4　蛋品质测定记录表

测定人:　　　　　　　　　　　　　　　　　　　　　　　　测定日期:　年　月　日

<table>
<tr><th rowspan="2">蛋号</th><th rowspan="2">蛋重/g</th><th colspan="4">蛋壳颜色</th><th colspan="3">蛋形指数</th><th rowspan="2">气室直径/cm</th><th rowspan="2">密度</th><th rowspan="2">蛋壳强度/(kg /cm²)</th><th colspan="3">蛋白高度/mm</th></tr>
<tr><th>大头</th><th>中间</th><th>小头</th><th>均值</th><th>短径/cm</th><th>长径/cm</th><th>比值</th><th>1</th><th>2</th><th>均值</th></tr>
<tr><td>1</td><td></td><td></td><td></td><td></td><td></td><td></td><td></td><td></td><td></td><td></td><td></td><td></td><td></td><td></td></tr>
<tr><td>2</td><td></td><td></td><td></td><td></td><td></td><td></td><td></td><td></td><td></td><td></td><td></td><td></td><td></td><td></td></tr>
<tr><td>3</td><td></td><td></td><td></td><td></td><td></td><td></td><td></td><td></td><td></td><td></td><td></td><td></td><td></td><td></td></tr>
</table>

<table>
<tr><th rowspan="2">哈氏单位</th><th rowspan="2">等级</th><th rowspan="2">血斑</th><th rowspan="2">肉斑</th><th rowspan="2">蛋黄颜色</th><th colspan="4">蛋壳厚度/μm</th><th rowspan="2">蛋白重/g</th><th rowspan="2">蛋白重:蛋重/%</th><th rowspan="2">蛋黄重/g</th><th rowspan="2">蛋黄重:蛋重/%</th><th rowspan="2">蛋壳重/g</th><th rowspan="2">蛋壳重:蛋重/%</th><th rowspan="2">备注</th></tr>
<tr><th>大头</th><th>中间</th><th>小头</th><th>均值</th></tr>
<tr><td></td><td></td><td></td><td></td><td></td><td></td><td></td><td></td><td></td><td></td><td></td><td></td><td></td><td></td><td></td><td></td></tr>
<tr><td></td><td></td><td></td><td></td><td></td><td></td><td></td><td></td><td></td><td></td><td></td><td></td><td></td><td></td><td></td><td></td></tr>
<tr><td></td><td></td><td></td><td></td><td></td><td></td><td></td><td></td><td></td><td></td><td></td><td></td><td></td><td></td><td></td><td></td></tr>
</table>

六、实验注意事项

(1)在配制不同密度的盐溶液时,由于食盐是非化学纯,故成分不精确,且环境温度不同,按比例加入食盐后,溶液密度可能偏高或偏低,应用密度计通过适当加水或加温来校正。

(2)测定浓蛋白的高度时应注意避开系带。

(3)在用蛋白蛋黄分离器或吸管(或漏勺)将蛋白与蛋黄分离开时,动作要轻,注意不要将蛋黄膜弄破。

(4)在对蛋壳进行染色时,注意染料不宜太多,否则,蛋壳表面全部染上色,不便于气孔计数。

附:表 2-1-5　哈氏单位速查表

蛋白高度/mm	蛋重/g																				
	50	51	52	53	54	55	56	57	58	59	60	61	62	63	64	65	66	67	68	69	70
3.0	52	51	51	50	49	43	48	47	46	45	44										
3.1	53	53	52	51	50	50	49	48	48	47	46										
3.2	54	54	53	52	52	51	50	50	49	48	48										
3.3	56	55	54	54	53	52	52	52	50	50	49										
3.4	57	56	56	55	54	54	53	53	52	52	51										
3.5	58	58	57	56	56	55	54	54	53	53	52										
3.6	59	59	58	58	57	56	56	56	54	54	53										
3.7	60	60	59	59	58	58	57	57	56	55	54										
3.8	62	61	60	60	59	59	58	58	57	56	56										
3.9	63	62	61	61	60	60	59	59	58	57	57										
4.0	64	63	63	62	61	61	60	60	59	59	58										
4.1	65	64	64	63	62	62	61	61	60	60	59										
4.2	66	65	65	64	64	63	62	62	61	61	60										
4.3	67	66	66	65	65	64	64	64	63	62	60										
4.4	68	67	67	66	66	65	65	65	64	63	63										
4.5	69	68	68	67	67	66	66	65	65	64	64										
4.6	69	69	68	68	68	67	67	66	66	65	65										
4.7	70	70	69	69	68	68	68	67	67	66	66										
4.8	71	71	70	70	69	69	69	68	68	67	67										
4.9	72	72	71	71	70	70	70	69	69	68	68										
5.0	73	72	72	72	71	71	70	70	69	69	69	68	68	67	67	67	66	66	65	65	64
5.1	74	73	73	72	72	71	71	71	70	70	69	69	69	68	68	67	67	67	66	66	65
5.2	74	74	74	73	73	72	72	71	71	71	70	70	70	69	69	68	68	68	67	67	66
5.3	75	75	74	74	73	73	73	72	72	71	71	71	70	70	70	69	69	68	68	68	67
5.4	76	76	75	75	74	74	73	73	73	72	72	71	71	71	70	70	70	69	69	69	68
5.5	77	76	76	76	75	75	74	74	74	73	73	72	72	72	71	71	71	70	70	69	69
5.6	77	77	77	76	76	75	75	75	74	74	74	73	73	72	72	72	71	71	71	70	70

续表

蛋白高度/mm	蛋重/g																				
	50	51	52	53	54	55	56	57	58	59	60	61	62	63	64	65	66	67	68	69	70
5.7	78	78	77	77	76	76	76	75	75	75	74	74	74	73	73	73	72	72	71	71	71
5.8	78	78	78	78	77	77	77	76	76	75	75	75	74	74	74	73	73	73	72	72	72
5.9	79	79	79	78	78	78	77	77	77	76	76	75	75	75	75	74	74	74	73	73	72
6.0	80	80	80	79	79	78	78	78	77	77	77	76	76	76	75	75	75	74	74	74	73
6.1	81	81	80	80	79	79	79	79	78	78	77	77	77	76	76	76	75	75	75	74	74
6.2	81	81	81	80	80	80	79	79	78	78	78	78	77	77	77	76	76	76	75	75	75
6.3	83	82	81	81	81	80	80	80	79	79	79	78	78	78	77	77	77	76	76	76	76
6.4	83	83	82	82	81	81	81	80	80	80	79	79	79	78	78	78	78	77	77	76	76
6.5	83	83	82	82	82	82	81	81	81	80	80	80	80	79	79	79	78	78	78	77	77
6.6	84	84	83	83	83	82	82	82	81	81	81	81	80	80	80	79	79	79	78	78	78
6.7	85	84	84	84	83	83	83	82	82	82	81	81	81	80	80	80	80	79	79	79	78
6.8	85	85	85	84	84	84	83	83	83	82	82	82	82	81	81	81	80	80	80	79	79
6.9	86	86	85	85	85	84	84	84	84	83	83	82	82	82	82	81	81	81	80	80	80
7.0	86	86	86	86	85	85	85	84	84	84	83	83	83	83	82	82	82	81	81	81	80
7.1	87	86	86	86	86	86	85	85	85	84	84	84	84	83	83	83	82	82	82	81	81
7.2	88	87	87	87	86	86	86	85	85	85	85	84	84	84	84	83	83	83	82	82	82
7.3	88	88	88	87	87	87	86	86	86	86	85	85	85	84	84	84	84	83	83	83	83
7.4	89	89	88	88	88	87	87	87	86	86	86	86	85	85	85	85	84	84	84	83	83
7.5	89	89	89	89	88	88	88	87	87	87	87	86	86	86	85	85	85	85	84	84	84
7.6	90	90	89	89	89	89	88	88	88	87	87	87	87	86	86	86	86	85	85	85	84
7.7	91	90	90	90	89	89	89	89	88	88	88	88	87	87	87	86	86	86	86	85	85
7.8	91	91	91	90	90	90	90	89	89	89	88	88	88	88	88	87	87	86	86	86	86
7.9	92	91	91	91	90	90	90	89	89	89	89	89	88	88	88	88	87	87	87	87	86
8.0	92	92	92	91	91	91	90	90	90	90	89	89	89	89	88	88	88	88	87	87	87
8.1	93	92	92	92	92	91	91	91	90	90	90	90	89	89	89	89	88	88	88	88	87
8.2	93	93	93	92	92	92	92	91	91	91	91	90	90	90	89	89	89	89	88	88	88
8.3	94	93	93	93	93	92	92	92	92	91	91	91	91	90	90	90	90	89	89	89	89

续表

蛋白高度/mm	蛋重/g																				
	50	51	52	53	54	55	56	57	58	59	60	61	62	63	64	65	66	67	68	69	70
8.4	94	94	94	93	93	93	93	92	92	92	92	91	91	91	91	90	90	90	90	89	89
8.5	95	95	94	94	94	94	93	93	93	92	92	92	92	91	91	91	91	90	90	90	90
8.6	96	96	95	95	94	94	94	93	93	93	93	93	92	92	92	92	91	91	91	91	90
8.7	96	96	95	95	95	94	94	94	94	93	93	93	93	93	92	92	92	92	92	91	91
8.8	96	96	96	95	95	95	95	94	94	94	94	93	93	93	93	93	92	92	92	92	91
8.9	97	96	96	96	96	95	95	95	95	94	94	94	94	94	93	93	93	93	92	92	92
9.0	97	97	97	96	96	96	96	95	95	95	95	94	94	94	94	93	93	93	93	92	92

七、思考题

(1)谈谈如何区别胚珠和胚盘,有何意义?

(2)在实际生产生活中如何进行禽蛋品质测定?

八、拓展

蛋品质的评定除了蛋壳颜色、蛋壳强度、蛋壳厚度、蛋重、蛋形指数、蛋黄颜色、蛋黄重、蛋白高度、哈氏单位、血斑和肉斑等指标外,还包括粗蛋白、粗脂肪、氨基酸含量、水分/干物质含量、微量元素含量、重金属含量等多种指标,了解并学习这些指标的测定原理、检测方法和意义。

实验三　家禽屠宰指标及肌肉品质的测定

家禽屠宰指标和肌肉品质是衡量家禽生产性能以及产品质量的重要依据。我国的冰鲜家禽市场正在快速发展，并逐步成为城市消费主流，为紧跟市场走向，家禽行业对家禽的要求逐步向屠宰品质、肌肉品质方向转变；冰鲜家禽的冷链屠宰线也对家禽的均匀度提出了更高的要求，而冰鲜市场的消费方式也需要从业者更多地关注家禽的胸肌率、腿肌率、肌肉品质等指标。因此，家禽屠宰指标及肌肉品质的测定是家禽行业从业者的重要技能之一。

一、实验目的

(1)学习家禽的屠宰方法，掌握家禽屠宰性能的测定与计算方法。

(2)学习家禽肌肉品质相关指标的测定原理及方法。

二、实验材料

1.实验动物

成年公、母家禽若干。

2.实验设备

软尺、游标卡尺、体重秤、电子天平、手术刀、骨剪、手术剪、方瓷盆、卫生纸、盛血盆、大锑盆、电磁炉、聚乙烯塑料袋、便携式肉类pH计、pH标准液、色差仪、数字肉类嫩度计。

三、实验方法

1.鸡的屠宰

(1)屠宰前准备。家禽屠宰前应先禁食12～24 h，只供饮水，这样既可节省饲料，也可使放血更为完全，保证肉的品质优良和屠体美观；屠宰前避免药物残留，应按照相关法规停止在饲料中添加药物；屠宰前需用体重秤称活体重。

(2)放血。

①颈外放血法：一人将鸡保定，使鸡脚高而头低；操刀者左手握牢鸡头，并绷紧鸡的耳部对应的颈前部皮肤，拔毛，在颈前部横割一刀并左右扩展创口放血，使鸡嘴张开滴

血，将血流入盛血盆中。注意公鸡的血量通常较多，一定要充分放血。

②口腔内放血法：将刀片与鸡舌面平行伸入口腔，待刀进到左耳部附近，即翻转刀面使刀口转向颈背部，用力切断颈静脉和桥形静脉联合处，让鸡张嘴滴血。

(3)拔毛。通常使用湿拔法进行拔毛。在血放尽后，用50～70 ℃(若是老鸡，水温可高些)的热水将鸡浸烫1.5～2 min，让热水渗进毛根，毛囊周围肌肉的放松有助于拔毛。拔毛时需重点注意翼部、尾部、脚(褪脚皮、去趾壳)等部位。

注意：实验室所有的鸡杀死后一起进行拔毛，注意安全。烫鸡时要翻转鸡体，使其羽毛湿透。

(4)解剖、分割。割除脚、头颈部(颈部留皮4～5 cm)，卸单侧腿，分割胸肌、腿肌。

2.屠宰指标测定与计算

(1)屠宰指标的测定。

宰前体重：屠宰前停饲12 h后的重量(活重)。

屠体重：放血去羽毛后的重量(湿拔法必须沥干水分)。

半净膛重：屠体(含头、颈和脚)去气管、食道、嗉囊、肠、脾、胰后，留心、肝(去胆)、肺、肾、腺胃、肌胃(除去内容物及角质膜)和腹脂(包括腹部板油及肌胃周围的脂肪)的重量。(注：产蛋母鸡的卵巢和输卵管计入半净膛重，公鸡的睾丸也算入半净膛重)

全净膛重：半净膛重去心、肝、腺胃、肌胃、腹脂(内脏只留肺和肾)，以及去头颈、脚的重量后(鸭、鹅保留头、颈、脚)。

胸肌重：从屠体剥离下的胸肌的重量，一般剥离单侧胸肌称重后乘以2即为胸肌重。

腿肌重：从屠体剥离下的腿肌的重量(去皮、去骨)，一般剥离单侧腿肌称重后乘以2即为腿肌重。

腹脂重：皮下脂肪(腹脂、板油)以及肌胃外的脂肪重量。

(2)屠宰指标的计算：

$$屠宰率=屠体重/活体重\times100\%$$

$$半净膛率=半净膛重/活体重\times100\%$$

$$全净膛率=全净膛重/活体重\times100\%$$

$$胸肌率=(单侧胸肌重\times2)/全净膛重\times100\%$$

$$腿肌率=(单侧腿肌重\times2)/全净膛重\times100\%$$

$$腹脂率=(皮下脂肪+肌胃外脂肪)/全净膛重\times100\%$$

3.肌肉品质测定

屠宰指标测定完毕后，分别取胸肌和腿肌进行肌肉品质测定。

(1)pH。将便携式肉类pH计,用pH标准液校正后,在肌肉三个不同点上测量屠宰45 min后的$pH_{(45\ min)}$。实际生产及科研中通常测定$pH_{(45\ min)}$和$pH_{(24\ h)}$两项指标。

(2)肉色。将色差仪用白色瓷砖(L^*=92.30,a^*=0.32和b^*=0.33)校正定标后,在胸部和腿部肌肉的内侧表面上测定肉色值(L^*值、a^*值、b^*值),其中L^*值代表光反射值(亮度),a^*值和b^*值分别代表红度值和黄度值。同一块肌肉取不同位置分别测量三次,取其平均值。

(3)蒸煮损失率。将鸡胸肉去皮并去除可见脂肪,清洗干净,称重后,加入1%肉重的盐,再装入聚乙烯塑料袋,在100 ℃下煮30 min,取出,待表面无水分后称重。蒸煮损失率是衡量肌肉系水力的重要指标之一。

蒸煮损失率的计算公式为:

$$蒸煮损失率=\frac{蒸煮前肉样的重量-蒸煮后肉样的重量}{蒸煮前肉样的重量}\times 100\%$$

(4)剪切力。取无筋腱、筋膜、脂肪、肌膜的新鲜肌肉,用剪刀顺着肌纤维方向将其修剪成5.0 cm×2.0 cm×2.0 cm的肉条。将肉条放入自封袋中,于76 ℃的水浴锅中水浴加热,使内部温度达到70 ℃。将肉条放于数字肉类嫩度计中进行检测分析,垂直于肌纤维方向进行剪切,每个肉样剪切3次,取平均值。

4.泌尿生殖系统和消化系统的观察

先总体观察胸腔、腹腔中的各脏器位置,并观察气囊;交换观察公鸡和母鸡的生殖器官。

(1)生殖系统:母鸡、公鸡的生殖器官如下所述。

①母鸡生殖器官,主要是卵巢和输卵管。

卵巢:识别卵泡、卵泡囊外的血管和卵泡带(破裂缝)以及排卵后的卵泡膜。

输卵管:观察输卵管的漏斗部(伞部、腹腔口、颈部)、膨大部(蛋白分泌部)、峡部、子宫部、阴道部和输卵管等部分的位置、形态及分界处。

②公鸡生殖器官。观察睾丸和输精管的形态、位置(观察公鸡生殖器官应在观察完消化系统之后)。

(2)消化系统。首先摘除母鸡输卵管,然后剪开口腔,露出舌和上颌背侧前部硬腭中央的腭裂。观察喙、口腔、咽、食道、嗉囊、腺胃、肌胃、十二指肠、空肠、回肠、盲肠、泄殖腔、肛门等情况。

(3)泌尿系统。摘除消化器官,露出紧贴于鸡腰部内侧的泌尿系统之后仔细观察其特点,包括肾脏、输尿管和泄殖腔。

四、实验结果

(1)每组测量1~2只家禽的屠宰指标，整合数据，结果填入表2-1-6。

(2)每组测量1~2只家禽胸肌及腿肌的pH、肉色、蒸煮损失率、剪切力等指标，整合数据，结果填入表2-1-7。

(3)汇总全班的测定结果并进行分析比较。

表2-1-6　家禽屠宰测定记录表

品种及编号	性别	活重/kg	屠体重/kg	半净膛重/kg	全净膛重/kg	单侧胸肌重×2/kg	单侧大小腿净肌肉重×2/kg	屠宰率/%	半净膛率/%	全净膛率/%	胸肌率/%	腿肌率/%

表2-1-7　家禽肌肉品质测定记录表

品种及编号	性别	pH	肉色	蒸煮损失率/%	剪切力
1					
2					
3					

五、思考题

(1)观察健康鸡的主要外貌及解剖特点，了解高产母鸡的外貌特征，分析高产母鸡、低产母鸡繁殖系统差异。

(2)结合家禽的解剖特点，分析家禽呼吸道疾病高发的原因。

六、拓展

肌肉品质除pH、肉色、蒸煮损失率、剪切力等指标外，还包括粗蛋白、粗脂肪、氨基酸含量、水分/干物质比、肌纤维直径及密度、肌苷酸含量、微量元素含量、重金属含量等多种指标，了解并学习这些指标的测定原理、检测方法和意义。综合比较速生型、中速型、慢速型肉鸡的屠宰指标及肌肉品质差异，并分析原因。

实验四 家禽血样的采集

家禽血液样品的采集，主要目的是进行免疫抗体的监测、疾病感染情况的检测以及进一步进行分子检测等，为疾病的预防、控制、净化及科学研究提供有效的基础。血液采集是一项非常重要的常规性工作和前提性工作，血样质量直接影响到监测和检测结果的准确性；准确快速的采血技术也可以减少家禽应激，避免造成家禽不必要的死亡。家禽血样采集集专业知识和操作技巧于一体，操作难度和强度较大，是每个畜牧工作者必备的基本技能之一。

一、实验目的

学习家禽鸡冠采血、静脉采血和心脏采血的操作技术。

二、实验材料

雏鸡和成年鸡若干只、5 mL的一次性塑料注射器、血样收集管、毛细管、5%碘酊棉球、75%酒精棉球、无菌干棉球、标签纸、记号笔、相关表格、口罩、乳胶手套等。

三、实验方法

1.鸡冠采血法

先用酒精棉球消毒鸡冠，再用灭菌针头刺破鸡冠，用手挤压出血，毛细管吸取30～80 μL血液即可。采完血后，用碘酊棉球、酒精棉球对伤口消毒，并用无菌干棉球压迫止血，既预防感染，又能防止因出血而引起鸡啄冠。

2.跖骨内侧静脉采血法

跖骨内侧静脉采血法的优点是鸡容易保定、血管位置明显、血管游离性小。操作时，助手一手固定两翼根部，另一手固定一条腿，按住跖骨内侧的静脉，此时脚部静脉突起，用酒精棉球消毒，右手持注射器与跖骨皮肤呈10°顺血管方向进针，针头感觉很松时，可见回血，再缓慢抽取。采完血后，用无菌干棉球压迫止血。跖骨内侧静脉采血时进针角度不能太大，回抽活塞的速度要特别缓慢。

3. 颈静脉采血法

常采用鸡颈右侧采血，助手固定住鸡的双翼、双腿和躯干，采血者以左手食指和中指夹住鸡头部，并使头偏向左侧，拇指轻压颈椎根部使静脉充血怒张。用酒精棉球消毒后，右手持注射器，倾斜45°沿血管方向刺入静脉，再与血管平行进针0.2～0.5 cm后抽取血液。采血完毕后，用无菌干棉球压迫伤口处止血。

4. 翼下静脉采血法

助手一手固定鸡的两腿，另一手固定两翼，将鸡侧放于地面或桌面，腹部朝外，握两翼的手稍高于另一手，暴露出翅膀内侧腋窝部。

采血人员拔去腋窝部羽毛后，可见到由翼根进入腋窝的一条较粗的静脉，即翼根静脉。其远心端有一条较细的静脉，即翼下静脉。

用5%碘酊棉球和75%酒精棉球依次消毒暴露出的静脉处的皮肤，待酒精挥发干燥后采血。用大拇指压迫翼下静脉的根部，使血管怒张，手持一次性塑料注射器，由翼根向翅尖方向（血流的相反方向），以针口斜面向上，与皮肤呈15°左右沿静脉刺入血管，见血液回流，即可抽取血液。

采血时，注意持针的手要稳，进针不宜过深，如刺穿血管，则会很快引起皮下血肿，导致采血失败。抽血速度要保持缓慢，静脉血管回血流速慢，内压突然降低易使血管壁接触针尖而阻塞针头，影响采血。采血完毕，用无菌干棉球压迫采血部位止血。

5. 心脏采血法

心脏采血对鸡心脏有损伤，也易伤及肺脏等其他器官，引起内脏出血，影响鸡的生长发育，甚至会造成死亡，特别是雏鸡，常因针头刺破心脏导致出血过多而死。心脏采血虽然难度大，但是采血速度快、血量多、效率高，适宜于采集大量血液时使用。鸡心脏采血有侧位采血法和仰位采血法。

（1）侧位采血法：助手将鸡侧位保定在工作台上，采血人员翻开鸡左翅，充分暴露左胸部，用手指触摸寻找第2和第3肋骨，第3肋骨胸骨部前方及第2肋骨端腹侧区域即为心脏所在位置。拔去该部位羽毛，酒精消毒后垂直下针，边刺边抽动活塞，若刺入心脏，会有血液进入注射器。

根据个体大小把握入针深度，成年鸡刺入2～3 cm，注意不要刺入过深、用力过猛，避免刺透心脏。采血完毕，用无菌干棉球压迫采血部位止血。

（2）仰位采血法：助手将鸡仰卧保定在工作台上，胸骨朝上，鸡头部朝向采血员，并使颈部及两腿伸展。采血员在胸骨上方嗉囊下方摸得一凹窝，拔去羽毛用酒精消毒后，将针尖沿胸骨上方凹窝斜向前下方心脏方向，与鸡躯体保持45°刺入。边刺入边抽动活塞，若刺入心脏,会有血液进入注射器。采血完毕,用干无菌干棉球压迫采血部位止血。

鸡仰位采血法一般在嗉囊空虚时进行,较为方便。应用心脏采血法时,确定心脏部位,切忌将针头刺入肺脏;顺着心脏的跳动频率抽取血液,切忌抽血过快。

四、思考题

(1)翼下静脉采血时抽血为什么要缓慢?

(2)心脏采血时应注意哪些事项?

五、拓展

翼下静脉采血法是家禽的采血方法中最常用的,但此法适宜于30日龄以上的家禽,尤其是育成鸡,不适用于雏鸡和水禽。是因为雏鸡翼下静脉较细,水禽羽毛丰厚,采血时要拔去绒羽,会造成皮下毛细血管血液渗出,不易看清静脉位置;另外,翅内侧皮肤松软,血管位置不容易控制,采血时容易滚针,造成翅部瘀血,影响其活动及采食,也容易造成感染,影响经济效益。翼下静脉采血前一定要用酒精棉球消毒,酒精有扩张血管的作用。采血完毕后,要用无菌干棉球压迫采血部位,此时不要用酒精棉球,因为酒精会引起溶血,造成血液凝固不良,不利于止血。

实验五　家禽外貌识别及生产性能评定

一、实验目的

(1)掌握保定家禽的方法。

(2)熟悉家禽外貌部位、羽毛的名称和冠的几种常见类型。

(3)掌握家禽性别、年龄和健康状况的鉴别方法。

(4)学会通过家禽外貌评定生产性能。

二、实验材料

不同性别的家禽各1只,产蛋高峰期母鸡、母鸭各1只,骨骼标本或鸡、鸭、鹅和火鸡的标本,各种家禽外貌部位名称图谱、鸡冠型图、羽毛种类图或相关的视频文件。

三、实验方法

1.家禽的保定方法

鸡的保定方法是先把右手放在鸡的背上,同时迅速用左手大拇指和食指夹住鸡的右腿,无名指与小指夹住鸡的左腿,使鸡胸腹部置于左掌中,并使鸡的头部向着保定者,再从笼中取出,这样把鸡保定在左手上不致乱动,又可随意转动左手,有利于观察鸡的各个部位。

鸭、鹌鹑的保定方法同鸡一致,鹅和火鸡体躯较大,且重,应放在笼中进行观察。

2.禽体外貌部位的识别

首先根据图谱识别禽体外貌部位,并结合图谱认识活体各部位名称,如图2-1-8、图2-1-9、2-1-10。

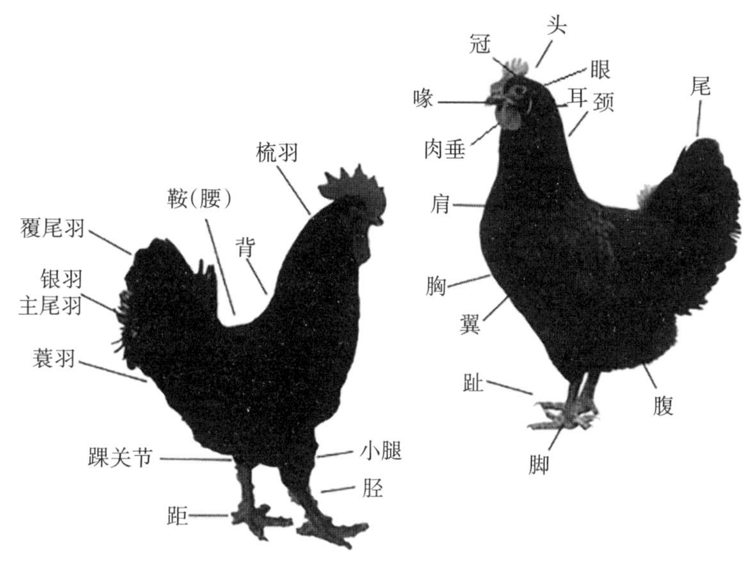

图2-1-8　鸡的外貌部位名称

图2-1-9　鸭的外貌部位名称

图2-1-10　鹅的外貌部位名称

3.禽体羽毛的识别

(1)羽毛的形状。不同的羽毛形状可以区别雌雄,如公鸡的鞍羽、颈羽较长,末端呈尖形,覆尾羽如镰刀状称镰羽;母鸡的鞍羽、颈羽末端呈钝圆形;又如公鸭在尾的基部有2～4根覆尾羽向上卷成钩状,称为卷羽或性指羽,而母鸭则无。

(2)羽毛的名称。羽毛的名称与位置有密切的关系,如颈部的羽毛称颈羽,翼部的羽毛称翼羽等,翼羽又由主翼羽、副翼羽、覆主翼羽和轴羽组成,如图2-1-11。

图2-1-11 翅膀的羽毛

(3)新、旧羽毛的区分。新羽毛的羽片整洁、有光泽,在秋、冬家禽换羽期间,旧羽毛的羽片破烂干枯,新的主翼羽的羽轴较粗大、柔软、充血或呈乳白色,羽根有脉管或鳞片鞘包围;旧羽羽轴坚硬,较细、透明,鳞片鞘脱落,旧羽在羽的上脐部有一小撮副绒羽,而新羽则无。

(4)羽毛的类型及其结构。鸡的羽毛类型分为正羽、绒羽和纤羽(毛羽)3种(图2-1-12)。

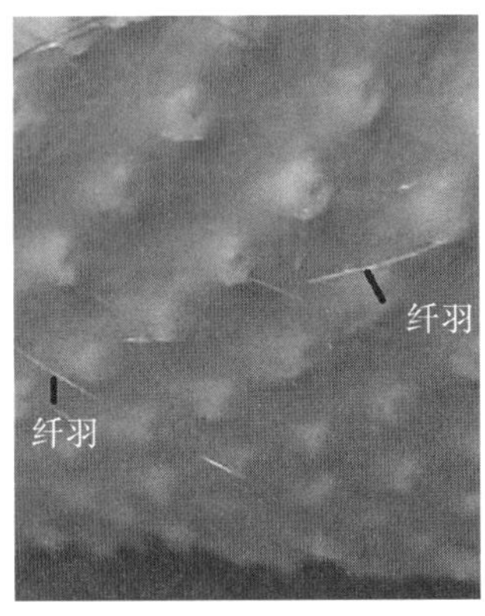

图2-1-12 羽毛(左)和屠宰拔毛后鸡皮上的纤羽(右)

正羽覆盖鸡的外表,由羽轴、羽片和副羽构成。在羽轴的两侧,由羽枝和羽小枝组成,羽小枝尖端的羽钩互相联结使羽片结构异常结实。

绒羽的羽轴细而柔软,羽小枝末端无羽钩,因而羽片较松散。绒羽分布在正羽下边,以腹部较多。绒羽保温能力强,可防止体热散发。

纤羽少而纤细,似毛发,主要分布于头颈部和体躯的背部,在屠宰后拔去羽毛方可明显看出。

4.冠的形态

鸡的冠有单冠、玫瑰冠、豆冠、胡桃冠、羽毛冠和杯式冠等,单冠最为常见,如图2-1-13。

图2-1-13 单冠

5.家禽性别与年龄的鉴定

(1)家禽性别的特征见表2-1-8。

表2-1-8 家禽的性别外貌鉴别

特征	鸡	鸭	鹅	火鸡
头颈	公鸡头颈较粗大,母鸡颈部比公鸡短且细	公鸭颈粗短,母鸭颈细长	公鹅比母鹅头大	公火鸡头颈部粗长且有皮瘤,上喙两鼻间有肉锥;母火鸡皮瘤、肉锥小
冠、肉垂	公鸡的冠、肉垂大	—	公鹅比母鹅额疱高且颜色鲜红	—
羽毛	公鸡的鞍羽、颈羽、镰羽较长,末端呈尖形;母鸡羽末端呈钝圆形	公鸭覆尾羽有2~4根卷羽,称"性指羽";公麻鸭副翼羽上有亮绿的镜羽	—	公火鸡胸前有一束须羽,尾羽发达,呈扇形
鸣声	公鸡啼声洪亮,喔喔长鸣	公鸭叫声低短、嘶哑;母鸭鸣声洪亮,嘎嘎声	公鹅鸣声洪亮;母鹅叫声低细短平	—
胫部	公鸡胫大有距,距越长则公鸡年龄越大,一岁时距的长度为1 cm;母鸡胫细,距小或无	公鸭比母鸭胫粗壮	公鹅脚高,母鹅脚低	火鸡胫上有距

续表

特征	鸡	鸭	鹅	火鸡
体躯	公鸡体躯比母鸡高大，昂首翘尾；母鸡后躯发达	公鸭胸宽、背深、腹大；母鸭比公鸭体躯小，腹部下垂而长	公鹅胸宽广，翻开其泄殖腔，可见螺旋状的阴茎；母鹅腹部皮肤皱褶成肉袋，称蛋窝	—
耻骨	成年母禽耻骨薄而柔软，耻骨间距大；公禽耻骨厚而硬，耻骨间距小			
神态	公禽体大，好斗，神态轩昂；母禽体小清秀，温顺，神态温顺			

注："—"表示本次未记录内容。

(2)家禽年龄鉴定。家禽最准确的年龄鉴定是根据出雏日期来确定，但家禽的大概年龄可凭外形来估计。以鸡为例，青年鸡和老年鸡的差异如下。

青年鸡的羽毛结实光润，胸骨直，其末端柔软，颈部鳞片光滑细致、柔软；小公鸡的距尚未发育完成；小母鸡的耻骨薄而有弹性，而耻骨间的距离较窄；泄殖腔较紧且干燥。

老年鸡在换羽前的羽毛枯涩凋萎，胸骨硬，有的弯曲，颈部鳞片粗糙、坚硬；老公鸡的距相当长；老母鸡耻骨厚而硬，两耻骨间的距离较宽；泄殖腔肌肉松弛。

6.家禽的生产性能评定

以鸡为例，比较高产鸡与低产鸡外貌特征的区别(表2-1-9)。

表2-1-9　高产鸡与低产鸡外貌特征的区别

特征	高产鸡	低产鸡
头部	头部清秀，头顶宽，呈方形	粗大或狭窄，呈长方形
冠和肉垂	鲜红有弹性，细致润泽而温暖	色暗淡，皱缩干燥，粗糙无温暖感
胸部	宽深向前突，胸骨直长	窄浅，胸骨短或弯曲
体躯	背长宽而直	背短窄或呈弓形
触摸品质	腹部柔软，细致有弹性	弹性差，过肥或过瘦
胸骨末端到耻骨距离	4指以上	3指以下
耻骨间距	3指以上	2指以下
耻骨	薄而有弹性	厚硬且弹性差
肛门	大，呈椭圆，丰满湿润	小，呈圆形，皱缩干燥

续表

特征	高产鸡	低产鸡
换羽(秋季)	换羽迟、速度快,每次同时换2或3根主翼羽	换羽早、速度慢,每次只换1根主翼羽
色素消失(黄皮肤品种)	肛门、眼、耳叶、喙、胫色依次褪色,褪色彻底	肛门、眼、耳叶等褪色次序乱,褪色不彻底

7.家禽体尺的测量

测量家禽的体尺,目的是更准确记载家禽的体格特征和鉴定家禽体躯各部分的生长发育情况,在家禽育种和地方家禽遗传资源调查中较为常用。体尺测量部位如表2-1-10所示,体尺测量方法参考图2-1-14至图2-1-21,体尺指标测定记录见表2-1-11。

表2-1-10　家禽的体尺测量部位(部分)

指标	测量部位	测量用具
体直长	最后颈椎至尾骨的长度	皮尺
体斜长	肩关节至坐骨结节的长度	皮尺
胸 深	第一胸骨椎至龙骨前缘的长度	游标卡尺
胸 宽	两肩关节之间的长度	游标卡尺
胸 围	翅后胸部的周长	皮尺
龙骨长	龙骨的前端与后端的长度	皮尺
骨盆宽	两髋关节之间的长度	游标卡尺
骨盆长	髋骨上关节至第三趾与第四趾间的垂直长度	游标卡尺
骨盆围	髋部中间的周长	皮尺
胸角	胸骨前端的角度	胸角器
颈长(水禽)	将颈部拉直,测量后脑壳至尾根间的距离,减去体直长	皮尺

表2-1-11　家禽体尺测量记录表

禽号	种类	品种	性别	活重/kg	体斜长/cm	胸深/cm	胸宽/cm	胸围/cm	龙骨长/cm	骨盆长/cm	骨盆宽/cm	胸角/°	颈长/cm

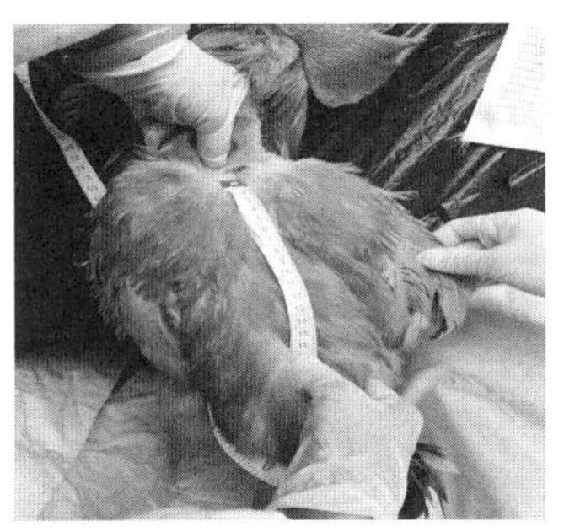

图2-1-14　测体直长

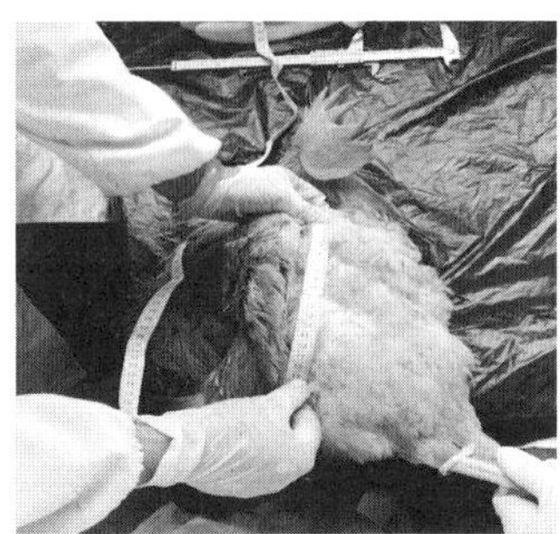

图2-1-15　测体斜长

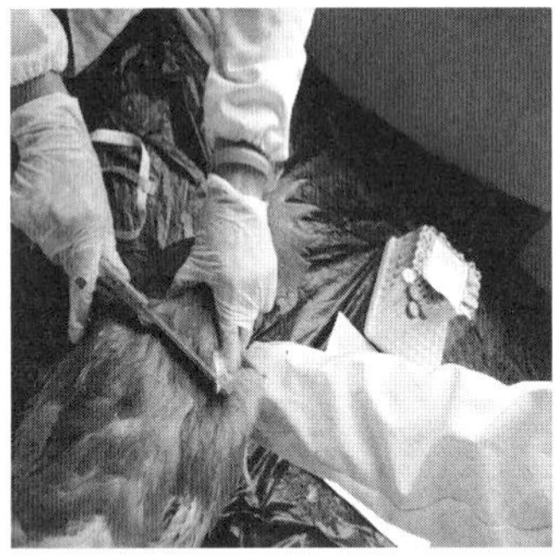

图2-1-16　测胸宽

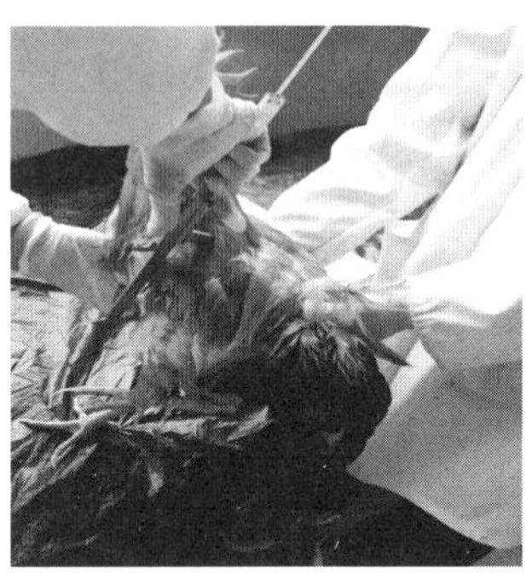

图2-1-17　测胸深

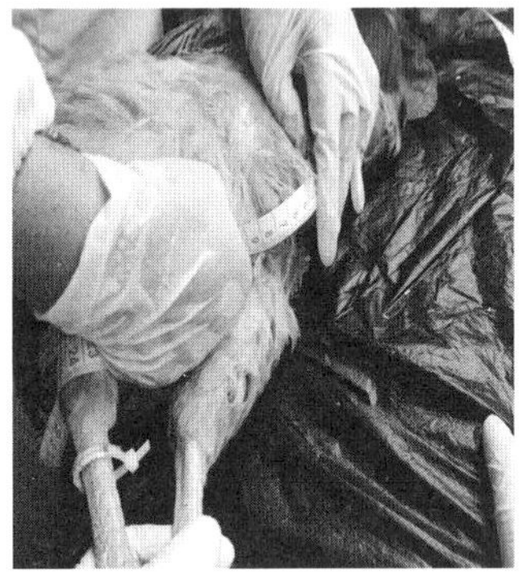

图2-1-18　测龙骨长

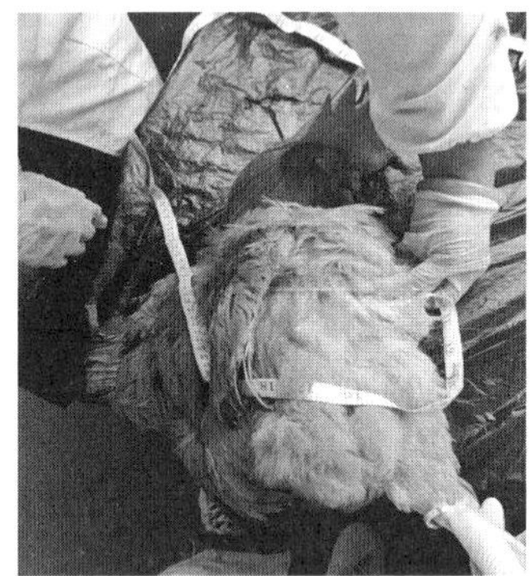

图2-1-19　测胸围

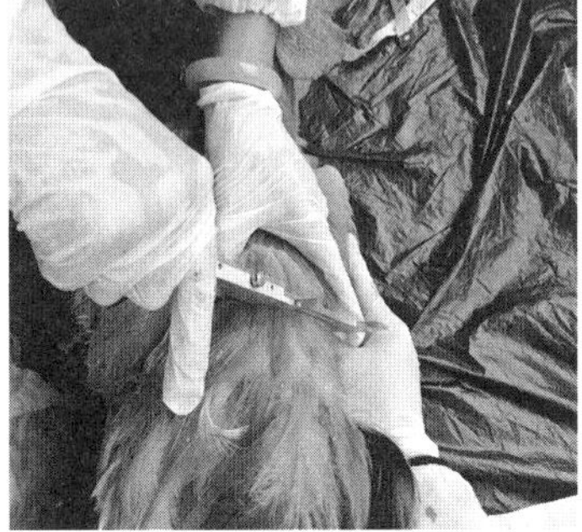

图2-1-20　测骨盆宽

图2-1-21　测胫围

8.常用的家禽体形指数

家禽体形指数及其计算公式如表2-1-12所示，根据表2-1-12，计算实验家禽的体形指数并填写表2-1-13。

表2-1-12　家禽体形指数及其计算公式

指数	计算公式	意义
强壮指数	体重×100/体长	体型的紧凑性和家禽的肥度
体躯指数	胸围×100/体长	体质的发育
第一胸指数	胸宽×100/胸深	胸部的发育
第二胸指数	胸宽×100/龙骨长	胸肌的相对发育
髋胸指数	胸宽×100/骨盆宽	背的发育
高脚指数	胫长×100/体长	脚的相对发育

表2-1-13　家禽的体形指数表

鸡号	性别	品种	活重/kg	体形指数/%					
				强壮指数	体躯指数	第一胸指数	第二胸指数	髋胸指数	高脚指数

四、实验结果

（1）将实验家禽的体尺测量结果和体形指数分别填入家禽体尺测量记录表和家禽的体形指数表。

（2）绘制鸡的翼羽图并标明羽毛名称。

五、注意事项

（1）在保定家禽时，手抓住大腿的上部，以防被家禽抓伤、啄伤。

（2）鉴定不同家禽时，注意比较不同家禽相应部位的区别。

（3）在鉴定家禽的年龄、健康状况、生产性能时，不但要注意观察外貌差异，还要注意其行为特点及触摸品质，做到全面比较。

六、思考题

（1）叙述公鸡、母鸡的颈羽、鞍羽和尾羽的区别；通过观察主翼羽脱换情况，估测母鸡停产时间。

(2)识别家禽的性别,鉴别健康鸡与病弱鸡。

(3)按照本实验的表2-1-9的项目设计一表格,评定3~5只鸡的产蛋性能。

七、拓展

由外貌观察到内部观察,发现外表评定与内部发育的相关性;通过内部器官的情况了解健康程度(图2-1-22)。

图2-1-22　家禽内部器官观察

家禽生产实训

实训一　家禽的人工孵化

人工孵化技术主要包括种蛋的消毒、预温、码盘、照蛋、翻蛋、落盘、初生雏鸡的处理，以及温度、湿度的控制等。使用人工孵化技术，不仅可以提高孵化率，还可大大提高生产效率，有利于生产控制和免疫的发展，为家禽育种的标准化、规模化和工业化发展创造条件。

近年来，在家禽生产学的实验教学中，根据课程的特点和教学要求，开设了以家禽的人工孵化为专题的实训课程。通过综合实训课程，可以让学生更好地掌握孵化的基本原理，全面了解仪器设备的性能，正确使用仪器设备，训练学生独立思考问题，提高分析和解决家禽实际生产问题的能力。

一、导入实训项目

随着家禽业的飞速发展，利用现代化孵化设备提供合适的温度、湿度、通风和翻蛋等条件，为胚胎发育创造良好的外部环境条件，可大规模孵化雏禽，提高孵化效率。家禽的人工孵化技术现已成为重要的家禽生产技术，也是家禽育种和生产的重要组成部分。因此，本实训主要通过对孵化各环节的操作训练，提高学生的实践能力，发展学生运用理论知识解决实际生产问题的能力。

二、实训任务

(1)熟练掌握家禽孵化的生物学检查方法，并确定不同胚胎年龄的胚胎发育的主要特征。

(2)熟悉孵化机的结构,掌握正确的使用方法。

(3)熟练掌握识别新生雏鸡雌雄的技术。

(4)掌握孵化指标的测定及计算方法。

三、实训方案

(一)实训材料

孵化机、湿度计、温度计、体温计、标准湿度计、标准温度计、转数计、风速计、孵化室有关设备用具、消毒药品、防疫注射器材、记录表格、孵化规程等。

(二)实训内容与方法

1.孵化前的准备

首先,制订孵化计划,准备孵化机和孵化用品(照蛋灯、温度计、消毒药品、防疫注射器材等)。孵化机的主要结构见图2-2-1。

其次,进行试机,用标准温度计校正孵化用温度计,试机要看各个控温系统、控湿系统、通风系统、报警系统、照明系统和机械转动系统是否能正常运转(试机1~2 d即可入孵)。

最后,若孵化机与上次使用时间的间隔不长,结束孵化时已消毒,可在装盘上蛋后与种蛋一起消毒,否则,应先消毒再入孵。

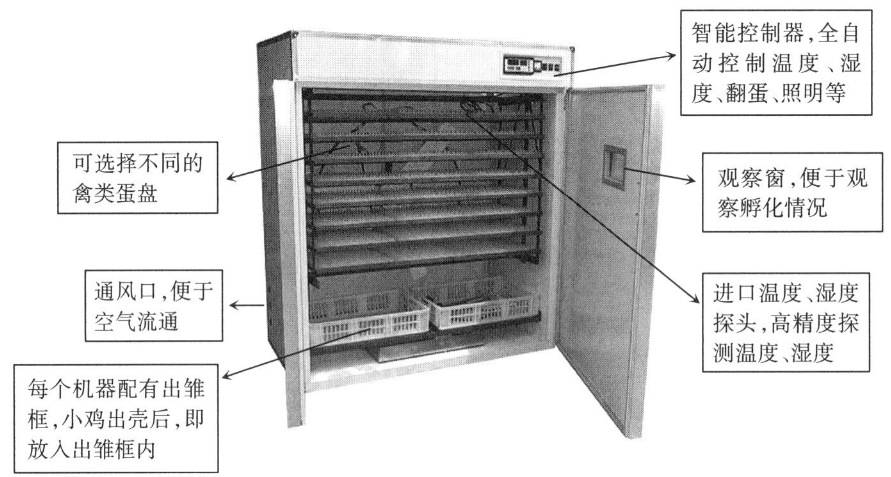

图2-2-1　孵化机的主要结构

2.种蛋的选择

(1)种蛋的来源:以自养自繁为宜;若为外购种蛋,应对种禽的遗传、健康情况了解清楚。

(2)新鲜程度:禽蛋的孵化率随贮存时间的增加而递减,孵化期也相应延长,种蛋不宜贮存过久,保存时间以不超过7 d为宜。

(3)蛋的形状:正常应呈卵圆形,正常鸡蛋的蛋形指数为1.30～1.35,水禽蛋的蛋形指数为1.35～1.40。

(4)蛋的重量:应符合品种要求,大小均匀,与品种标准相差±10%以上的不宜用作种蛋。蛋重会影响孵化率、出壳重及以后的生产性能。

(5)蛋壳结构:蛋壳厚度在0.33～0.35 mm,薄壳蛋、钢壳蛋的孵化率低下,不宜作种蛋。

(6)蛋壳洁净度:保持蛋壳清洁、无污物。

(7)蛋壳颜色:蛋壳颜色是品种特征之一,应符合品种要求。

3.装盘和消毒

装盘时使蛋的钝端向上,清点数量,记录在孵化记录表中,种蛋装盘后即可上架。消毒可按每立方米容积用甲醛30 mL、高锰酸钾15 g熏蒸20～30 min。熏蒸时关严门窗,保持室内温度为25～27 ℃,湿度为75%～80%,熏蒸后排出气体。

4.种蛋的储存

种蛋消好毒后应尽快运到种蛋库中保存。

(1)保存温度:家禽胚胎发育的临界温度为23.9 ℃,即温度低于23.9 ℃时,鸡胚发育处于休眠状态;超过23.9 ℃时,胚胎发育不完全或不稳定,容易引起胚胎早死;若环境温度长期偏低(如0 ℃),虽然胚胎不发育,但胚胎活力严重下降,甚至死亡。保存的原则是"既不能让胚胎发育,又不能让胚胎受冻而失去孵化能力"。为了抑制酶的活性和细菌繁殖,种蛋保存适温为13～18 ℃。保存时间短,采用温度上限;时间长,采用温度下限。刚产出的种蛋,应逐渐降到保存温度,以免骤然降温破坏胚胎活力,一般降温过程以0.5～1 d为宜。

(2)保存湿度:湿度以75%～80%为宜,既能明显降低蛋内水分的蒸发,又可防止霉菌生长。

(3)通风:应有缓慢适度的通风,以防种蛋发霉。

(4)种蛋库的要求:隔热性能好,能防冻、防热,保持清洁卫生,防蚊蝇和老鼠,不能让阳光直射和穿堂风直吹种蛋。

(5)种蛋保存时间:一般种蛋保存时间以5～7 d为宜,如果没有适宜的保存条件,应缩短保存时间。

(6)种蛋保存方法:若保存一周左右,可直接放在蛋盘或蛋托上,盖上一层塑料膜。

若保存时间较长，可锐端向上放置，这样可使蛋黄位于蛋的中心，避免粘连蛋壳。若要长期保存，可放入填充氮气的塑料袋内密封，以防霉菌繁殖、提高孵化率，这样保存3～4周时仍有75%～85%的孵化率。

5. 暖蛋

入孵前12 h将蛋移至孵化室内，使种蛋初步温暖。

6. 入孵

按计划一般于下午上架孵化，以便在白天出雏，利于进行雏禽的早期处理。天冷时，上蛋后可打开孵化机的辅助加热开关，使升温加速，待温度接近要求时关闭辅助加热。

7. 孵化条件

实验时可按下列孵化条件进行操作。

（1）孵化室条件：温度20～22 ℃，湿度55%～60%，通风换气良好。出雏室湿度可以适当提高些。

（2）孵化机条件：入孵机温度37.8 ℃、湿度55%左右，通气孔全开，每2 h翻蛋1次；出雏机温度37.2～37.5 ℃、湿度65%左右，通气孔全开，停止翻蛋。

（3）翻蛋：每2 h自动翻蛋或手动翻蛋一次，翻动宜轻稳，防止滑盘。出雏期停止翻蛋。每次翻蛋时，蛋盘应转动90°。

（4）温度、湿度的检查和调节：应经常检查孵化机和孵化室的温度、湿度情况，观察机器的灵敏程度，发现超温或降温时，应及时查明原因，并进行检修和调节。机内水盘自动加温水或人工每天加温水一次。

（5）孵化机的管理：在孵化实习过程中，应注意机件的运转，特别是电机和风扇的运转情况，注意有无发热和撞击声响的机件，应定期检修加油。

8. 胚胎发育情形

（1）正常发育情况。

第6 d：尿囊增长迅速，血管系统迅速发育，覆盖羊膜与部分卵黄；卵黄囊血管分布在卵黄，面积超过2/3。胚体初具翼和腿的外形，眼睛黑色素增多，照蛋可见头与躯干部两小圆团，俗称“双珠”。照蛋情况见图2-2-2a，鸡胚胎发育情形见图2-2-2b。

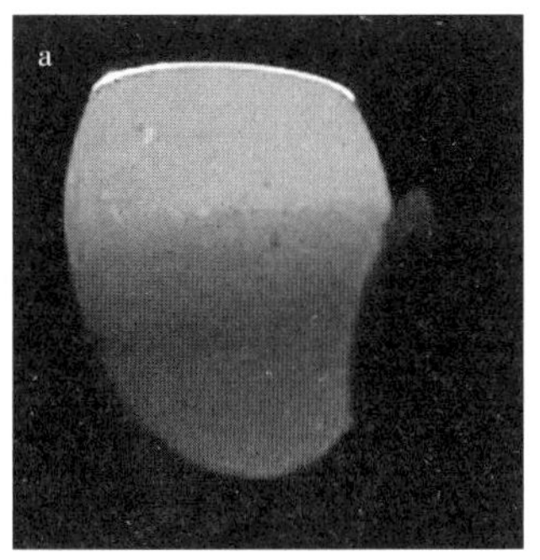
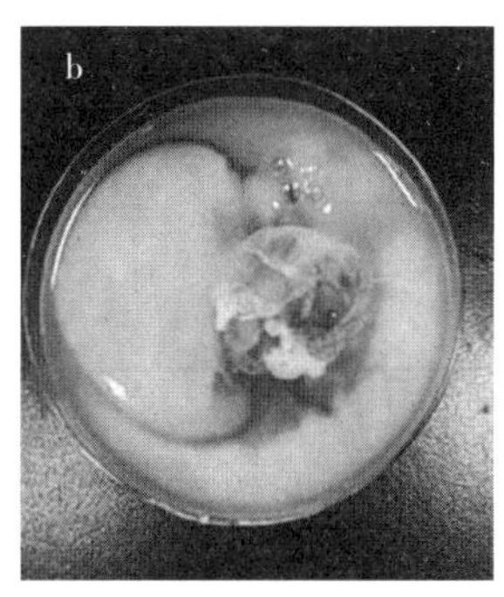

a.照蛋情况；b.鸡胚胎发育情形

图2-2-2　第6 d鸡胚胎发育情况

第11 d：由于尿囊完全包围了卵黄、胚体和蛋白，尿囊血管已在小端吻合，照蛋检验出现"合拢"。第8～11 d是尿囊发育的第二阶段。尿囊的合拢意义重大，只有合拢完善，才能保证胎儿吞食蛋白。照蛋情况见图2-2-3a，鸡胚胎发育情形见图2-2-3b。

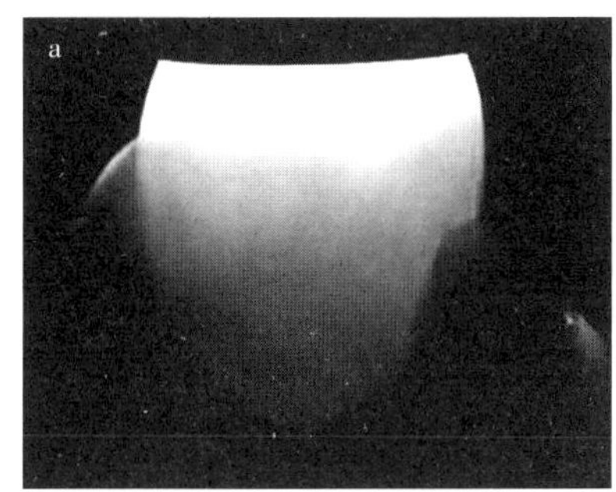
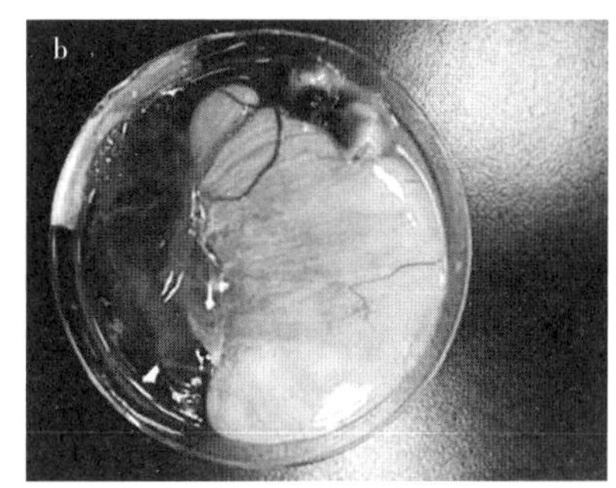

a.照蛋情况；b.鸡胚胎发育情形

图2-2-3　第11 d鸡胚胎发育情况

第19 d：气室继续扩大，尿囊液与羊水继续减少，尿酸盐沉积增加，尿囊血管鲜红，表明尿囊仍在行使呼吸器官的职能。孵化第19 d在气室中可见展翅，少数雏鸡的喙穿破内壳膜而到达气室。照蛋情况见图2-2-4a，鸡胚胎发育情形见图2-2-4b。

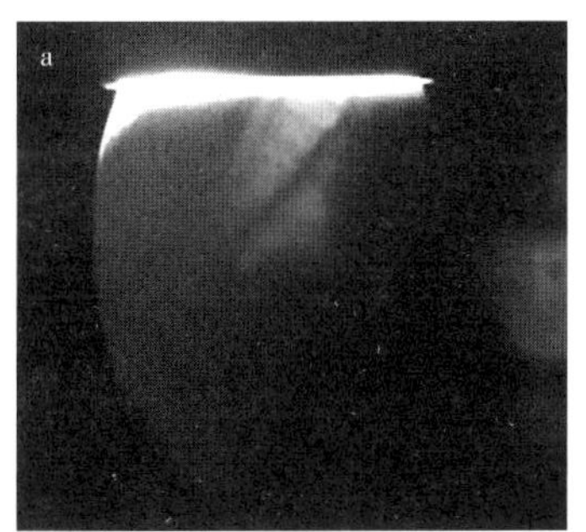

a.照蛋情况；b.鸡胚胎发育情形

图2-2-4　第19 d鸡胚胎发育情况

(2)各期胚胎发育情况的研判。分别在第6 d、第11 d、第19 d照鸡蛋,鸡胚胎发育情形见表2-2-1;分别在第6~7 d、第13~14 d、第24~25 d照鸭蛋,鸭胚胎发育情形见表2-2-2。

表2-2-1　鸡胚胎发育情形

项目	第一次(第6 d)	第二次(第11 d)	第三次(第19 d)
无精蛋	蛋内透明,有时蛋中央呈现一阴影(蛋黄)	—	—
中死蛋	蛋内有血圈,断片的血丝,或有死亡的胚胎	蛋内呈红褐色,内部常有血环或血线。	气室边界颜色淡,看不到血管
发育蛋	健胚:胚胎下沉或在气室处看到黑点(胚胎眼睛)并有向外扩散的血管网 弱胚:胚胎浮于表面,血管网纤细且淡白	健胚:尿囊在蛋的尖端合拢,血管网扩散至蛋的尖端 弱胚:尿囊尚未合拢,蛋的尖端无血管分布,颜色淡白	健胚:气室向一侧倾斜,有黑影闪动,胚胎较暗 弱胚:气室比正常的胚胎小,且边缘不齐,可看到红色血管

表2-2-2　各期鸭胚胎发育情形

项目	第一次(第6~7 d)	第二次(第13~14 d)	第三次(第24~25 d)
无精蛋	蛋内透明,隐约呈现蛋黄浮动暗影,气室边缘界限不明显	蛋内透明,蛋黄暗影增大或散黄浮动,不易见暗影,气室增大,边缘界限不明显	—
正常发育胚蛋	气室边缘界限明显,胚胎上浮,隐约可见胚胎弯曲,头部大,有明显黑点,躯体弯,有血管向四周扩张,分布如蜘蛛网状	气室增大、边界明显,胚体增大,尿囊血管明显向尖端合拢,包围全部蛋白	气室显著增大,边缘界限更明显,除气室外胚胎占蛋全部空间,漆黑一团,可见气室边缘弯曲,血管粗大,有时见胚胎黑影闪动
弱胚	胚体小,血管色浅、纤细、扩张且小	弱胚发育迟缓,尿囊血管还未合拢,蛋的小头色淡透明。	弱胚气室边缘平齐,可见明显血管
死胚	气室边缘界限模糊,蛋黄内出现一个红色的血圈或半环或线条	气室显著增大,边界不明显,蛋内半透明,无血管分布,中央有死胚团块,随转蛋而浮动,无蛋温感觉	气室更大,边界不明显,蛋内发暗,混浊不清,气室边界有黑色血管,小头色浅,蛋不温暖

9.死胚剖检

打开死胚蛋,撕开壳膜,首先注意胚胎的位置、尿囊和羊膜的状态,然后用镊子取出胚胎,观察胚胎外形特征,参照胚胎发育情形表判定日龄,并分析死亡原因。

(1)病理解剖:先按皮肤、绒毛、头、颈、脚的顺序,观察胚胎的外部形态,然后用小剪刀剖开体腔观察肠、胃、肝、心、肺、肾等内部器官的病理变化。观察时注意有无充血、贫血、出血、水肿、肥大、萎缩、变性、畸形等情况,判断死亡的原因。

(2)外表观察:针对死雏,主要观察绒毛长短、脐部愈合状、卵黄囊吸收情况以及头部和腿部有无残疾或畸形;针对死胎蛋,主要观察是否已啄壳、啄壳部位、洞口的形状及有无黏液或血迹等。

(3)照蛋透视:检查气室位置、大小和形态及气室边缘血管情况。

(4)病理剖检:用镊子轻轻敲破气室的蛋壳并撕去内壳膜,按下列步骤进行观察。

①观察胎儿是活还是已经死亡。

②观察尿囊绒毛膜和羊膜的状态,看有无出血现象。

③将蛋内容物倒入平皿,观察卵黄囊血管是否充血、出血及吸入腹腔状况,是否有蛋白,以及胎位状态。

④取出胚胎,用生理盐水冲洗干净,根据胚胎大小及外表发育特征,参照附表2-2-1,初步判断胚胎死亡的胚龄。

10.移盘和出雏

孵化满18 d或19 d经照蛋检查后,将正常发育的蛋移至出雏机中,同时增加湿度,改变孵化条件。作系谱记录的种蛋,按母鸡号放入谱系孵化出雏盘或出雏袋内以便出雏后编号。

孵化满20 d后,每隔4 ~ 8小时除雏鸡和蛋壳一次。

出雏完毕,清洗雏盘,消毒。

11.出雏期间的观察

孵化正常时,出雏时间较一致,有明显出雏高峰,俗话称出得“脆”,一般孵化21 d全部出齐;孵化不正常时,无明显的出雏高峰,出雏持续时间长,第22 d仍有不少未破壳的蛋。初生雏的特征如下。

(1)健雏:绒毛洁净有光,蛋黄吸收良好,腹部平坦。脐带部愈合良好、干燥,而且腹部有绒毛覆盖。雏禽站立稳健有力,叫声洪亮,对光和声音反应灵敏。体形匀称,不干瘪或臃肿,显得水灵,而且个体大小整齐。

(2)弱雏:绒毛污乱,脐带部潮湿、带血污、愈合不良,蛋黄吸收不良,腹大,站立不稳,两腿或一腿常叉开,两眼时开时闭,精神不振,叫声无力或尖叫呈痛苦状,对光、声反应迟钝,体形臃肿或干瘪,个体大小不一。

(3)残雏、畸形雏:弯喙或交叉喙,脐部开口流血,脚和头部麻痹,瞎眼等。

12.孵化效果指标的计算

(1)受精率(%):受精蛋数包括死精蛋和活胚蛋,公式如下。

受精率(%)=受精蛋数/入孵蛋数×100

(2)早期死胚率(%):通常统计头照(5胚龄)时的死胚数,公式如下。

早期死胚率(%)=1~5胚龄死胚数/受精蛋数×100

(3)受精蛋孵化率(%):出壳雏禽数包括健雏、弱残雏,受精蛋孵化率是衡量孵化场孵化效果的主要指标,公式如下。

受精蛋孵化率(%)=出壳的全部雏禽数/受精蛋数×100

(4)入孵蛋孵化率(%):反映种禽及孵化效果的综合生产水平的主要指标。

入孵蛋孵化率(%)=出壳的全部雏禽数/入孵蛋数×100

(5)健雏率(%):指健康雏鸡占出雏数的百分比,反映种鸡繁殖场及孵化场的综合水平。

健雏率(%)=健雏数/出壳的全部雏禽数×100

(6)死胎率(%):死胚蛋一般指出雏结束后扫盘时未出壳的种蛋,公式如下。

死胚率(%)=死胎蛋数/受精蛋数×100

(三)注意事项

1.合理挑选种蛋

从外观上来看,种蛋需要呈卵圆形,蛋壳表面干净,厚度分布适中,色泽好,蛋壳不能破损。一般情况下,鸡蛋重为50~60 g。另外,从种鸡方面来看,以没有疾病、品种优越、健壮的种鸡为最佳。

2.种鸡蛋的保存、运输

应设蛋库保存种鸡蛋,最适温度为12~15 ℃、湿度为70%~80%。保存时间控制在7 d内,若时间过长,会造成孵化质量不理想。运输时,要钝端朝上,防止日晒雨淋。

3.注意消毒杀菌

新洁尔灭消毒法:用5%的新洁尔灭原液加50倍体积的水稀释,配成0.1%浓度的新洁尔灭溶液,对种蛋喷洒;或将种蛋放在40~45 ℃的0.1%浓度的新洁尔灭水溶液中浸泡3 min。

甲醛熏蒸法:准备一个瓷盆,放入适量高锰酸钾,将瓷盆转移到孵化机底部,然后加入适量的甲醛溶液,迅速密闭孵化机,熏蒸杀菌,持续20~30 min。之后打开孵化机通风,散去余下的甲醛蒸气。

紫外线照射消毒法:用紫外线照射种蛋可以达到消毒效果。在照射时,应控制好紫外线光源和种蛋的距离，一般以40 cm为宜，照射时间为1 min。照射完成后，需要翻转种蛋，照射另一面。

4.孵化过程中的注意事项

（1）控制温度和湿度：入孵开始至第18 d的温度为37.8 ℃，第19～21 d为37.5～37.3 ℃。如果温度过高，会使鸡胚死亡；如果种蛋在24 ℃以下持续30 h，种蛋胚胎也可能会死亡。通常，在孵化前18 d内，湿度应调整在50%～60%；在后3 d，应适当调高湿度，控制在60%～70%。

（2）做好通风工作：胚胎在发育过程中需要呼吸。因此，出雏前一段时间，需通入新鲜空气，保证风机正常运行。

（3）翻蛋：蛋黄脂肪含量较多，相对密度较小，胚胎浮于上面，经常与内壳膜接触。如果长时间不翻动，胚胎会与蛋壳发生粘连，影响胚胎发育，翻蛋以每2 h翻1次为宜。

（4）检查胚胎发育：第一次照蛋称头照，在孵化开始后第6～7 d进行，目的是检查并挑出无精蛋和早期死胚蛋。第二次照蛋在孵化第11～14 d进行，可一边落盘，一边照检，挑出死胚蛋。

（5）种蛋落盘与出壳：将种蛋转移到出雏盘，孵化第19 d时雏鸡开始啄壳，第20 d雏鸡开始出壳，第21 d完成出壳。雏鸡出壳后，应在24 h内接种马立克氏疫苗。

四、结果分析

（一）孵化指标的记录与分析

实训结束后，根据实训过程中记录的各种数据，认真填写各种记录表，包括孵化进程表（表2-2-3）、孵化记录表等（表2-2-4至表2-2-6）。

表2-2-3　孵化进程表

批次	入孵日期	入孵蛋数/个	第一照时间	第二照时间	移盘时间	出雏日期	计划出雏数/只	健雏数/只
第一批								
第二批								
第三批								

表 2-2-4 孵化记录表

日期	蛋面温度/℃	机器温度/℃	数量/个	备注	值班人

表 2-2-5 孵化成绩记录表

孵化日期	批次	品种	数量/个	受精蛋/个				无精蛋/个	死胚蛋/个				臭破蛋/个	出雏总数/只				受精率/%	孵化率/%
				一照	二照	三照	合计		一照	二照	三照	合计		健雏	弱雏	死雏	合计		

表 2-2-6 孵化成绩统计表

批次	品种	种蛋来源	入孵蛋数	入孵日期	照蛋/个			出雏情况/只					受精蛋数/个	受精率/%	受精蛋孵化数/个	入孵蛋孵化数/个	健雏率/%	备注
					无精蛋	死精蛋	破蛋	移盘数	出雏数	健雏数	弱雏数	死雏数						

(二)孵化各期胚胎死亡原因

1. 前期死亡(第 1～6 d)原因

种蛋营养水平及健康状况不良，主要是缺维生素 A、维生素 B_2 等；种蛋贮存时间过长；保存温度过高或受冻；种蛋熏蒸消毒过度；孵化前期温度过高；种蛋运输时受剧烈振动。

2. 中期死亡(第 7～12 d)原因

种鸡的营养水平及健康状况不良，如缺维生素 B_2，胚胎死亡高峰在 12～13 d；种蛋未消毒；孵化时温度过高；通风不良；若尿囊绒毛膜未合拢，除发育落后外，多数因转蛋操作不当所致。

3.后期死亡(第13～18 d)原因

种鸡营养水平差,如缺维生素B_{12},胚胎多死于第16～18 d;胚胎如有明显充血现象,说明有一段时间高温;发育极度衰弱,系温度过低;小头大嘴,系通风换气不良或小头向上入孵所致。

(1)闷死壳内:出雏时温度、湿度过高,通风不良;胚胎软骨畸形,胚位异常;卵黄囊破裂,腿麻痹软弱等。

(2)啄壳后死亡:若洞口多黏液,系高温高湿所致;第20～21 d通风不良;胚胎利用蛋白时遇到高温,蛋白未吸收完,尿囊合拢不良,卵黄未进入腹腔;移盘时温度骤降;种鸡健康状况不良,有致死基因;小头向上入孵;第20～21 d孵化温度过高,湿度过低。

(三)影响孵化率的因素

孵化率受内部和外部因素的影响。外部因素包括入孵前的环境(种蛋保存)和孵化中的环境(孵化条件);内部因素是种蛋内部品质,由遗传和饲养管理所决定。

(1)品种。杂交孵化率高,近交孵化率低。

(2)种鸡的年龄。母鸡在8～13月龄时孵化率最高。

(3)健康状况。当种群患病时孵化率较低。

(4)营养水平。营养缺乏既影响产蛋率,又影响孵化率,影响的程度随营养缺乏的程度而变化。营养缺乏对孵化率的影响见表2-2-7。

表2-2-7　营养缺乏对孵化率的影响

营养成分	缺乏症状
维生素A	血液循环系统障碍,孵化第48 h发生死亡,肾脏、眼和骨骼异常;未能发育正常的血管系统
维生素D_3	在孵化的第18～19 d时发生死亡,骨骼异常突起;造成蛋壳中缺钙,雏鸡发育不良和软骨
维生素E	血液循环障碍及出血,在孵化的第84～96 h发生早期死亡现象,渗出性素质征(水肿),伴有第1～3 d期间高死亡率,单眼或双眼突出
维生素K	在孵化第18 d至出雏期间因各种不明原因出血而发生死亡,出血及胚胎和胚外血管中有血凝块
硫胺素	应激情况下发生死亡,除了存活者表现神经炎外,其他无明显症状
核黄素	在孵化的第60 h、第14 d及20 d时死亡严重,雏鸡水肿,绒毛结节
烟酸	骨骼和喙发生异常
生物素	在孵化的第19～21 d死亡率较高,胚胎呈鹦鹉嘴,软骨营养障碍及骨骼异常等;腿骨、翼骨和颅骨缩短并扭曲;第三、第四趾间有蹼;第1～7 d和第18～21 d期间大量死亡

续表

营养成分	缺乏症状
泛酸	在孵化第14 d出现死亡,各种皮下出血及水肿等,长羽异常,未出壳胚胎皮下出血
吡哆醇	胚胎早期死亡
叶酸	在孵化第20 d左右发生死亡,死胎表现似乎正常但颈骨弯曲,趾及下颌骨异常,孵化第18 ~ 21 d死亡率高
维生素 B_{12}	在孵化第20 d左右发生死亡,腿蜷缩、水肿、出血、器官脂化,头颈、股部等形状异常;大量胚胎的头处于两腿之间,水肿、短喙、弯趾、肌肉发育不良
锰	突然死亡,软骨营养障碍,侏儒,长骨变短,头畸形,水肿及羽毛异常和突起等;翼和腿变短,鹦鹉喙,生长迟滞,绒毛异常;第18 ~ 21 d死亡率高
锌	突然死亡,股部发育不全,脊柱弯曲,眼、趾等发育不良;骨骼异常,可能无翼和无腿,绒毛呈簇状
铜	在早期血胚阶段死亡,但无畸形
碘	孵化时间延长,甲状腺缩小,腹部收缩不全
铁	血细胞比容值低,血红蛋白数目值低
硒	孵化率降低,皮下积液,渗出性素质(水肿),孵化早期胚胎死亡率较高

(四)孵化效果不良的原因分析

表2-2-8给出了孵化过程中常见的不良现象和原因,然后再结合有关记录和检验结果分析具体原因。

表2-2-8　孵化效果不良的原因分析

不良现象	原因
蛋爆裂	蛋小;第1 ~ 19 d期间湿度过低;蛋脏,被细菌污染;孵化机内不卫生
照蛋时清亮	未受精;甲醛熏蒸过度或种蛋贮存时间过长;胚胎入孵前就已死亡
胚胎死于第2 ~ 4 d	种蛋贮存时间太长;种蛋被剧烈摇晃;孵化温度过高或过低;种鸡染病
蛋上有血环,胚胎死于第7 ~ 14 d	种鸡日粮不当;种鸡染病;孵化机内温度过高或过低;供电故障,转蛋不当;通风不良,二氧化碳浓度过高
气室过小	种鸡日粮不当;蛋大;孵化湿度过高
气室过大	蛋小;第1 ~ 19 d期间湿度过低
雏鸡提前出壳	蛋小;品种差异;温度计、温度计读数不准;第1 ~ 19 d温度高或湿度低

续表

不良现象	原因
出壳延迟	蛋大;蛋贮存时间长;室温多变;温度计、温度计不准;第1~19 d温度低或湿度高;第19 d后温度低
胚胎已发育完全,但喙未进入气室	种鸡日粮不当;孵化第1~10 d温度过高;第19 d湿度过高
胚胎已充分发育,喙进气室后死亡	种鸡日粮不当;孵化机内空气循环不良;孵化第20~21 d期间温度过高或湿度过高
雏鸡在啄壳后死亡	种鸡日粮不当;种鸡携带致死基因;种鸡群染病;蛋在孵化时小头向上,蛋壳薄,前两周未转蛋;蛋移至出雏器太迟;第20~21 d空气循环不良,或二氧化碳含量过高;第20~21 d温度过高或湿度过低
胚胎异位	种鸡日粮不当;蛋在孵化时小头向上;畸形蛋;转蛋不当
蛋白粘连鸡身	移盘过迟;孵化第20~21 d期间温度过高或湿度过低;绒毛收集器功能失调
蛋白粘连初生绒毛	种蛋贮存时间长;第20~21 d期间空气流速过低,孵化机内空气流通不良;第20~21 d期间温度过高或湿度过低;绒毛收集器功能失调
雏鸡个体过小	种蛋产于炎热d气;蛋小;蛋壳薄或沙皮;孵化第1~19 d期间湿度过低
雏鸡个体过大	蛋大;孵化第1~19 d期间湿度过高
不同孵化盘的孵化率和雏鸡品质不一致	种蛋来自不同的鸡群,蛋的大小不同,种蛋贮存时间不同;某些种鸡群遭受疾病或应激;孵化机内空气循环不足
棉花鸡(鸡软)	孵化机内不卫生;孵化第1~19 d期间温度低;第20~21 d期间湿度过高
雏鸡脱水	种蛋入孵过早;第20~21 d期间温度过低;雏鸡出壳后在出雏器内停留时间过久
脐部收口不良	鸡种日粮不当;第20~21 d期间温度过低;孵化机内温度发生很大变化,第20~21 d期间通风不良
脐炎,脐部潮湿有气味	孵化场地和孵化机不卫生
雏鸡不能站立	种鸡日粮不当;第1~21 d期间温度不当;第1~19 d孵化期间湿度过高;第1~21 d期间通风不良
雏鸡跛足	种鸡日粮不当;第1~21 d期间温度变化;胚胎异位
弯趾	种鸡日粮不当;第1~19 d孵化期间温度不当
八字腿	出雏盘太光滑
绒毛过短	种鸡日粮不当;第1~10 d孵化期间温度过高
双眼闭合	第20~21 d期间温度过高;第20~21 d期间湿度过低;出雏器内绒毛飞扬,绒毛收集器功能失调

五、拓展提高

随着人们生活水平的提高，消费者对鸡蛋品质的要求也逐渐提高，而蛋品质与产蛋量和孵化率的关系密切。因此，如何平衡鸡蛋品质、产蛋量和孵化率三者之间的关系，是品系选育中的核心工作，在确保鸡蛋品质的前提下，应兼顾产蛋量和孵化率，为后续选育提供依据。

蛋品质对产蛋量和孵化率存在显著影响。选择蛋壳颜色在60 ~ 70（居中）、蛋重在55 ~ 60 g（中下）、蛋壳厚度在0.35 ~ 0.40 cm（中上）、蛋壳强度5.50 ~ 6.50 kg/cm^2（中上）之间的母鸡，产蛋量和孵化率都较高。

实训二 初生雏禽的性别鉴定

禽类公母个体因生理特征不同,其生长发育速度与生物学行为有所差异,一般公雏比母雏生长发育更快,也更强壮。在常规的商品肉禽生产过程中,如果公母混群饲养,母雏的发育会受到不同程度的抑制,进而影响雏禽后期的育成及全期的生长发育,因此公母分饲有利于肉禽生产性能的最大化。商品蛋鸡养殖场只需要饲养母鸡,公鸡在出壳后即进行淘汰。随着家禽集约化生产的发展,养殖数量越来越多,多者几十万甚至上百万,如果雏禽及时进行性别鉴定、分群饲养,可以极大地提高家禽生产效率。因此,初生雏禽性别鉴别具有重要意义。

性别鉴定的好处有:第一,可以节省饲料、禽舍、设备、劳动力,蛋用型雏禽可以出生淘汰公雏,减少培育公雏所需要的成本。第二,可以提高母雏的成活率和整齐度。公母分开饲养有利于母雏的生长发育,避免因公雏发育快、抢食而影响母雏发育。

目前,初生雏禽的性别鉴定已在生产中广泛应用,本实训目的是提高学生的实践动手能力,训练学生运用理论知识解决实际的生产问题,让学生了解常用的性别鉴别方法,并熟练掌握性别鉴定技术。

一、导入实训项目

对于成年家禽,人们很容易根据第二性征鉴别出公禽和母禽,但是对于刚出壳的雏禽,应该如何分辨公母呢?鉴别公母常用的方法有哪些呢?能否通过雏禽的外观差异鉴别公母呢?实际生产中该如何运用各种方法来鉴别呢?如图2-2-5中的雏鸡,哪只是公鸡,哪只是母鸡,该选用什么方法进行鉴别呢?能否根据羽毛的颜色鉴别公母呢?

图2-2-5 初生雏鸡

二、实训任务

了解常用的鉴别雏禽性别的方法，包括伴性性状鉴别法及翻肛鉴别方法，重点掌握生产中常用的羽色及羽速鉴别法；通过训练能熟练掌握初生雏禽的性别鉴别技术。

每个班分成若干个小组，每个小组由5人组成，每小组6～8只雏鸡或雏鸭(鹅)，进行伴性性状鉴别，以及翻肛鉴别公母禽等。

三、实训方案

(一)材料和用具

(1)图片或幻灯片，抓握雏法、翻肛手法、公母雏泄殖腔模式图，初生雏鸡羽速鉴别法、初生雏鸭(鹅)翻肛鉴别法，初生雏鸡羽色鉴别法模式图。

(2)雏禽：出壳24 h以内的，可通过羽色、羽速鉴别公母的雏鸡、雏鸭、雏鹅若干只。

(3)鉴别灯：台灯(包括40～60 W乳白灯泡)，每组一个。

(二)实训内容与方法

1.羽速鉴别法

鉴别方法：右手握雏，用右手或左手的拇指和食指捻开雏鸡翼羽，观察主翼羽与覆主翼羽的相对长度(如图2-2-6、图2-2-7、图2-2-8所示)。快羽即主翼羽长于覆主翼羽，使用快羽公雏和慢羽母雏杂交时，子代母雏全部为快羽，公雏全部为慢羽。

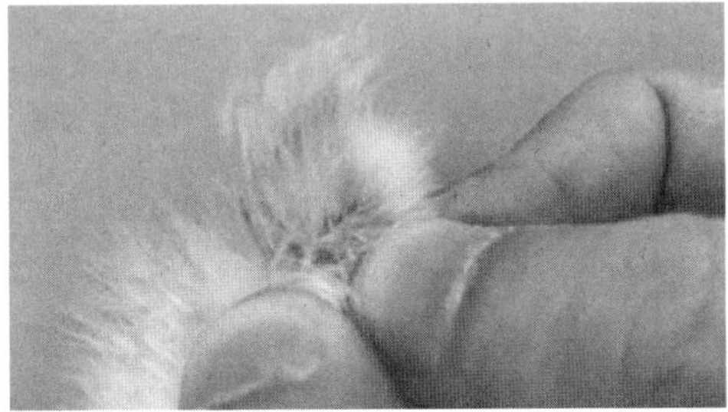

图2-2-6 羽速鉴别法抓握手法示意图

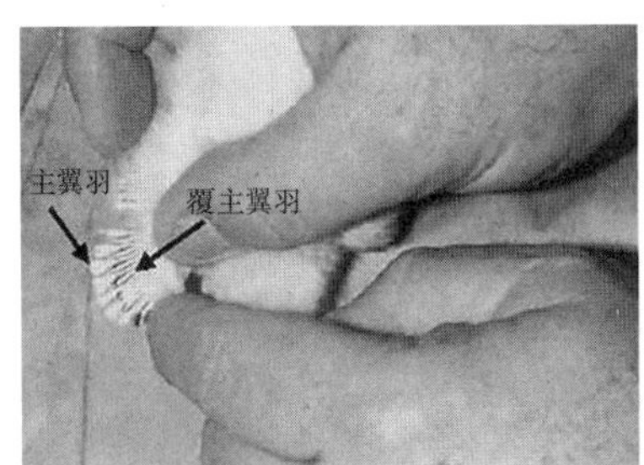

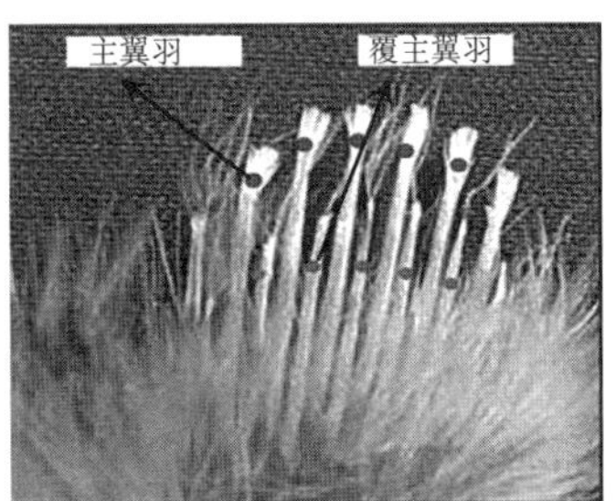

图2-2-7 主翼羽与覆主翼羽示意图

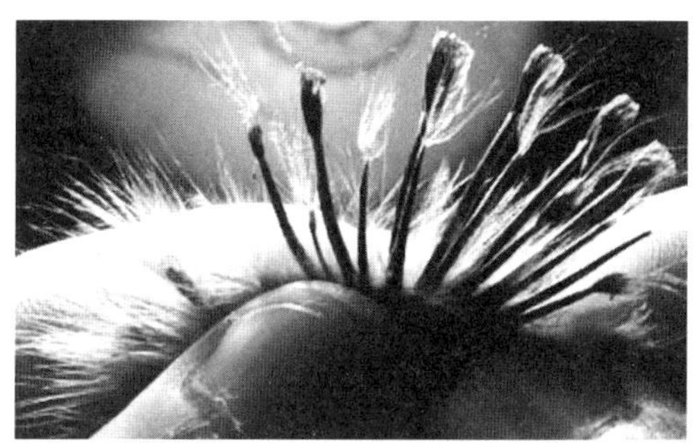

图2-2-8 快羽示意图

慢羽有4种类型(图2-2-9):a.主翼羽短于覆主翼羽;b.主翼羽与覆主翼羽等长;c.主翼羽未长出,仅有覆主翼羽;d.除翼尖处有1～2根主翼羽稍长于覆主翼羽之外,其他的主翼羽与覆主翼羽等长。

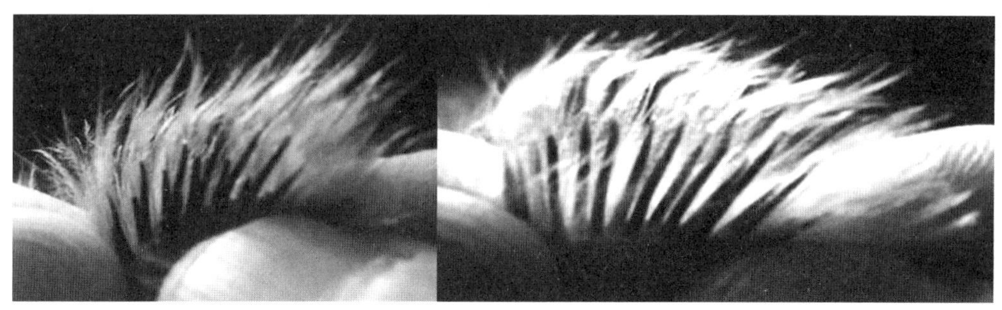

a.主翼羽短于覆主翼羽

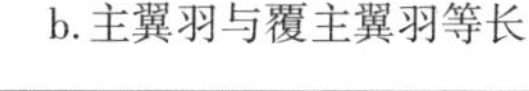

b.主翼羽与覆主翼羽等长

c.主翼羽未长出

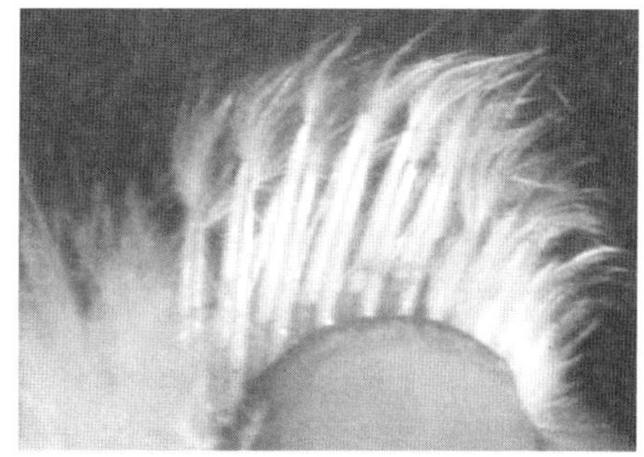

d.主翼羽稍长于覆主翼羽

图2-2-9 不同类型慢羽示意图

2.羽色鉴别法

由于银色羽和金色羽基因都位于性染色体上,且银色羽(S)对金色羽(s)为显性,所以银色羽母鸡与金色羽公鸡交配后的子一代,其母雏为金黄色绒羽,公雏为银白色绒羽。但由于存在其他羽色基因的作用,部分雏鸡绒毛颜色出现中间类型(图2-2-10)。

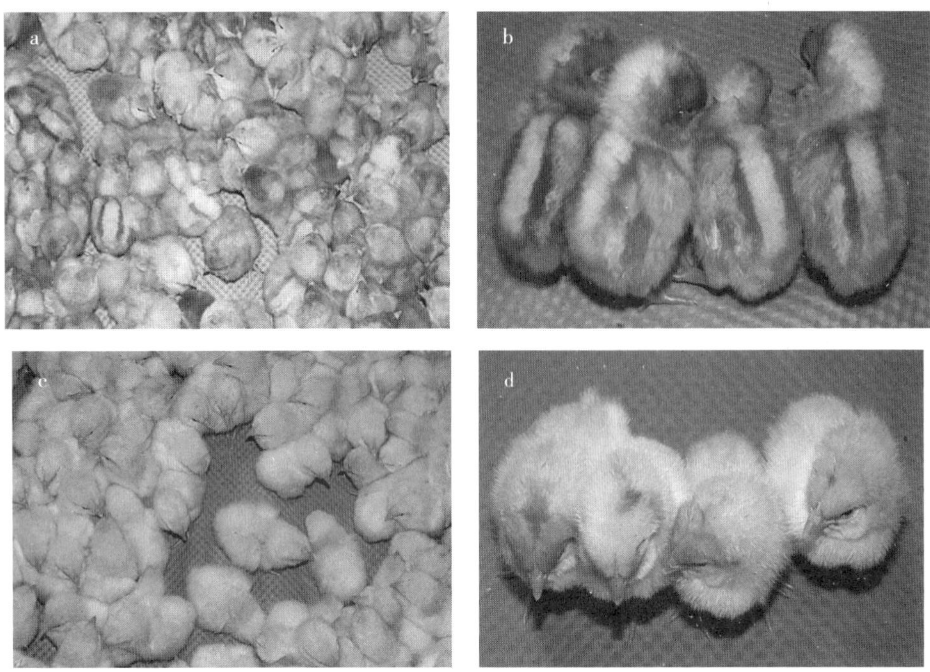

a～b.母雏，金色羽“蛙背”；c～d.公雏，银色羽（部分公鸡头顶有红色斑点）

图2-2-10　初生雏禽羽色鉴别

3.横斑鉴别法

横斑洛克（芦花）母鸡与非横斑洛克（非芦花）公鸡（除白来航鸡、白科尼什鸡外）交配，其子一代公雏为芦花羽色（黑色绒毛，头顶有不规则的白色斑点），母雏为非芦花羽色，全身黑绒毛或背部有条斑（图2-2-11）。

左：母雏；右：公雏

图2-2-11　横斑示意图

4.雏鸡翻肛鉴别法

在明亮的光线下翻开初生雏鸡的肛门，根据有无生殖突起及生殖隆起（生殖突起与八字状襞总称）的形态组织学上的细微差异，肉眼分辨公母。若无生殖突起即为母雏（图

2-2-12所示),如有生殖突起,则根据生殖隆起组织上的差异分辨公母(表2-2-9)。

表2-2-9　初生雏鸡雌雄生殖隆起组织的差异

生殖隆起状态	公雏	母雏
外观感觉	生殖隆起轮廓明显、充实,周围组织衬托有力,基础极稳固	生殖隆起轮廓不明显,萎缩,周围组织衬托无力,生殖突起有孤立感
光泽及紧张程度	生殖隆起表面紧张而有光泽	生殖隆起柔软、透明、无光泽
弹性	生殖隆起富有弹性,压迫、伸展不易变形	生殖隆起弹性差,压迫、伸展易变形
充血程度	生殖隆起血管发达,刺激易充血	生殖隆起血管不发达,刺激不易充血
突起前端的形态	生殖隆起前端圆	生殖隆起前端尖

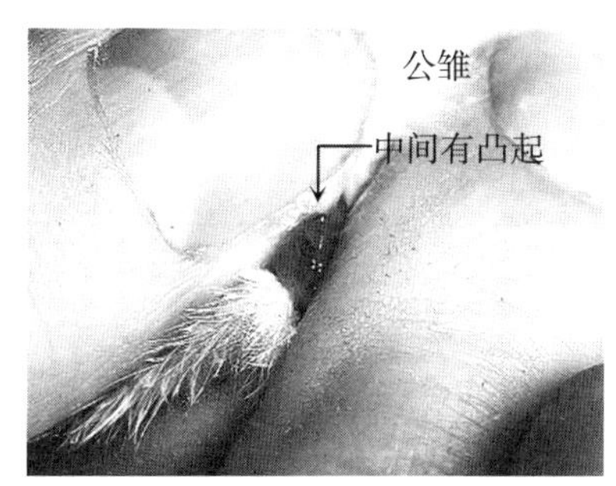

图2-2-12　公雏泄殖腔的生殖突起

翻肛鉴别法的注意事项:①最适鉴别时间是出雏后2～12 h,最迟不超24 h。②鉴别要领是正确掌握翻肛手法,形成的三角区宜小,不要人为造成隆起变形。把生殖突起与八字状襞作为一个整体来观察。此外,翻肛鉴别动作要轻捷。③为了提高鉴别速度,要做到握雏、排便快,翻肛手要快,辨别雌雄要眼快脑更快,辨别后放雏轻、快,即粪便一次排净,翻肛一次翻好,辨别眼和脑要一次认准。

生产中,要求翻肛鉴别公母准确率超过95%,速度要求每分钟鉴别80个以上。经验在于积累,要提高鉴别准确率和速度,此过程需要很长时间的实践。初学者要坚持认真、严肃、反复实践的原则,必要时解剖雏鸡,要反复体会,手脑并用,多次反复练习,很快就可掌握翻肛鉴别法的操作要领。

5.雏鸭、雏鹅肛门鉴别法

初生公雏鸭(鹅)的泄殖腔处有呈螺旋形的阴茎雏形,可通过翻肛法鉴别公母。

(1)抓雏、握雏。左手抓雏,让头朝外,腹部朝上,背向下,呈仰卧姿势,肛门朝上斜向鉴别者。左手中指与无名指夹住雏鸭(鹅)两脚的基部,食指贴靠在雏鸭(鹅)的背部,拇指置于泄殖腔右侧,头和颈任其自然。

(2)翻肛、鉴别。将右手的拇指和食指,置于泄殖腔一侧,左手拇指、右手拇指和食指三指轻轻翻开泄殖腔。如果在泄殖腔下方见到螺旋形皱襞(雏鸭、鹅的阴茎雏形)即为公雏;若看不到螺旋形阴茎,仅有呈八字状的皱襞,则为母雏。

四、结果分析

按肛门鉴别法和伴性性状鉴别法辨别同一只雏鸡,并将结果填入下表,然后将剖检的结果也填入下表(表2-2-10)。

表2-2-10　雏鸡的鉴别结果

鸡号	肛门鉴别法	伴性性状鉴别法	剖检法

五、拓展提高

(一)羽色鉴别法的遗传机制

由于银色羽基因(S)和金色羽基因(s)是位于性染色体的同一基因位点的等位基因,银色羽(S)对金色羽(s)为显性,所以用金色羽公鸡和银色羽母鸡交配时,其子一代的公雏羽色均为银色,母雏为金色。用银色羽公鸡和金色羽母鸡交配,后代不能鉴别公母。

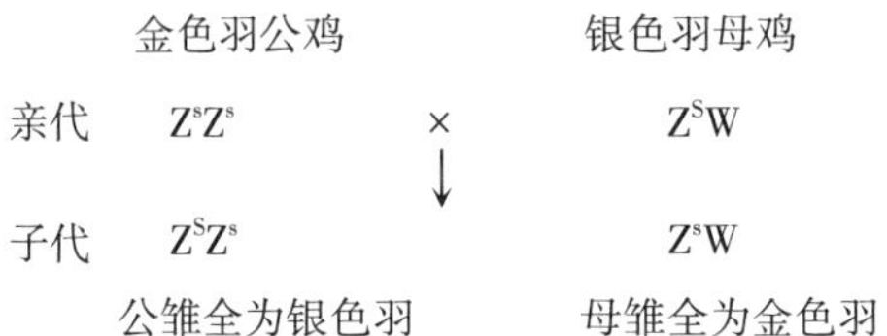

(二)羽速自别雌雄的遗传机制

控制初生雏鸡翼羽生长快慢的慢羽基因(K)和快羽基因(k)均位于性染色体上,慢羽基因(K)对快羽基因(k)为显性,具有伴性遗传现象。用慢羽母鸡与快羽公鸡交配,所产生的子一代公雏全部是慢羽,母雏全部是快羽,根据翼羽生长的快慢就可鉴别公母。两种羽速在育种和生产中的意义如何?

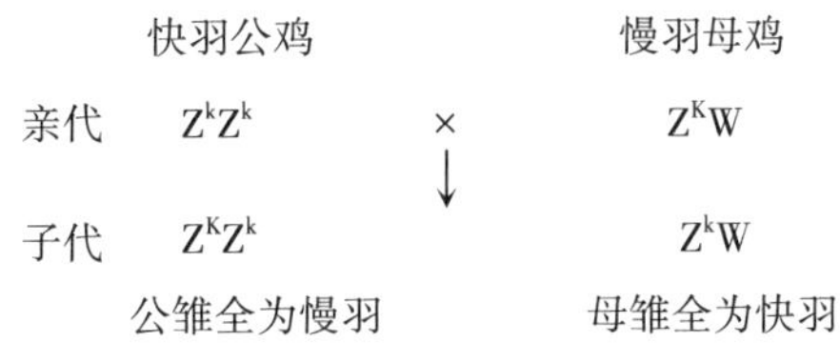

(三)羽斑鉴别法的遗传机制

横斑洛克羽色由性染色体上显性基因B控制，母鸡只在一条性染色体上有一个B基因影响，公鸡两条性染色体上各有一个B基因，所以基因型纯合的横斑公鸡羽毛中的白横斑比母鸡宽。

B基因能比较规则地冲淡羽毛的色素沉积，呈黑白相间的芦花斑纹，并具有剂量效应。基因型纯合的横斑公雏头部白斑较大，羽色浅，胫脚色浅；横斑母雏头部白斑较小，羽色深，胫脚色深。

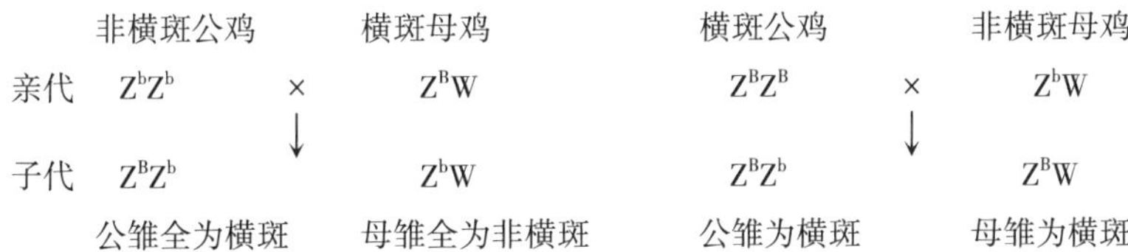

(四)胫色鉴别法的遗传机制

浅色胫Id：抑制真皮层黑色素，使胫呈黄、白或红白色。

深色胫id：使胫呈黑、蓝、青、绿等色。

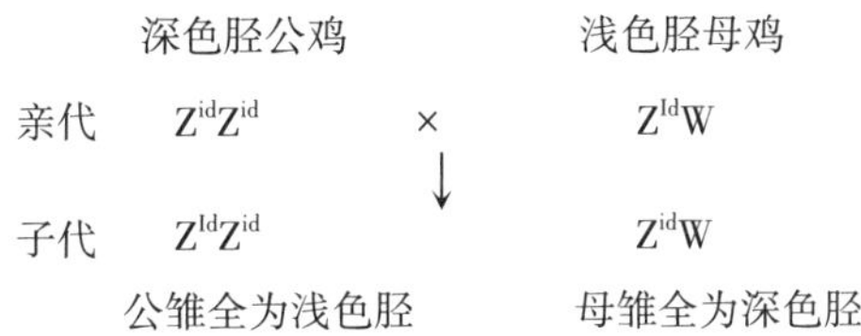

(五)羽速羽色鉴别法的遗传机制

同时利用两种伴性遗传性状，鉴定父母代和子代（商品代）初生雏鸡的公母。

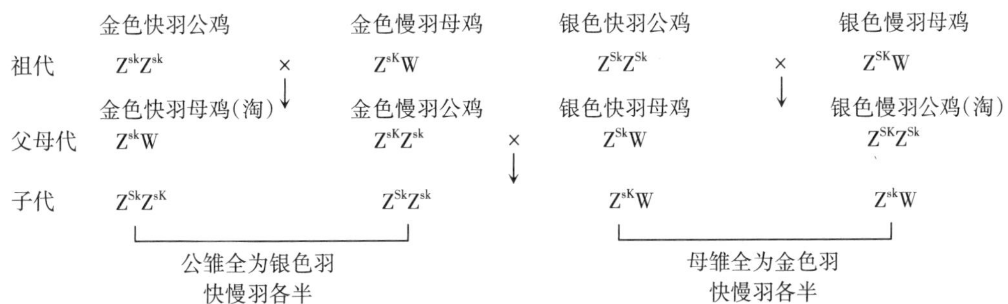

实训三　雏鸡的分级、剪冠、断喙、切趾等管理技术

在高密度、集约化的饲养条件下，雏鸡出壳后需要采取一系列技术措施，以保证正常的生产。本实训为出壳雏鸡的管理技术，通过学习雏鸡早期的管理技术，学生可以更好地结合生产实践进行练习，全面了解各种技术的操作方法，正确使用仪器设备，提高独立思考、分析和解决家禽生产实际问题的能力。

一、导入实训项目

雏鸡出壳后，要进行分级、剪冠、断喙、切趾、戴翅号或脚号等。分级是将健雏、弱雏、残次雏分开，因为雏鸡质量与后期生产性能和养殖效益密切相关。剪冠能避免鸡因互相打斗或发生啄癖导致的鸡冠受伤、流血过多而死亡的情况发生，多用于公雏。寒冷地区为防止鸡冠冻伤也要进行剪冠，笼养鸡剪冠可以减少单冠鸡在采食、饮水时与饲槽和饮水器上的栅格或笼门等的摩擦；冠大而影响鸡的视线时，也可以剪冠。断喙可防止啄癖和节省饲料。切趾的目的是防止自然交配时公鸡踩伤母鸡背部。戴翅号或脚号可以明确种鸡身份信息，防止育种鸡群系谱混乱。

二、实训任务

每个小组由2～3人组成，每小组3～5只雏鸡，训练雏鸡的分级、剪冠、断喙、切趾、戴翅号或脚号等技术。

三、实训方案

（一）实训材料

健雏、弱雏、残次雏若干只，翅号、脚号若干，断喙器1台，弧形手术剪刀，电烙铁，碘酒等。

（二）内容和方法

1.初生雏鸡的分级

根据表2-2-11进行健雏（图2-2-13）、弱雏（图2-2-14）、残次雏分级，同时计算健雏率，公式如下。

$$健雏率=\frac{健雏数}{出雏总数}\times100\%$$

表2-2-11　初生雏鸡分级标准

级别	精神状态	体重	腹部	脐部	绒毛	下肢	畸形	脱水	活力
健雏	活泼好动，眼亮有神	符合本品种要求	大小适中，平坦柔软	收缩良好	长短适中，毛色光亮，符合品种标准	两肢健壮，行动稳健	无	无	挣脱有力
弱雏	眼小细长，呆立嗜睡	过小或符合品种要求	过大或过小，肛门污秽	收缩不良，大肚脐，潮湿等	长或短、脆，色深或浅，沾污	站立不稳，喜卧，行动蹒跚	无	有	绵软无力似棉花团
残次雏	不睁眼或单眼、瞎眼	过小、干瘪	过大或软或硬，青色	蛋黄吸收不完全，血脐，疔脐	火烧毛、卷毛、无毛	弯趾腿跛，站不起来	无	严重	无

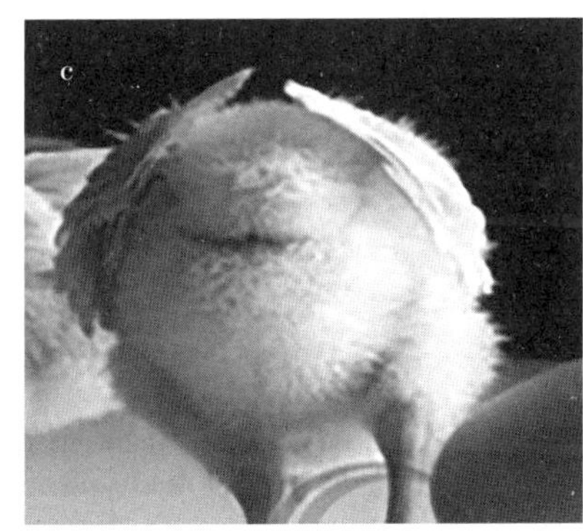

a.活泼健壮；b.体重适中；c.肛门周围干净；d.叫声清脆

图2-2-13　健雏

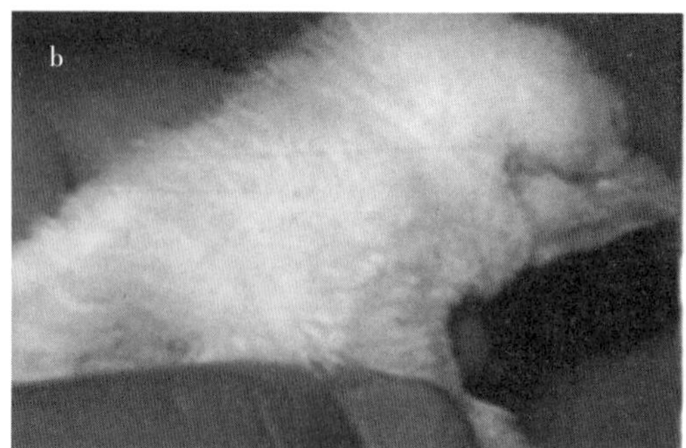

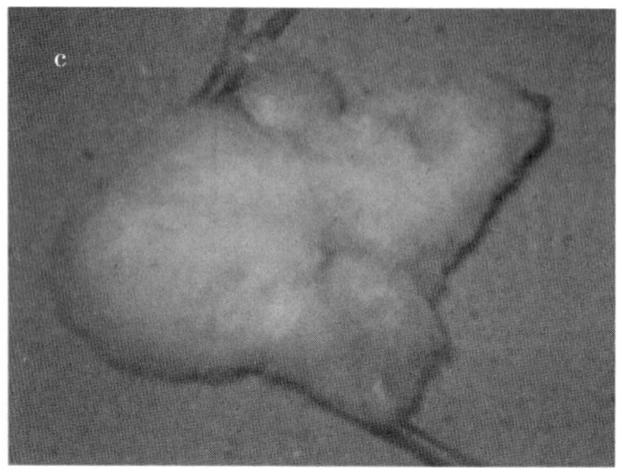

a.闭眼缩脖,精神萎靡;b.瞎眼;c.站立不稳

图2-2-14 弱雏

2.剪冠

剪冠一般在出雏后24 h内进行,如在出壳后数周剪冠,易发生严重流血。剪冠时,用弧形手术剪刀紧贴鸡冠基部,从前往后剪去鸡冠(图2-2-15)。

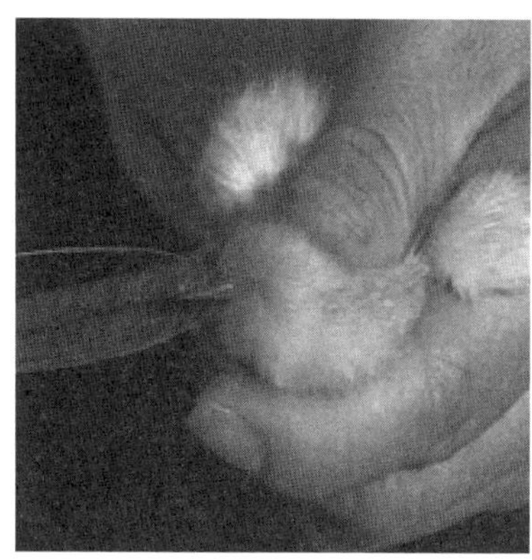

图2-2-15 剪冠及剪冠后

3.断喙(图2-2-16)

商品蛋鸡场断喙时间一般是7~10日龄,在7~8周龄或10~12周龄时再进行适当的修整。断喙前,先调节刀片温度至700~800 ℃(暗红色)。断喙时,左手握鸡的两脚,右手

拇指放在鸡头部枕骨处，食指轻压咽部，让鸡舌后缩，以防灼伤舌头。然后将鸡喙插入4.4 mm（7～10日龄时）或4.8 mm孔内，边切边烧灼止血，烧灼时，喙切面在刀片上作四周滚动约2 s，使喙边圆滑。断喙时将鸡头稍向上提，一般上喙切去1/2（从鼻孔至上喙尖），下喙切去1/3。

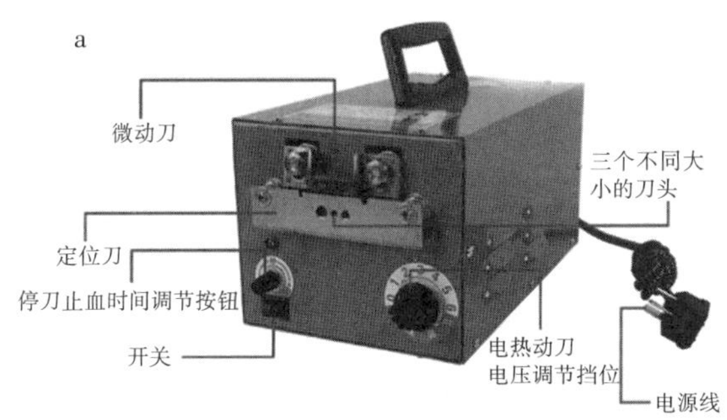

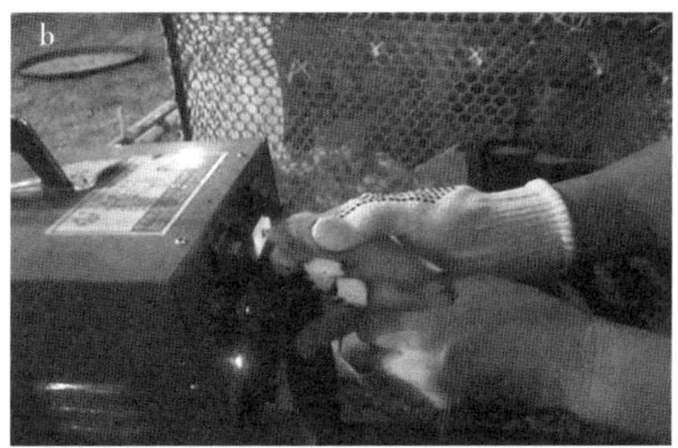

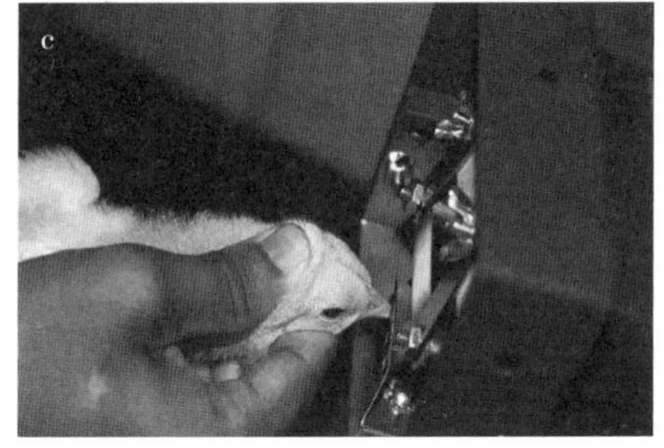

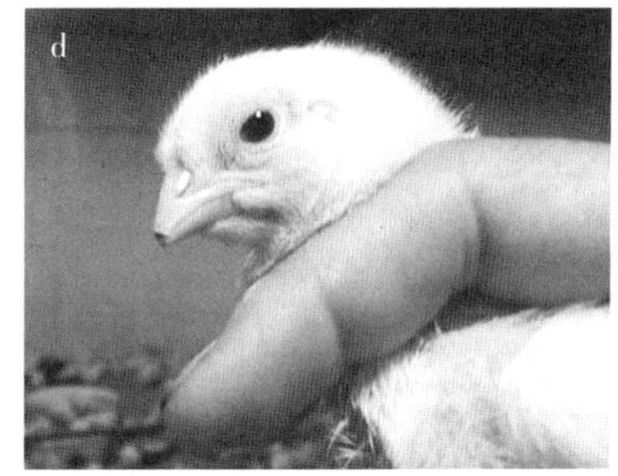

a.断喙器；b.断喙操作；c.断喙手法；d.断喙后

图2-2-16　断喙

4.切趾（图2-2-17）

留作种用的公雏，应在1日龄或6～9日龄进行切趾、烙距，将公雏左、右脚的内侧脚趾和后面的脚趾（距），用断趾器或烙铁在最末趾关节处断趾，即在趾甲后断趾，并烧灼距部，使其不再生长。一般在出雏后或断喙时，用断喙器或电烙铁切趾。切烙部位在指甲（爪）与趾的交界处，破坏爪的生长点，以防再生。

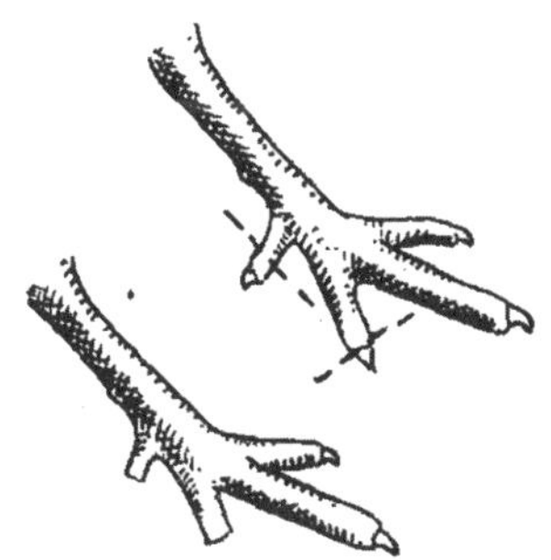

图2-2-17　公雏的切趾

5.戴翅号或脚号

戴翅号(图2-2-18)时,左手握雏,拇指和食指掐住鸡右翅臂骨和桡骨之间的翼膜三角区(即肘关节外的翼膜),右手持折成“L”形的翅号,翅圈不能太松或太紧,可用翅号机来提高速度。翅号不能戴在翼膜边缘处,以防掉号,也不能戴在臂骨或桡骨上,否则伤翅。

鸡脚号用塑料制成,环内为“倒齿状”,戴脚号时(图2-2-19),将塑料环套到鸡脚并拉紧。

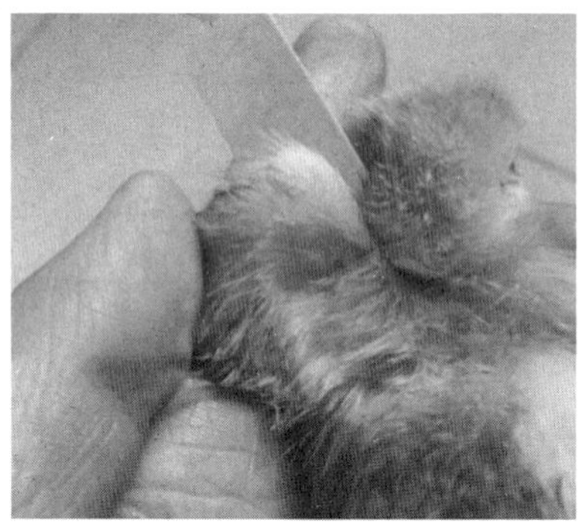

图2-2-18　戴翅号

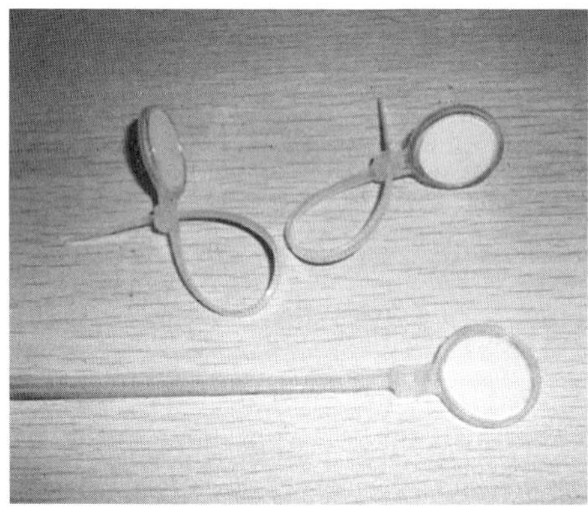

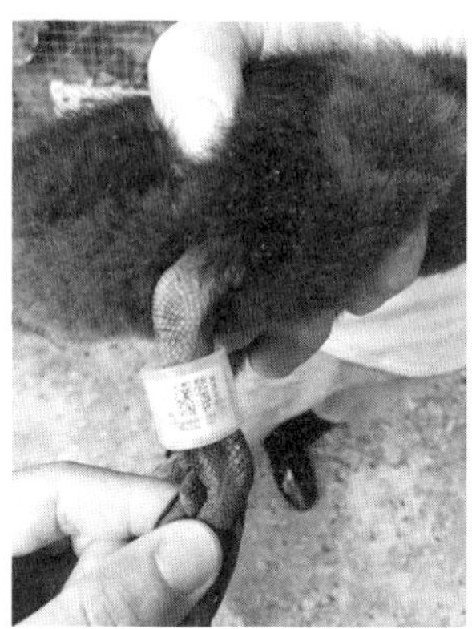

图2-2-19　戴脚号

(三)注意事项

(1)为减少断喙和剪冠对雏禽的应激影响,并加快血液凝固,在断喙、剪冠前后3~5 d,可在饮水中添加0.1%维生素C,每千克饲料添加2 mg维生素K。

(2)断喙后的2~3 d,应在料槽中增加饲料,防止喙部触及料槽底部碰疼伤口。

(3)断喙最好与接种疫苗、转群等工作错开,避免给雏鸡造成大的应激。

(4)断喙器在使用前,应清洗消毒,防止使用时造成交叉感染。

(5)剪冠前,剪刀要用酒精浸泡消毒,如鸡冠有出血,可在创口涂抹碘酒。

四、结果分析

(1)如何判断雏鸡为弱雏或残次雏?

(2)根据雏鸡分级、鉴定结果,计算健雏率,并根据健雏率对养殖技术水平进行评价。

五、拓展提高

(1)生产中应如何提高雏鸡的质量?

(2)生产中应如何处理弱雏和残次雏?

实训四　家禽的人工授精

人工授精技术是家禽繁殖、育种的重要技术之一，具有提高种禽受精率、减少母禽损伤、减少公禽饲养量、精准系谱孵化、适应种鸡笼养生产现状等重要意义。因此，家禽的人工授精是家禽生产者和相关从业者必须熟练掌握的重要生产技能。

一、导入实训项目

某父母代肉种鸡场，饲养父母代种鸡共计2200只，其中母鸡2000只，公鸡200只，均为250日龄，母鸡产蛋已达高峰(83%)。现计划生产商品种蛋10000枚进行孵化，要对1000只母鸡进行人工授精，需要同学们配合工人，按照人工授精标准化操作规程，完成本次实训。

二、实训任务

两人一组配合完成2只公鸡的采精，以及10只母鸡的输精工作；掌握家禽人工授精的基本方法，并能熟练进行采精和输精。

三、实训方案

（一）采精——背腹式按摩法

1.实训材料

成年种公鸡20只(已完成采精训练)、集精杯(EP管)、剪刀、酒精棉球。

2.实训内容

(1)准备工作：采精前需观察公鸡尾部羽毛是否影响采精，若影响，则需对公鸡尾羽或泄殖腔周围的羽毛进行修剪(图2-2-20)，注意不要剪伤皮肤，同时用酒精棉球对泄殖腔周围擦拭消毒(图2-2-21)。

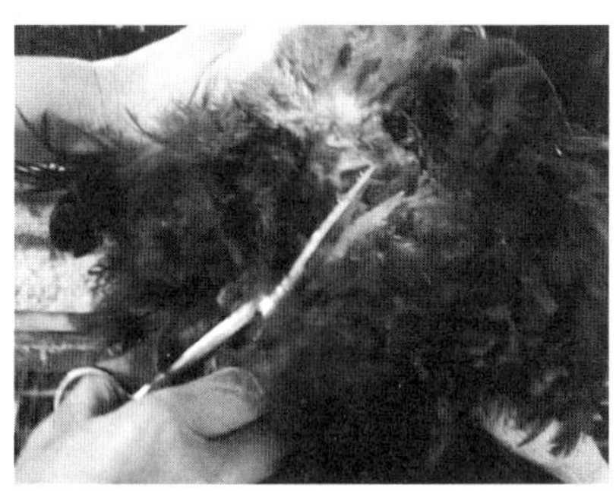

图2-2-20 修剪泄殖腔周围羽毛

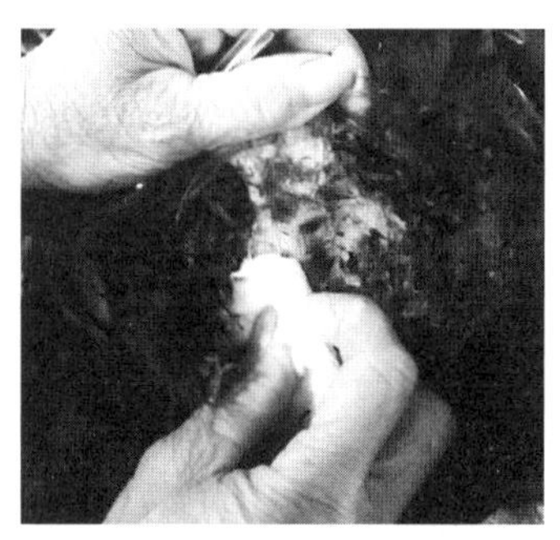

图2-2-21 酒精棉球消毒

(2)保定:由助手单手抓住鸡的双脚轻轻往笼外提,另一手理顺双翅,头颈部在笼内,使鸡尾部伸出笼门,方便采精(图2-2-22)。笼门口保定效率高。

图2-2-22 采精的保定

(3)采精:采精人员右手中指和食指夹住采精杯,杯口朝外,右手掌分开贴于鸡的腹部。左手掌自公鸡的背部向尾部方向按摩,到尾综骨处稍加用力,此时可看见公鸡尾部翘起,泄殖腔外翻,此时左手顺势将鸡尾部翻向背部,并将左手的拇指和食指跨掐在泄殖腔上侧进行适当挤压,精液即可顺利排出(图2-2-23),此时右手迅速将杯口朝上承接精液,即完成采精(图2-2-24)。

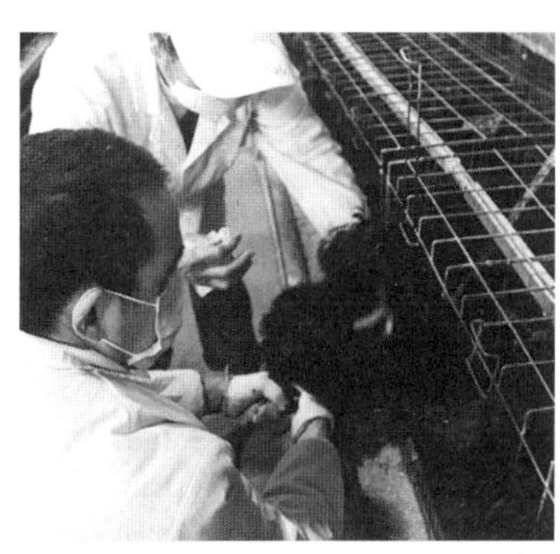

图2-2-23 背腹式按摩

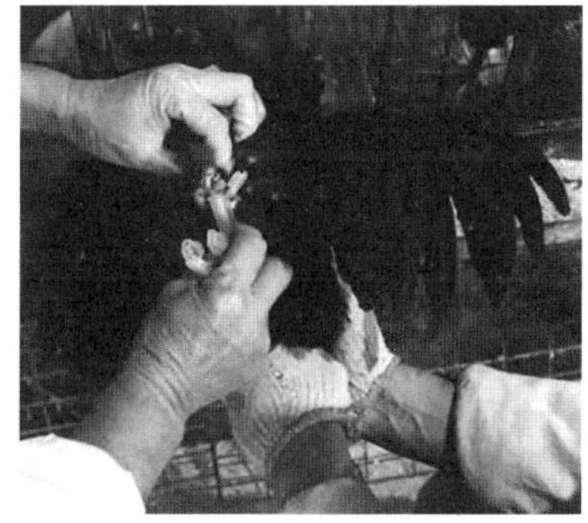

图2-2-24 采精

3. 注意事项

①采精人员应该稳定,不能频繁更换采精人员,或时断时续等。

②挤压泄殖腔时,力度要恰当,不能引起公鸡不适。

③采精时必须双手配合,迅速且准确,尤其是按摩频率、力度与公鸡性反应的协调。

④每天采精会使精液质量变差,隔日或采两天休息一天;一次采精量不够时,可以再采一次。

⑤采精用具要清洗干净、高温消毒,待用时用消毒纱布遮盖。

⑥及时淘汰精液质量差的老龄公鸡,同时补充年轻力壮的公鸡,混合精液效果好。

⑦粗暴抓鸡会导致公鸡过度紧张,出现暂时采不出精液或精液量过少的现象;公鸡性反射不足时可使用腹部刺激法。

⑧为保证精液质量,可弃用最先流出的部分精液,避免粪便和其他异物进入集精管。

(二)精液品质的评定

精液品质的评定通常在种公鸡开始使用前、45周龄后,以及公鸡个体出现异常时(如体重突然下降、突发疾病、受精率突然降低等)进行。

1. 实训材料

公鸡精液、pH精密试纸、玻棒、吸管(带刻度)、显微镜、载玻片、盖玻片。

2. 实训内容

(1)外观评定:包括精液的颜色、浓稠度和污染情况等。

颜色:通常为乳白色或乳黄色。

浓稠度:乳状、黏稠。

污染情况:不能有严重的污染,如带血或参有粪便等。

(2)采精量估计:采精后用带刻度的吸管测定,或通过集精杯、EP管上的刻度进行估测(鸡的单次采精量通常为0.3~0.7 mL)。

(3)pH测定:一般使用pH精密试纸进行测定,用滴管或玻棒蘸取少量精液涂抹于pH试纸上,与比色卡对比,进行读数。鸡精液的pH通常为7.0~7.6,因此需要使用测定范围在此区间的pH试纸进行测定。

(4)精子密度估测(图2-2-25):通常使用原精在显微镜下进行估测,不同密度的精液在显微镜下的现象不一样。

密:视野被精子占满,精液如云雾状翻涌,几乎看不见单个精子的活动时,估计为40亿个/mL。

中:当视野中精子与精子间有明显的间隙时,估计为20亿~40亿个/mL。

稀:当视野中精子间有大量的空间,可见单个精子的自由活动时,估计为20亿个/mL。密度为稀的精液尽量不要使用。

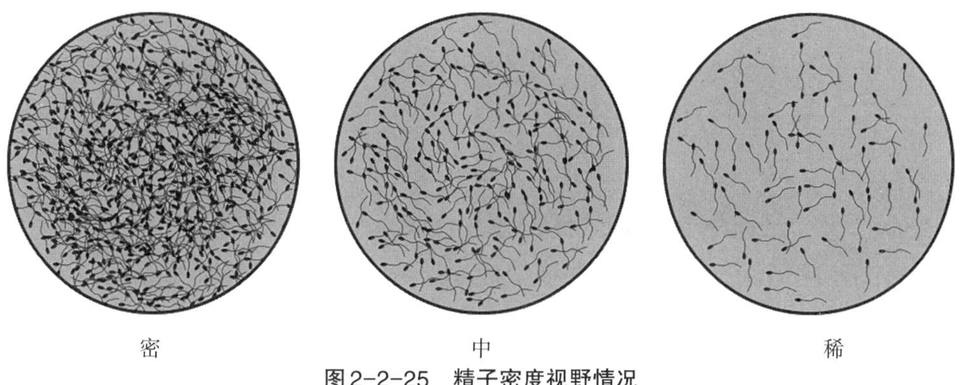

图2-2-25 精子密度视野情况

(5)精子活力测定。使用低倍显微镜进行检查,常采用3级评定法评估精子活力,即选取4个不同位置和方向的视野,观察视野中精子的活力,看精子是否像开水煮沸一样翻腾,或呈云雾状翻涌。

活力较好:在3~4个视野中可以看见上述精子情况。

活力一般:在2个视野中可以看见上述精子情况。

活力较差:在1个视野中可以看见上述精子情况。

(三)输精

1.实训材料

成年母鸡若干(开产)、公鸡精液、胶头滴管、移液枪、酒精棉球。

2.实训内容

阴道输精:翻肛者单手握鸡双脚,提出笼外,鸡胸部置于料槽上;单手跨肛门上下,拇指向腹内挤压,翻出阴道口,稳住;输精者立即将吸有精液的输精管(移液枪/胶头滴管)插入输卵管开口中1~2 cm,进行输精(图2-2-26),输精量一般为原精30 μL左右(图2-2-27)。

输精时需要翻肛者和输精者密切配合,在输入精液时,翻肛者要及时解除鸡腹部的压力,保证精液有效输入,避免精液外流。生产中,通常1人输精、2人翻肛,授精效率更高。

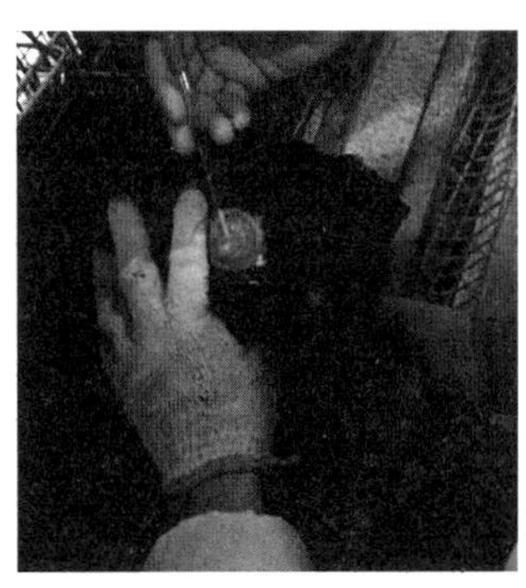

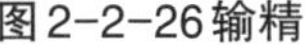

图2-2-26输精

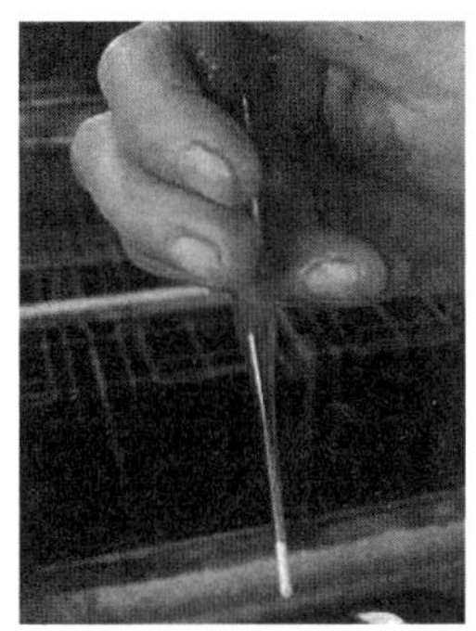

图2-2-27　输精量

3.注意事项

①输精时间一般在27～28周龄后，产蛋率上升到80%以上，蛋重达到50 g时，在16:00以后;夏、秋季时间可适当推迟。

②挤压泄殖腔时用力适当，只要阴道口露出一点就行。

③输精器离开阴道口后才能松开拇指。

④输精间隔时间为5 d左右，首次输精需连输2 d。

⑤输精器应完好无损，勤消毒或换枪头，顺阴道口插入，以免输卵管感染。最好使用一次性移液枪进行输精。

⑥若出现脱肛母鸡，则需挑出单养，暂停输精，对症治疗。

⑦避免粗暴抓鸡导致母鸡受惊，否则会减少产蛋量，增加破蛋率。

⑧老龄母鸡应比青年母鸡的输精量多，输精间隔时间要短。建议50 μL原精液，每4～5 d输1次。

四、结果分析

(1)结合采精和输精的情况，估计班级人均的人工授精时间，并分析如何加快人工授精的效率。

(2)综合精液品质测定结果，确定该份精液是否可用，评价种公鸡的部分繁殖性能。

五、拓展提高

1.精子畸形检查

取一滴原精液滴在载玻片上，抹片，自然阴干后，用95%酒精固定1～2 min，水洗，再用0.5%龙胆紫染色3 min，水洗后置于400～600倍显微镜下镜检。

家禽的畸形精子通常有以下几种：尾部盘绕、断尾、无尾、盘绕头、钩状头、小头、破裂头、钝头、膨胀头、气球头等(图2-2-28)。

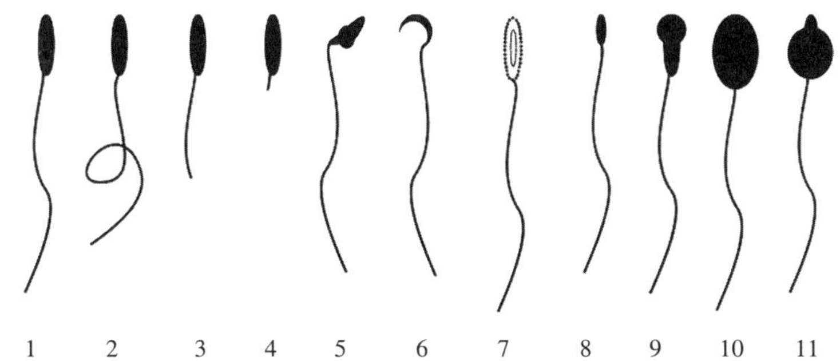

1.正常;2.尾部盘绕;3.断尾;4.无尾;5.盘绕头;6.钩状头;7.破裂头;8.小头;9.钝头;10.膨胀头;11.气球头

图2-2-28　公鸡的正常精子与畸形精子

2.精子活率测定

精液稀释后,用平板压片法在37 ℃加热板上用显微镜观察(200~400倍),评定精子的活率。由于通常只有直线活动的精子才具有让母鸡受精的能力,而原地摆动和转圈的精子虽然具有活动能力,但并不具备让母鸡受精的能力。

通常采用10级评定法进行精子活率测定,将视野中100%直线运动的精子评定为1.0级,90%直线运动的评定为0.9级,以此类推。家禽新鲜精液的精子活率通常在0.7级以上。

3.精子密度测定

使用红细胞计数板进行测定。将原精液按照一定比例用3%氯化钠稀释后(稀释400倍左右),在计数板上下各滴1/2滴,待精液吸入计数池后进行计数。

计算公式:

$$C=\frac{n}{10}(1+d)$$

其中:C——精子密度(亿个/mL);

n——5个中方格精子数;

d——稀释倍数。

实训五　现代化鸡场饲养设备的构造及其使用

现代化鸡场分为原种场、种鸡场、后备鸡场、蛋鸡场和肉鸡场等，现代化鸡场饲养设备是在雏鸡、种鸡、肉鸡、蛋鸡生产过程中使用的专用设施、设备的总称。本实训有助于了解现代化鸡场生产中常用的设施设备，掌握其基本原理、使用方法和适用范围。

一、导入实训项目

现代化鸡场使用的设施、设备是为了给鸡创造适宜的饲养环境，同时方便饲养管理，提高鸡场生产水平和劳动生产效率。现代化鸡场的生产设备，包括环境控制设备、笼具、供水设备、喂料设备、清粪设备、集蛋设备等。

二、实训任务

（1）了解现代化鸡场的环境控制设备、笼具、供水设备、喂料设备、清粪设备、集蛋设备的基本原理，掌握使用方法和适用范围。

（2）每个小组由2～3人组成，轮换进行各设施、设备的操作。

三、实训方案

（一）实训材料

现代化鸡场的设施、设备，包括环境控制设备、笼具、供水设备、喂料设备、清粪设备、集蛋设备等。

（二）实训内容和方法

1.环境控制设备

（1）光照设备（图2-2-29至图2-2-32）。包括白炽灯、荧光节能灯和LED灯等，目前多采用荧光节能灯或LED灯，配套安装定时自动控制开关。

图2-2-29 节能灯

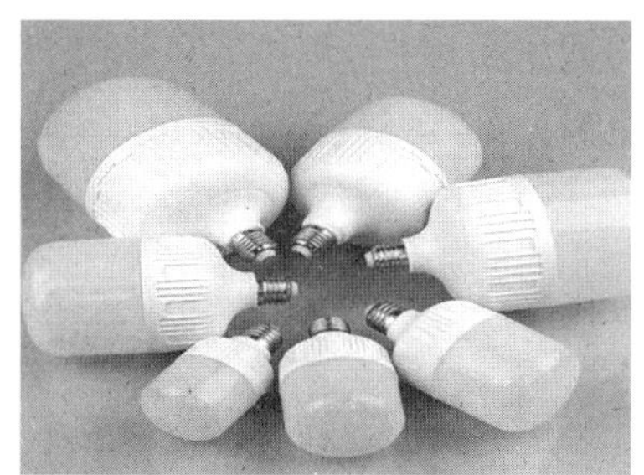

图2-2-30 LED灯

图2-2-31 光照定时自动控制开关

图2-2-32 光照设备

(2)通风设备(图2-2-33至图2-2-36)。密闭鸡舍采用风机进行机械通风,根据舍内空气流动方向,风机可分为横向通风风机和纵向通风风机两种。横向通风是舍内气流方向与鸡舍长轴垂直,纵向通风是将大量风机集中在一处,从而使舍内气流与鸡舍长轴平行的通风方式。

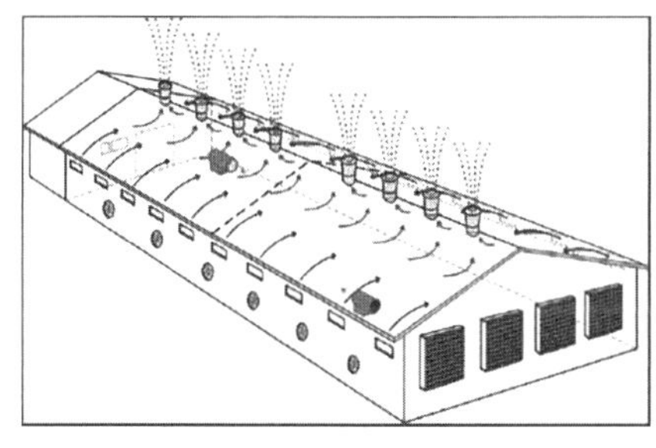

图2-2-33 横向通风示意图

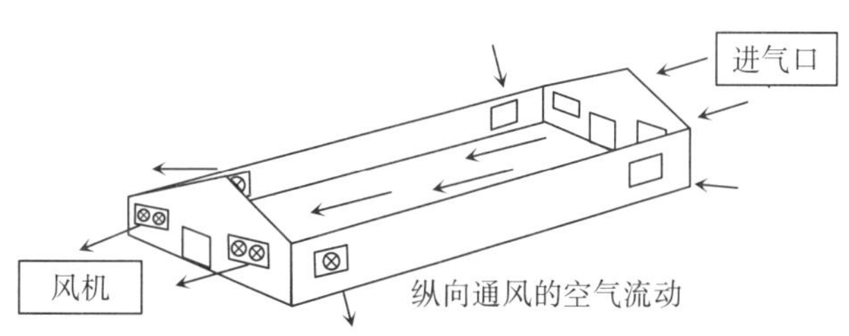

图2-2-34 纵向通风示意图

图2-2-35 风机

图2-2-36 纵向风机

(3)湿帘降温系统(图2-2-37、图2-2-38)。湿帘降温系统由纸质多孔湿帘、水循环系统、风扇组成。高温空气通过湿帘,湿帘中的水分蒸发时吸收空气中的热量,风扇抽风时将经过湿帘降温的冷空气源源不断引入室内,从而达到降温效果。夏季可以有效降低鸡舍温度,减少鸡群热应激。

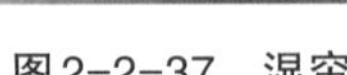
图2-2-37 湿帘

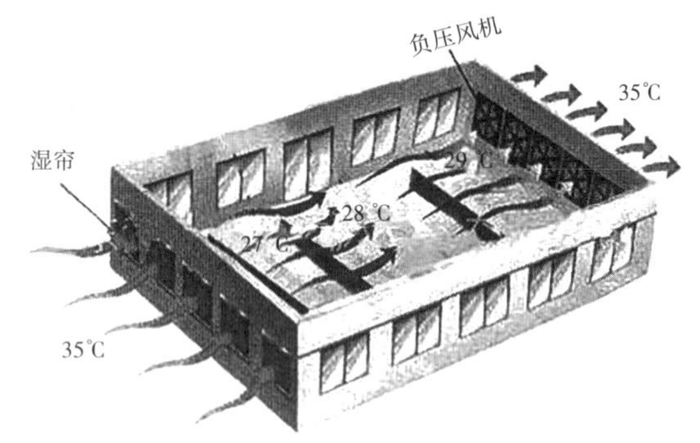

图2-2-38 湿帘降温系统示意图

(4)热风炉供暖设备(图2-2-39至图2-2-44)。热风炉供暖设备是目前广泛使用的一种供暖设备,由热风炉、离心风机、风筒和温控器等组成,可以提高鸡舍温度。

热风炉的工作原理是冷空气在离心风机的抽吸下,进入炉内加热,随后从热风出口经离心机送入鸡舍内,通过空气流动,使舍内温度均匀上升,废气经烟道排出舍外。通过智能化调节风门可以控制炉温高低,从而调节进入舍内热风的温度。热风炉使用的能源一般是为煤、电、天然气等。育雏时除了热风炉外,常见的供暖设备还有电热伞、红外线灯、暖气等。

图2-2-39 燃煤热风炉

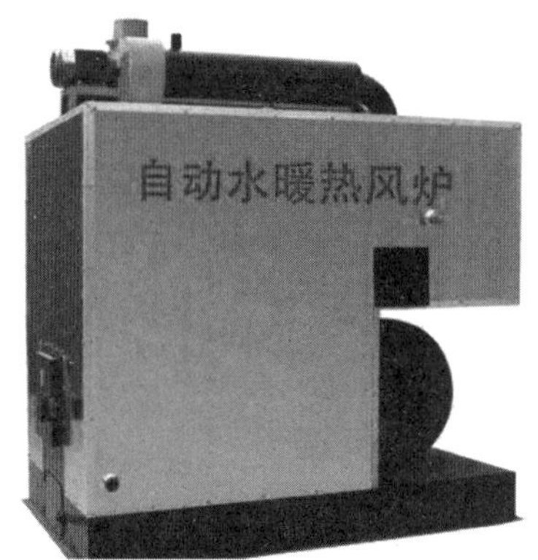

图2-2-40 水暖热风炉

图2-2-41　安装热风炉的鸡舍

图2-2-42　暖气管道

图2-2-43　电热伞

图2-2-44　红外线灯

(5)自动喷雾消毒系统(图2-2-45)。自动喷雾消毒系统利用气泵将空气压缩,然后通过气雾发生器,使稀释的消毒剂形成一定大小的雾化粒子,均匀地悬浮于空气中,或均匀地覆盖于鸡群体表和被消毒物体表面,达到消毒目的。自动喷雾消毒系统也可作加湿器,高温时还可喷雾降温。

图2-2-45　鸡舍喷雾消毒

(6)鸡舍环境控制器(图2-2-46)。鸡舍环境控制器通过控制通风、加热、湿帘降温等过程,将鸡舍内环境控制在设定的范围内。

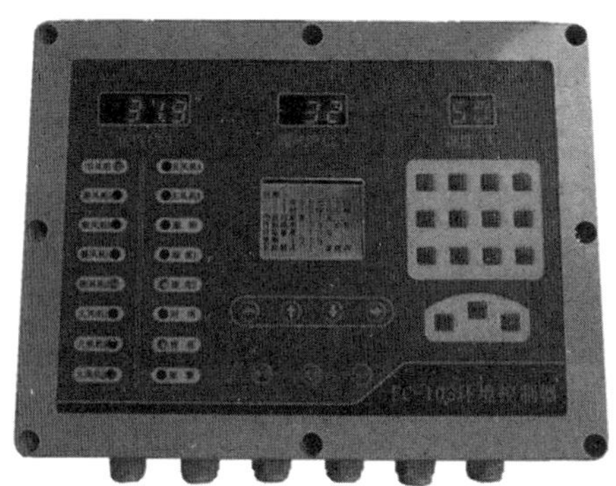

图2-2-46　鸡舍环境控制器

2.笼具

根据鸡群特点，鸡笼可分为育雏笼、种鸡笼、育成鸡笼、育雏育成一段式鸡笼、产蛋鸡笼等类型；根据饲养方式不同，可分为全阶梯式鸡笼、半阶梯式鸡笼、层叠式鸡笼等。

（1）全阶梯式鸡笼（图2-2-47至图2-2-49）。全阶梯式鸡笼一般有2～3层，上、下层笼体完全错开，鸡粪直接落于粪沟内，有利于清理粪便。不足之处是饲养密度低，占地面积相对较大。我国目前多采用蛋鸡三层全阶梯式鸡笼和种鸡两层全阶梯式鸡笼。

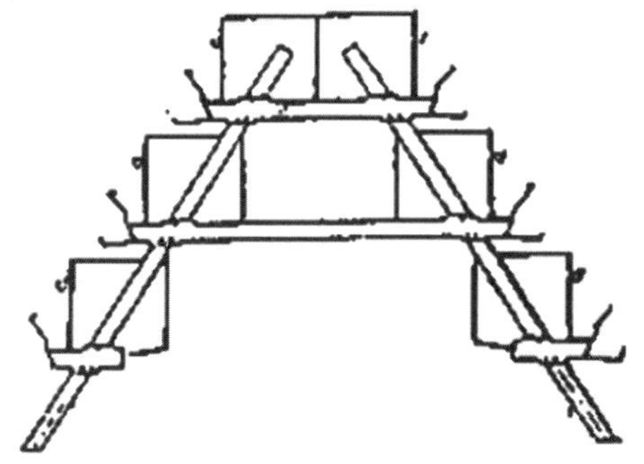

图2-2-47　全阶梯式鸡舍示意图

图2-2-48　全阶梯式鸡笼

图2-2-49　三层全阶梯式蛋鸡舍

(2)半阶梯式鸡笼(图2-2-50)。半阶梯式鸡笼排列与全阶梯鸡笼大体相似,但上、下层鸡笼之间有部分重叠,重叠部分鸡笼下装有承粪板,以便粪便落入粪沟。半阶梯式鸡笼饲养密度较全阶梯式鸡笼提高1/4,因此对通风、降温、消毒等要求较高。

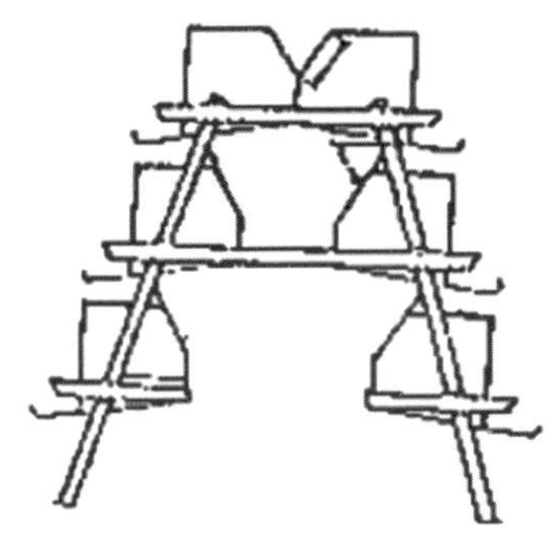

图2-2-50　半阶梯式鸡笼

(3)层叠式鸡笼(图2-2-51至图2-2-54)。层叠式鸡笼上、下层笼体完全重叠,一般为3～5层,上、下两层间有较大空隙,内装承粪板以利清粪作业。其优点是饲养密度大,占地面积小;缺点是对鸡舍的建筑、通风设备、清粪设备要求较高,不便于观察上层和下层鸡群状况。

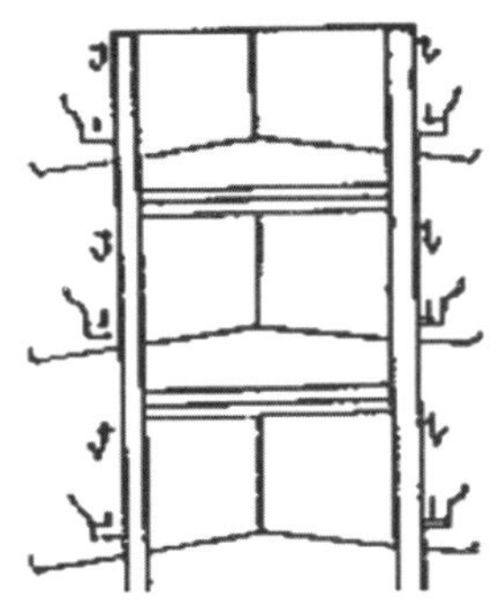

图2-2-51　层叠式鸡笼示意图

图2-2-52　层叠式育雏

图2-2-53　层叠式蛋鸡养殖

图2-2-54 层叠式肉鸡养殖

(4)育雏笼。育雏笼用于饲养0～6周龄的雏鸡,育雏笼高1.7 m左右,笼架脚高10～15 cm,每层分2个小笼,每个单笼的笼长为70～100 cm,笼高30～40 cm,笼深40～50 cm,网底孔径为1.25 cm×1.25 cm,侧网与顶网的孔径为2.5 cm×2.5 cm,每笼可容雏鸡30只左右。一般采用3～4层重叠式笼养,至6周龄时可饲养雏鸡200只。

(5)产蛋鸡笼。产蛋鸡笼是包括顶网、底网、前网、后网、隔网和笼门等。每个单笼长40 cm,深45 cm,前高45 cm,后高38 cm,笼底坡度为6°～8°。伸出笼外的集蛋槽为12～16 cm。笼门前开,宽21～24 cm;高40 cm,下缘距底网留出4.5 cm左右的滚蛋空隙。笼底网孔径间距2.2 cm,纬间距6 cm。顶、侧、后网的孔径范围变化较大,一般网孔径间距10～20 cm,纬间距2.5～3 cm。每个单笼可养3～4只鸡,鸡笼组合形式常见的有全阶梯式、半阶梯式和层叠式。

(6)种鸡笼。种鸡笼主要饲养种公鸡,规格187 cm×45 cm×50 cm,共6个门。1个笼位饲养1只公鸡,其安装方式与蛋鸡笼基本相同。特点是鸡笼钢丝较粗、笼门较大,便于抓鸡采精。

(7)育成鸡笼。育成鸡笼主要饲养7～20周龄的育成母鸡,笼体由前网、顶网、后网、底网及隔网组成,单笼长80 cm,高40 cm,深42 cm。笼底网孔4 cm×2 cm,其余网孔均为2.5 cm×2.5 cm。笼门尺寸为14 cm×15 cm,每个单笼可容纳育成鸡7～15只,组合形式多采用三层重叠式。

(8)育雏育成一段式鸡笼。育雏育成一段式鸡笼主要用于将鸡从1日龄一直饲养到产蛋前(100日龄左右),这样可减少转群的劳动强度和鸡的应激。鸡笼为三层,雏鸡阶段只使用中间一层,随着鸡的长大,逐渐分散到上、下两层。

3.饮水设备(图2-2-55、图2-2-56)

饮水设备包括过滤器、水表、调压阀、加药器、水线和饮水器。过滤器用来净化水质;水表显示鸡舍用水量;调压阀调节水线内水压大小;通过加药器可饮水给药;水线安在鸡舍网上或垫料上，与鸡舍网面或地面呈水平状态，高度可调节；饮水器的种类有真空饮水器、钟形饮水器、乳头饮水器和杯式饮水器。

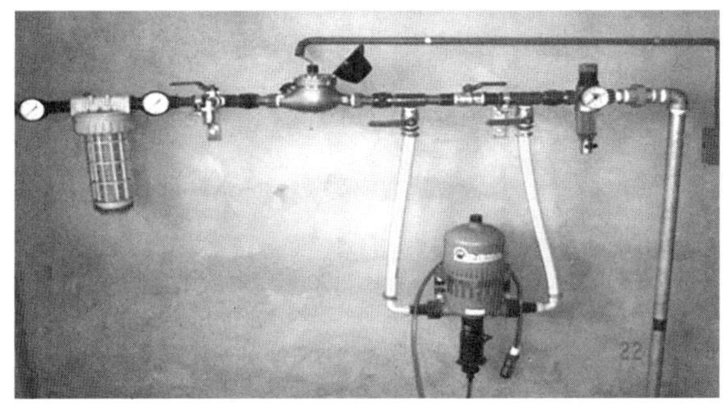

图2-2-55 加药器

图2-2-56 水线

(1)真空饮水器(图2-2-57、图2-2-58)。真空饮水器用塑料制成，由水桶和水盘组成，水桶的顶部呈锥形。

当瓶内气压加上瓶内水的压强，等于瓶外大气压时，水不会流出来。鸡饮水后瓶外水面逐渐下降，当水面下降到瓶口以下时，瓶外空气进入瓶内，瓶内的水流出来，使瓶外水面上升至瓶口，此时空气不能进入瓶内，水又不流出来，从而起到自动供水的作用。

图2-2-57 真空饮水器

图2-2-58 使用真空饮水器的鸡笼

(2)钟形饮水器(普拉松饮水器，图2-2-59、图2-2-60)。钟形饮水器形似钟，使用时要用绳索吊起，又称吊式饮水器。

使用时，水可以进入盘体的环槽中，供鸡饮用。当环槽中的水面达到一定高度时，由于自身的重量，可将进水阀门关闭，当水面低于一定的高度，重量减轻又可自动将阀门打开，这样可以使环槽中的水面始终保持一定的高度 。

图2-2-59　钟形饮水器

图2-2-60　使用钟形饮水器的鸡舍

(3)乳头饮水器(图2-2-61至图2-2-63)。乳头饮水器应用广泛,平养、笼养都适用。乳头饮水器可直接连接水线,水源由内部阀门控制,当鸡啄到开关时,就会有水滴出。

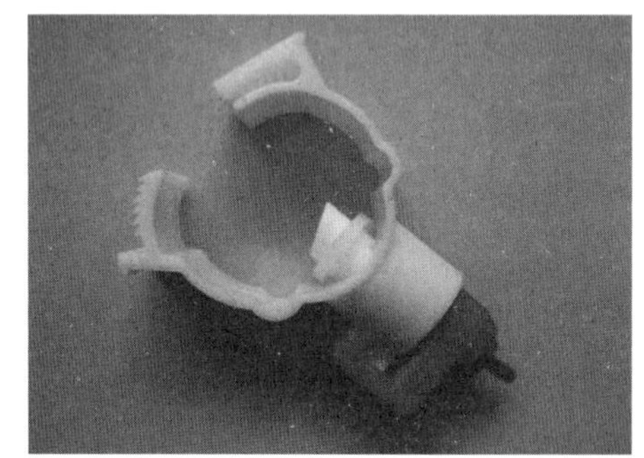

图2-2-61　乳头饮水器

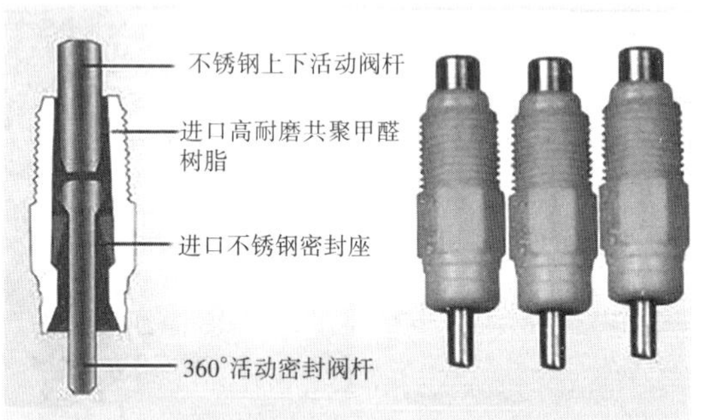

图2-2-62　乳头饮水器构造图

图2-2-63　采用乳头饮水器的鸡舍

(4)杯式饮水器(图2-2-64至图2-2-66)。杯式饮水器形如杯状,内设触板并和水管阀门连通,当鸡啄动触板时水管阀门打开,水流入杯内,当杯内的水达到一定的水平线时,杯内浮子上升使阀门被迫关闭,水流停止。

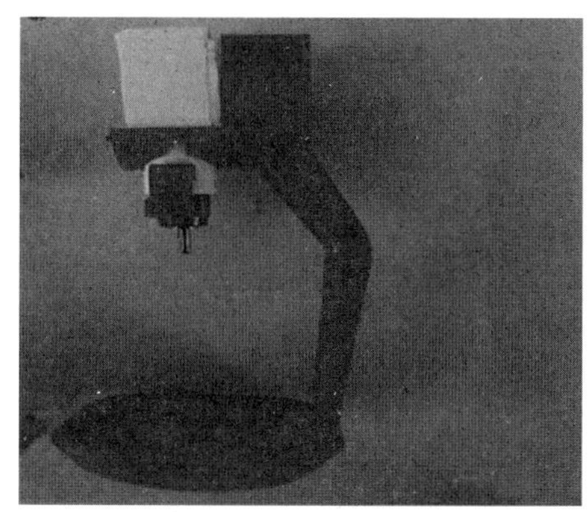

图2-2-64 杯式饮水器

图2-2-65 采用杯式饮水器的鸡舍(一)

图2-2-66 采用杯式饮水器的鸡舍(二)

4.喂料设备(图2-2-67至图2-2-70)

喂料设备包括贮料塔、输料机、喂料机和料槽等四个部分。

贮料塔放在鸡舍的一端或侧面,用来贮存鸡舍的饲料。贮料塔用镀锌钢板冲压而成,其上部为圆柱,下部为圆锥,以利于排料。

常用的输料机有螺旋式输送机、塞盘式输料机和螺旋弹簧式输料机,可以直接将饲料从贮料塔送到喂料机。

喂料机用来向饲槽运送饲料,常用的喂料机有槽式转运链喂料系统、塞盘式喂料系统、绞簧盘式喂料系统。

图2-2-67　料仓

图2-2-68　料斗

图2-2-69　阶梯式鸡舍喂料机

图2-2-70　层叠式鸡舍喂料机

(1)槽式转运链喂料系统(图2-2-71)。运用传送带的原理,将饲料平均运送至料槽中。槽式转运链喂料系统主要包括驱动设备、板式传送链、料槽、格栅、料箱、转角轮和料箱,以及为了防止鸡偷料的遮料板。

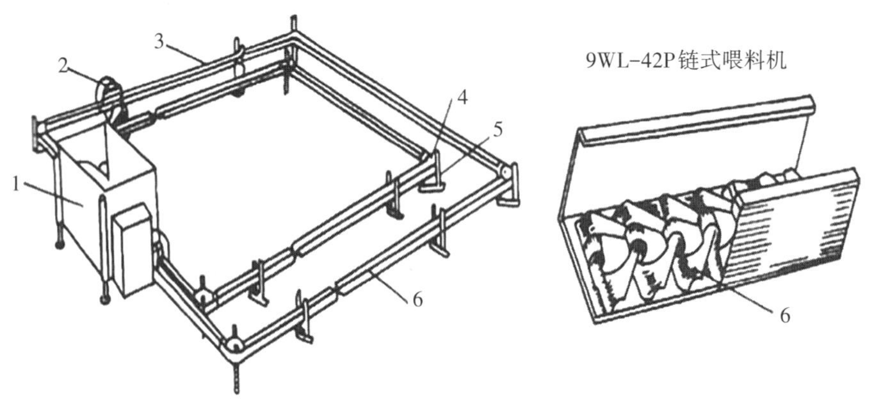

1.料箱;2.清洁器;3.长饲槽;4.转角轮;5.升降器;6.输送链

图2-2-71　槽式转运链喂料系统

(2)塞盘式喂料系统(图2-2-72)。在料管内有一带塞盘的链条,通过链条转动塞盘,推动饲料通过料管的下料口进入到料盘中。塞盘式喂料系统主要包括驱动设备、链式塞盘、料管、料盘、转角轮、料箱、升降系统。

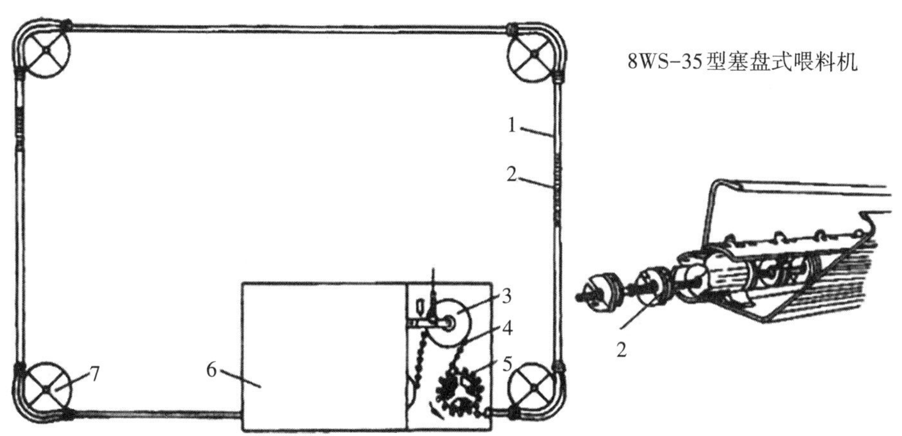

1.长饲槽;2.塞盘;3.张紧轮;4.传动装置;5.驱动轮;6.料箱;7.转角轮

图2-2-72　塞盘式喂料系统

(3)绞簧盘式喂料系统(图2-2-73)。绞簧盘式喂料系统和塞盘式喂料系统相似,但在料管内有一旋转的螺旋弹簧,通过弹簧不断地旋转推动饲料由料管的下料口进入到料盘中。

绞簧盘式一般没有转角的转盘系统,不能转弯,并且料箱和驱动系统分别位于料管的两端。

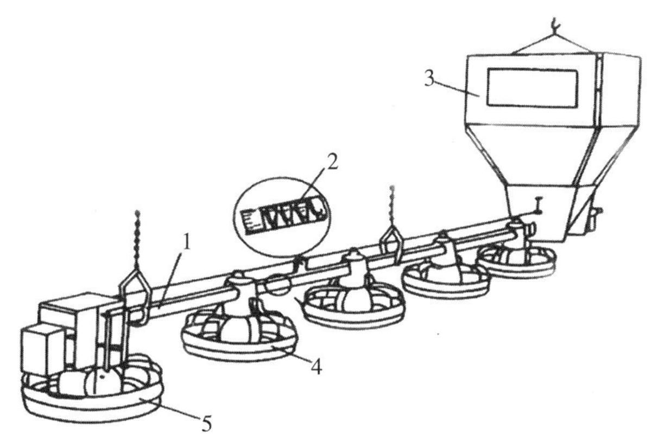

1.输料管;2.螺旋弹簧;3.料箱;4~5.饲槽

图2-2-73　绞簧盘式喂料系统

5.清粪设备

(1)传送带式清粪机(图2-2-74至图2-2-77)。传送带式清粪机由主动辊、被动辊、托辊和输送带组成。

每层鸡笼下面安装一条输送带,上、下各层输送带的主动辊可用同一动力带动。鸡粪直接落到输送带上,定时启动输送带,将鸡粪送到鸡笼的一端,由刮板将鸡粪刮下,落入横向螺旋清粪机，再排出舍外。

图2-2-74　传送带

图2-2-75　传送带式清粪机

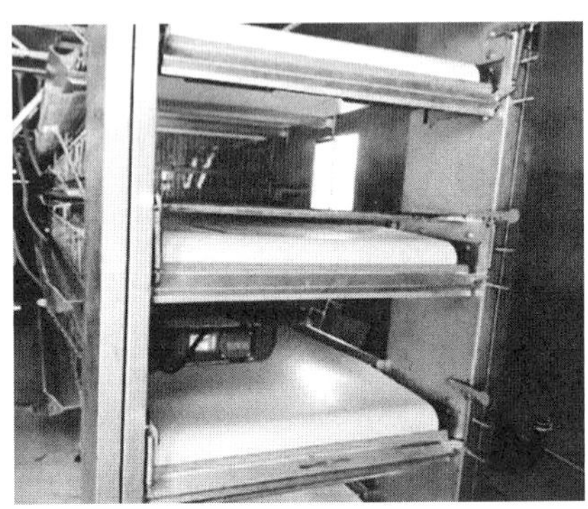

图2-2-76　层叠式传送带式清粪机

图2-2-77　阶梯式传送带式清粪机

(2)牵引式清粪机(图2-2-78、图2-2-79)。牵引式清粪机由牵引机、刮粪板、涂塑钢绳、卷筒等构成。工作时，电机运转带动减速机工作，通过链轮转动牵引刮粪板单向运行完成清粪工作。主要适用于阶梯式笼养或网上饲养的纵向清粪系统。

图2-2-78　牵引式清粪机的刮粪板

图2-2-79　牵引式清粪机

6.集蛋设备(图2-2-80至图2-2-83)

蛋鸡多层笼养，可采用自动集蛋设备。集蛋设备由底座、鸡蛋上传系统、软破蛋过滤系统、集蛋带及集蛋带驱动系统、鸡蛋前端收集系统、配电系统组成。

集蛋设备是通过电动机带动传送带，将传送带上的鸡蛋传到传送带的捡蛋爪上，传送带带动捡蛋爪进行上、下运行将蛋送至捡蛋台处，由捡蛋台上的出蛋扒将鸡蛋收集起来，完成收集鸡蛋的过程。

图2-2-80 集蛋设备的集蛋带收集鸡蛋

图2-2-81 集蛋设备的上传系统

图2-2-82 集蛋设备运送鸡蛋

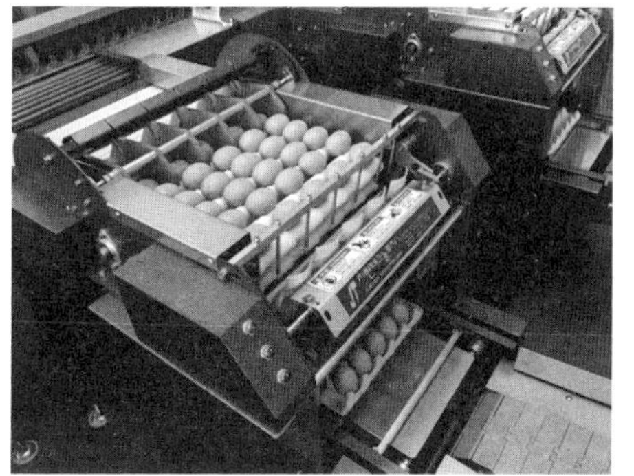

图2-2-83 鸡蛋自动包装

(三)注意事项

(1)在使用设备前，要熟悉“使用规程”“操作规程”中的主要条目，掌握该设备的主要结构、性能及使用方法。

(2)在使用设备时，要检查设备有无异常情况，如出现异常情况应及时排除。

四、结果分析

根据仪器、设备的性能和使用方法，结合该厂的生产水平，参考蛋鸡标准化规模养殖场建设规范和肉鸡标准化规模养殖场建设规范中对设施设备的要求，对该养殖场的规范程度做出评价。

五、拓展提高

基于物联网的畜牧业智能养殖系统：以物联网、云计算、大数据及人工智能为代表的新一轮信息技术革命正推动着畜牧养殖向现代化的智慧畜牧养殖转变，技术优势已成为促进畜牧业快速发展的重要因素。物联网技术为智慧畜牧业提供了数据基础，物联网在现代畜牧业中的运用可有效缩减成本，使畜牧业成为一种节能环保、管理科学、效益明显的产业。

(一)畜牧业智能养殖系统

畜牧业智能养殖系统是一个涉及物联网、信息技术和大数据的系统工程，包括以下系统和平台。

1.数据采集系统

收集养殖场内各项指标变化的情况，随时监测养殖场中发生的变化，自动控制养殖场内的环境条件。安排监控节点，建立无线传感器网络，如在鸡笼中安装了自动控制执行器。

2.连接到通信网络

建立集成网络模式无线通信和有线通信，具有短距离的数据传输和长距离的中继功能。

3.动物饲料智能信息管理平台

包括数据采集、存储、处理和分析、界面、操作和维护等功能，并具有海量数据和大规模数据存储计算功能。

(二)智能养殖系统解决方案

1.智能养殖系统功能

智能养殖系统实现的主要功能有：养殖场周边环境信息的采集和自动控制；养殖场信息的数据采集、无线传感器网络存储与感应、有线数据传输、无线信号传输；智能养殖信息管理平台，进行统一分析、处理、远程查询，管理控制支持；实现禽舍环境监测、精细农业、节能减排、疾病预防、粪便净化等。这些功能包含了从养殖到消费的质量和安全基础，涵盖了整个养殖系统。

2.养殖场内环境信息采集与测控

传感器节点采集环境参数，在养殖场内搭建一个无线传感器网络，通过养殖场内的环境信息控制器采集和分析数据，并根据以下信息自动控制养殖场内的设备，调整养殖场的环境参数。

(1)温度监测。温度调节和检测在畜禽的生长发育中起着重要的作用。若是养殖场温度过低，畜禽容易受凉，或患呼吸道疾病。为了保暖，畜禽容易扎堆，影响进食和活动，有可能导致畜禽严重残疾和大量死亡。

(2)湿度监测。养殖场对湿度的把控也很重要。高湿度有利于各类细菌、病原体的繁殖与生长。在高湿环境下，畜禽的抗药性下降，传染病发病率迅速上升，传染病易传播，死亡率上升。高温高湿的环境也容易使得饲料发霉，从而使畜禽感染曲霉病毒。同时，湿度太低，毛发无法正常生长。

(3)光照强度监测。光照强度与畜禽健康密切相关，自然光(包括紫外线)能在一定程度上杀灭细菌和病毒，促进动物对钙和磷的吸收，保证骨骼的正常发育。但是，如果动物的体温过高，则必须监视可见光的强度，否则会影响动物的正常新陈代谢和其他活动。

(4)二氧化碳浓度检测。二氧化碳含量增高，则会导致养殖场内的氧含量降低。畜禽缺氧会导致慢性中毒，食欲降低，影响健康。因而，对养殖场内的二氧化碳浓度进行监控，建立二氧化碳检测网络系统具有重要意义。

3.通信组网模块设计

根据养殖场建设的具体情况，多采用无线通信传感器网络、有线通信和无线通信的综合局域网三种网络方案。禽舍采用的是无线通信传感器网络；有线通信传输稳定，前期投资少，适用于鸡舍内。无线通信覆盖范围广，便于后期对系统的维护和远程控制系统。

(三)智能养殖的优点

养殖场管理软件能改变养殖场传统的以人工处理方式完成数据资料的搜集、记录、整理分析与预测推算的管理模式，提高管理的层次与效果，其内容完整性、运行时效性、科学系统性达到了预期效果。包括：

①软件系统在宏观决策上不仅提供了信息，更重要的是能直接向基层各环节反馈信息，指导生产管理。

②系统生成大量的统计报表，管理者能随时方便地上机查询，获得各种信息，促进科学的管理决策，也便于计划决策的检查落实，提高养殖场的生产管理水平与经济效益。

③管理人员彻底从繁琐、重复，甚至不准确的手工汇总统计工作中解脱，做到报表的快速化、准确化、一致化。

④应用计算机生产管理系统的实例显示，各项生产技术指标得到了较大提高。

畜牧产业的健康发展，需要依赖以信息技术、智能技术为支撑的智能养殖系统提供新的解决方案，突破畜禽养殖关键核心技术，实现环境保护、畜禽健康养殖、畜牧产业的可持续发展。

第三篇

牛生产实验与实训

概述

牛生产学是动物科学及相关专业的传统核心课程，理论性强、内容抽象、涉及面广，是进一步学习后续课程和进行科学实践的重要基础，同时牛生产学也是一门专业性很强的实验实践性学科。因此，在牛生产学教学过程中，除了加强理论课的学习外，还必须加强实验实践教学环节，注重培养学生独立思考和实际动手操作的能力，提高学生观察问题、分析问题和解决问题的能力，激发学生的主动探索精神和知识创新精神。

牛生产实验与实训部分由牛生产实验和牛生产实训两部分构成，包括5个实验、3个实训。实验部分侧重于巩固和提高课堂所学的理论知识，要求学生通过观察深入了解荷斯坦奶牛、娟姗牛、西门塔尔牛、夏洛莱牛、安格斯牛和我国地方黄牛品种的外貌特点方面的知识，强化学生对牛品种识别的能力；通过对不同类型牛的外貌特点差异和外貌部位正常形态，以及根据牛外貌鉴别其生产性能和生长发育状况的了解，为外貌评分、生产性能鉴定及牛的育种工作打下基础；通过学习牛体尺测量、计算体尺指数，加强对牛生长发育情况评定的能力；通过学习对牛奶的感观、密度及新鲜度测定，加强对牛奶品质的鉴定能力；通过对牛屠宰和肉品质评价的学习，加深对牛屠宰分割和肉质评价方面知识的掌握程度。实训部分侧重于提高学生的实践操作能力，通过对牛体活重估测、年龄鉴定、外貌评分等内容的实训，强化学生理解问题、分析问题的能力，同时也能培养学生的创新思维和创新能力。

本篇内容力求简洁性、实用性和系统性三者相统一，注重学生能力的培养。在每个实验与实训中不仅介绍了实验、实训背景，而且突出操作方法和过程，现象的观察记录和结果计算。同时，设置了问题与思考用于拓展训练。

本篇内容可供牛生产实验与实训教学、毕业论文设计和科学研究时查阅和参考，也可供家牛养殖从业者参考。

牛生产实验

实验一　牛的品种识别

由于地理、环境、气候等因素的影响，各地形成了不同类型的牛品种。品种不一样，生产性能也有所差异，应根据生产需要合理选择相应品种。

一、实验目的

了解牛常见的外貌特点，能通过外貌识别荷斯坦牛、娟姗牛、西门塔尔牛、夏洛莱牛、安格斯牛和我国五种地方黄牛品种。

二、实验材料

牛品种挂图、课件、动物暂养场的成年牛。

三、实验方法

通过观看牛品种挂图、课件，以及在动物暂养场实地观察，对不同品种进行对比，了解主要牛品种产地环境、外貌特征、生产性能和杂交改良效果。

1.荷斯坦牛（图3–1–1）

图3–1–1　荷斯坦牛

原产地:原产于荷兰北部的北荷兰省和西弗里生省。

外貌特点:体质细致结实,体躯结构匀称。有角,多数由两侧向前向内弯曲,色蜡黄,角质黑色。乳房发育良好,质地柔软,乳静脉明显,乳头大小分布适中。毛色多呈现黑白花,花色分明,黑白相间,额部多有白斑,腹部低,四肢膝关节以下及尾端呈白色。尻部平、方、宽,腹部低。

生产性能:成年公牛体重900~1200 kg,成年母牛650~750 kg,初生犊牛重40~50 kg。平均每头牛年产奶量7000 kg以上,最高达18000 kg,乳脂率3.2%~4.4%。

荷斯坦牛引入我国后,与黄牛杂交,所选育的杂交后代于1985通过品种认定,1992年更名为中国荷斯坦牛。

2.娟姗牛(图3-1-2)

图3-1-2　娟姗牛

原产地:原产于英吉利海峡南端的娟姗岛,属小型乳用品种。

外貌特点:体形小,清秀,轮廓清晰,额部稍凹陷,鬐甲狭窄,胸深宽,背腰平直,腹围大,四肢较细,关节明显,蹄小。乳房发育匀称,乳静脉粗大而弯曲,后躯较前躯发达,体形呈楔形。被毛细短而有光泽,毛色为深浅不同的褐色,以浅褐色为最多。鼻镜及舌为黑色,嘴、眼周围有浅色毛环,尾帚为黑色。

生产性能:成年公牛体重为650~750 kg,成年母牛体重350~450 kg,初生犊牛重为23~27 kg。一般每头牛年产奶量在3000~3500 kg,乳脂率为5.5%~7.0%。该牛奶最大特点是乳脂浓厚,乳脂肪球大,易于分离,乳脂黄色,风味好,适于制作黄油。

3.西门塔尔牛(图3-1-3)

图3-1-3　西门塔尔牛

原产地：原产于瑞士西部的阿尔卑斯山区，是世界著名的兼用牛品种，分布地区广，数量多。

外貌特点：西门塔尔牛体形大，骨骼粗壮结实，嘴宽，角较细且向上方弯曲，颈长中等，体躯长，肋骨开张，前后躯发育良好，尻宽平，四肢结实，大腿肌肉发达，乳房发育好。毛色为黄白花或淡红白花，头、胸、腹下、四肢及尾帚多为白色，皮肤为粉红色。

生产性能：西门塔尔牛乳肉性能均较好，平均产乳量4000～5000 kg，乳脂率4%左右。该牛生长速度快，平均日增重可达1.0 kg，胴体肉多，脂肪少且分布均匀，公牛育肥后屠宰率可达65%。成年公牛体重1000～1300 kg，成年母牛600～750 kg。繁殖率高，适应性强，耐粗放管理，适于放牧。

该品种在我国分布较广，已在20多个省（自治区、直辖市）有饲养，是我国至今用于改良本地牛范围最广、数量最大、杂交最成功的一个牛种，现已培育形成中国西门塔尔牛品种。

杂交后代具有生长速度快、耐粗饲的优点，杂交母牛产乳量成倍提高，还保留了耐粗饲、适应性和放牧性好的优点，能为下一轮杂交提供良好的母系。

4.夏洛莱牛（图3–1–4）

图3–1–4　夏洛莱牛

原产地：原产于法国夏洛莱及涅夫勒地区。

外貌特点：夏洛莱牛体形大，骨骼粗壮，头小而短，角质蜡黄，颈粗短，胸宽深，后腿肌肉发达，并向后和侧面突出，常形成“双肌”特征。被毛为乳白色或白色，皮肤常有色斑。

生产性能：成年公牛体重1100～1200 kg，成年母牛700～800 kg；犊牛初生重42～45 kg；6月龄公犊可达250 kg，母犊约210 kg；平均日增重可达1.1～1.2 kg。屠宰率一般为60%～70%，胴体瘦肉率为80%～85%。但该牛的难产率高，达13.7%。

用夏洛莱牛改良我国本地黄牛，表现为后代体格明显增大，增长速度加快，杂种优势明显。但放牧和耐粗饲能力欠佳，并且母牛难产率高。

5. 安格斯牛（图3-1-5）

图3-1-5　安格斯牛

原产地：原产于英国的阿伯丁、安格斯和金卡丁等地，属于古老的小型肉牛品种。

外貌特点：无角，全身被毛黑色，又称为无角黑牛，现已育成有红色安格斯牛，具有与黑色安格斯牛同样的特性。安格斯牛体形低矮，体质紧凑、结实。头小而方，额宽而额顶突起，颈中等长且较厚，背线平直，腰荐丰满，体躯宽而深，呈圆筒状。四肢短而端正，全身肌肉丰满。

生产性能：成年公牛体重700～900 kg，成年母牛重500～600 kg，初生犊牛重25～32 kg，屠宰率一般为60%～65%，哺乳期日增重900～1000 g，育肥期日增重平均700～900 g，肌肉大理石纹很好。

在许多国家，安格斯牛主要用作母系；在我国，安格斯牛可以作为经济杂交的父本，成为山区黄牛的主要改良者。

6. 秦川牛（图3-1-6）

图3-1-6　秦川牛

原产地:原产于陕西省关中地区,属于较大型的役肉兼用品种。

外貌特点:该牛体躯高大,骨骼粗壮,肌肉丰满,体质强健。头部方正,肩长而斜。中部宽深,肋长而开张,后躯发育稍差。公牛头较大,颈短粗,垂皮发达,鬐甲高而宽;母牛头清秀,颈厚薄适中,鬐甲低而窄。角短而钝,多向外或向后稍弯,毛色为紫红或肉红色。成牛公牛体重600~800 kg,成年母牛体重380~480 kg。

生产性能:经肥育的18月龄秦川牛的平均屠宰率为58.3%,净肉率为50.5%,肉细嫩多汁,大理石纹明显。泌乳期为6个月,泌乳量500~600 kg,乳脂率5.85%,蛋白质4.34%。秦川母牛常年发情,在中等饲养水平下,初情期为9.3月龄。秦川公牛一般12月龄性成熟,2岁左右开始配种。

7.晋南牛(图3–1–7)

图3–1–7　晋南牛

原产地:原产于山西省汾河下游晋南盆地。

外貌特点:晋南牛被毛以枣红为主,鼻镜为粉红色。体躯高大,体质结实。公牛头重额宽,顺风角。颈短而粗,鬐甲宽而略高于背线,胸宽深,前躯发达,背腰平直、中等长,臀部较窄而倾斜,蹄大而圆,质地致密。

生产性能:成年公牛体重约650 kg,成年母牛体重约382 kg。晋南牛肉用性能良好,肉质细嫩,成年牛屠宰率52.3%,净肉率43.4%,易形成"雪花"牛肉。母牛泌乳性能欠佳,平均产乳量745 kg,乳脂率5.5%~6.1%。母牛9~10月龄开始发情,2岁配种,繁殖年限10~12年,产犊间隔14~18个月。

8.鲁西牛(图3–1–8)

图3–1–8　鲁西牛

原产地：主要产于山东省西南部的菏泽和济宁两地区。

外貌特点：鲁西牛体躯结构匀称、紧凑，垂皮发达，为役肉兼用型。公牛肩峰高而宽厚，胸深而宽，后躯发育差，体躯明显呈前高后低的前强体形；母牛鬐甲低平，后躯发育较好，背腰短而平直。被毛从浅黄到棕红色，以黄色为最多，多数牛有“三粉”特征（眼圈、口轮、腹下毛色浅），鼻镜多为淡肉色。角色蜡黄或琥珀色，角形多为平角（公牛为主）和龙门角（母牛为主）。成年公牛平均体重644 kg，成年母牛平均体重366 kg。

生产性能：鲁西牛产肉性能良好，皮薄骨细，产肉率较高，肌纤维细，脂肪分布均匀，呈明显的大理石状花纹。成年牛平均屠宰率58.1%，净肉率为50.7%，眼肌面积94.2 cm^2。鲁西牛目前主要向肉用方向改良。

9. 南阳牛（图3–1–9）

图3–1–9　南阳牛

原产地：原产于河南省南阳地区白河和唐河流域的广大平原地区。

外貌特点：南阳牛毛色多为黄、红、草白三种，眼圈、腹下、四肢下部毛色较浅。体躯高大，鬐甲较高，背腰平直，肋骨明显，四肢端正，蹄大坚实。公牛以萝卜角居多，母牛角细短。成年公牛平均体重594 kg，体高141 cm；成年母牛平均体重381 kg，体高124 cm。

生产性能：南阳公牛肥育后，1.5岁的平均体重可达441.7 kg，日增重813 g，屠宰率55.6%。3～5岁阉牛强度肥育后，屠宰率64.5%，净肉率56.8%。

南阳牛在东北严寒地区和南方炎热地带均有较强的适应性，抗病力强，耐粗饲。该牛已被我国22个省（区）引入，与当地黄牛杂交，杂交效果良好。

10. 延边牛（图3–1–10）

图3–1–10　延边牛

原产地：原产于朝鲜和我国吉林省延边朝鲜族自治州，吉林、辽宁及黑龙江等地也有分布。

外貌特点：延边牛体格粗壮，体质结实，被毛长而密，皮厚而有弹性，蹄大圆而结实，能在水田中耕作。公牛角为“一”字形或“倒八”字，母牛多呈“龙门”角。毛色呈浓淡不同的黄色，鼻镜一般呈淡褐色。成年公牛平均体重465 kg，体高131 cm；成年母牛平均体重365 kg，体高122 cm。

生产性能：该牛肉用性能良好，18月龄公牛经180 d肥育，平均屠宰率为57.7%，净肉率47.23%。

延边牛耐粗饲，抗寒力强，适宜林间放牧，也能适应水田作业，对山区、平原均能适应，但目前存在体重较轻、后躯和乳房发育差等缺点，可采用本品种选育方法加以改进。

四、实验结果

根据实验过程中所观察到的信息，写出不同品种牛的外貌特征。

五、思考题

(1)我国地方良种和国外引入良种各有什么优缺点？

(2)肉牛育肥选择什么样的品种为宜？如何区分不同品种牛？

六、拓展

(1)不同品种牛在养殖过程中对营养需求和养殖环境需求有差异吗？

(2)奶牛育肥有什么优势和劣势？

实验二　牛体表部位的识别和外貌特点观察

不同生产类型的牛，都有与其生产性能相适应的体貌特征，其外貌是体躯结构的外在表现，与生产性能密切相关。生产中，可根据牛的外貌特征选择健康状况较好、生产性能较强的牛只。了解和掌握不同类型牛在体形外貌上的特点，为牛的外貌鉴定打下良好的基础。

一、实验目的

通过本实验，学生能了解牛的体表部位名称，掌握不同类型牛的外貌特点差异和外貌部位正常形态，并通过外貌鉴别牛的生产性能和生长发育状况，为外貌评分、生产性能鉴定及牛的育种工作打下基础。

二、实验材料

课件、动物暂养场的成年牛。

三、实验方法

（一）牛的保定方法

1.拴系

用缰绳拴牛并打结，绳结常选择活结和猪蹄结。活结应系在横木栏上，再打一单结；如是垂木栏，则选择猪蹄结，打结后再打一单结，或在猪蹄结上套个圈，这样不易下滑。

2.穿鼻环

公牛在8月龄至1岁期间穿鼻环，以便于控制。

（二）牛的外貌认识

1.牛体

（1）牛体大致可分为四大部位：头颈部、前躯部、中躯部和后躯部。

头颈部：包括头和颈两部分，在躯体的最前端，鬐甲和肩端连线之前的部分。牛的头部形态因品种、性别的差异而有长短、宽窄、轻重、粗细之分，对不同经济用途牛的头颈部的形态要求不同。公牛的头粗大，母牛的头略清秀；乳用牛的头部清秀、较长，颈细长；肉用牛的头部宽阔，颈粗短；役用牛头稍宽、重大，长短适中，颈结实粗壮、长短适中。

前躯部：在颈后、肩胛骨后缘垂直切线之前的部位，包括鬐甲、前肢、胸等主要部位。从这些部位可以看出牛的生长发育情况和生产性能。健康牛的鬐甲宽广、结实；若牛早期营养不良，会出现双鬐甲和尖鬐甲。胸部是心肺所在，可以表现健康状况，胸宽深，表示心肺发达。

中躯部：是臂之后至腰角与大腿之前的中部躯段，包括背、腰、肋部、腹四部位，该部位容纳消化器官。肋骨开阔，背腰宽深，说明消化系统发育良好。牛的背腰要求宽广、平直，同时肩背、背腰、腰荐要结合良好。肋部窄小和凹背、凸背都是发育不良的表现。

后躯部：是从腰角的前缘与中躯分界，以荐骨和后肢诸骨为基础的体表部位，包括尻、臀、后肢、乳房和生殖器官等部位。一般生产性能好的牛其后躯均宽阔，尻部长、宽、方；尻部短、窄、尖、斜都属严重缺陷。役用牛的尻，一般要求稍稍倾斜。

（2）牛体外貌部位的认识见图3-1-11。

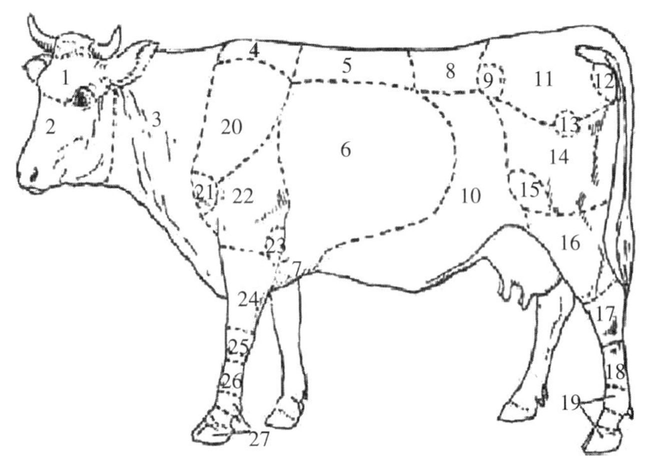

1.颅部；2.面部；3.颈部；4.鬐甲部；5.背部；6.肋部；7.胸部；8.腰部；9.髋结节；10.腹部；11.荐臀部；12.坐骨结节；13.髋关节；14.腿部；15.膝部；16.小腿部；17.跗部；18.跖部；19.趾部；20.肩胛部；21.肩关节；22.臂部；23.肘部；24.前臂部；25.腕部；26.掌部；27.趾部

图3-1-11　牛体外貌部位图

（3）外貌观察：让牛自然站在宽广的场地上，鉴别者站在离牛5～8 m远处环视一周，分别从前面、右侧、后面、左侧观察，了解牛的总体轮廓及外貌特点。看牛体各部位发育是否匀称，从前面看头部及品种特征、前肢肢势、胸腹的宽度、肋骨的开张度，再从右侧看鬐甲的形态、胸的深度、尻的倾斜度、乳房发育状况、各部位结合是否良好，从后面看体躯容积、后躯发育情况，最后从左边补充观察，看左右两侧发育是否对称。

①乳用牛的外貌特点要求：被毛细、短、有光泽，皮薄、致密、有弹性。骨骼细致而结

实，关节明显而健壮，筋腱分明，肌肉发育适度，皮下脂肪少，血管显露。头较小而狭长，表现清秀。颈狭长而较薄，颈侧多纵行皱纹，垂肉较小。鬐甲长平，肩不太宽而稍倾。胸部发育良好，肋长，适度扩张；肋骨向斜后方伸展。背腰平直，腹大而深。尻长、平、宽、方，腰角显露。尾细毛长，尾帚于飞节之下。四肢端正、结实，蹄质坚实，两后肢的距离大。乳房发育充分，乳房的皮肤薄而软、被毛短而稀；四个乳区发育匀称，前部附着腹壁深广，后部附着高，向两后肢后缘突出。乳头分布均匀，呈圆柱状，粗细、长短适中。乳静脉粗大而弯曲多，乳镜充分显露。

乳用牛的外貌鉴定要点为"三宽三大"即"背腰宽，腹围大；腰角宽，骨盆大；后裆宽，乳房大"。乳用牛前望、侧望、上望均呈"楔形"（图3-1-12）。

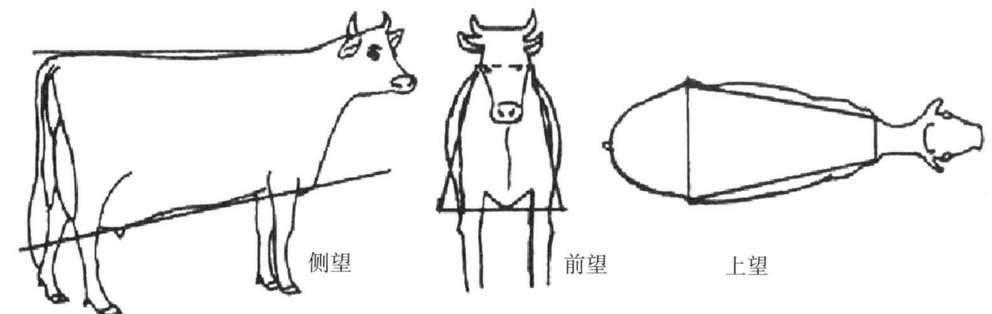

图3-1-12　乳用牛楔形模式图

②肉用牛的外貌特点要求：肉用牛的整个体躯要短、宽、深。由于前躯和后躯都高度发达，显得中躯相对较短，以致前躯、中躯、后躯的长度趋于相等。由于四肢短，个体的重心降低，位于中躯中部，看上去有"敦实"之感。其被毛细、短、柔软而有光泽；皮薄而松软，有弹性。肌肉高度丰满，结缔组织发达，蓄积大量脂肪，骨骼较细但结实。头短、宽，两眼间距大，眼大睛明，角细耳轻。鼻孔宽，口角深，唇较薄。颜面多肉且轮廓清晰，下颚发达且不显笨拙，垂肉高度发育。颈短、圆、粗，鬐甲低、平、宽，肩长、宽、肌肉多并倾斜。胸宽、深，胸骨突出于两前肢前方。肋长，向两侧扩张且弯曲大；肋骨的延伸趋于与地面垂直的方向；肋间肌肉充实，背腰宽、平、直。腰部短而肷小，腹部充实呈圆筒形。肋丰厚，与腹下线平行。尻宽、平、长，腰角不显，肌肉丰满。后躯侧方由腰角经坐骨结节至胫骨上部，形成大块的肉三角区，尾细而帚长。四肢上部深厚、多肉，下部短而结实，肢间距离大，关节明显，肢势端正，蹄质良好。

肉用牛的外貌鉴定要点为"五宽五厚"，即"额宽，颊厚；颈宽，垂厚；胸宽，肩厚；背宽，肋厚；尻宽，臀厚"。前望、侧望、上望和后望均呈"矩形"，整体似圆筒状（图3-1-13）。

图3-1-13 肉用牛外形模式图

③役用牛的外貌特点要求：役用牛的各部位对称且前躯特别发达，中躯较长，后躯紧凑。体质健壮，有持久力。体高和体长趋于相等，身体重心高于肉用牛并稍向前移。被毛长而密，皮厚、致密且有弹性。全躯骨骼粗壮。筋肉发达，皮下结缔组织发育差。头大，额宽；颈粗壮有力，与前躯接合良好。体躯长、宽、深，鬐甲丰圆；胸围很大，腹部充实，表现有力。尻长、平、宽适中，呈水平尻的牛，迈步大且速度快；呈斜尻的牛，推进力大，但腿短步小，速度较慢。役牛的四肢特别发达，四肢骨骼强大，肌腱发达，肌肉和筋腱界限分明。蹄大而圆，蹄质致密、坚实；四肢的位置和蹄的方向要端正。前肢直、后肢弯者役力大。

役用牛外貌鉴定要点有"四看"的经验，即"上看一张皮，下看四只蹄，前看胸膛宽，后看髀股齐"，后躯结实呈"倒梯形"(图3-1-14)。所谓"前山高一寸，力气使不尽"，役用牛行走时后蹄落地超过前蹄，这样步伐大，行走快。

图3-1-14 役用牛梯形外形侧观图

(4)外貌鉴别时应注意区分:①狭长肩、短立肩、广长斜肩、瘦肩、肥肩和松弛肩;②尖鬐甲、宽鬐甲、双鬐甲、正常鬐甲;③长而平的背腰、凹背、凸背;④卷腹、发育良好的腹、垂腹;⑤高尻、尖斜尻、发育良好的尻;⑥“X”型腿、“H”型腿和“O”型腿。

四、实验结果

根据实验过程中所观察到的结果,写出不同生产用途牛的体貌特征。

五、思考题

(1)乳用牛外貌有什么特点?

(2)肉用牛外貌有什么特点?

(3)役用牛外貌有什么特点?

六、拓展

(1)乳用牛、肉用牛及役用牛外貌特征有什么差异?为什么?

(2)育种工作中,如何通过外貌对牛进行选择?

实验三　牛的体尺测量及体尺指数的计算与分析

牛的体尺即牛某一部位的长或宽，不仅能反映机体某一部位和整体的大小，还能反映各部位及整体的发育情况，以及外形是否匀称和是否符合某一生产类型、品种的特征。体尺测量可以了解牛的各部位及整体的生长发育情况，评估内部器官的发育是否正常，从而检验饲养管理等技术措施是否合理，进而改进饲养方案。在育种工作中，经济用途、品种、年龄和性别等不同的牛，其体尺指数会有差异。在一定程度上，体尺测量是外貌的量化，由此可估测牛的生产性能。

一、实验目的

(1)掌握牛的体尺测量方法。

(2)会通过体尺指数评价牛的生长发育情况。

二、实验材料

成年的黄牛、荷斯坦牛、水牛，测杖，卷尺，圆形测定器。

三、实验方法

(一)体尺测量

在进行体尺测量时，应让牛站在光线明亮、地势平坦的场地上，保持自然而端正的站姿，只有这样才能获得准确的测量数据。常见的测定项目及方法如下。

1.体高

体高又称鬐甲高，即鬐甲的最高点至地面的垂直高度。将测杖主尺垂直立于牛左前肢附近，再将上端横尺平放于鬐甲的最高点(横尺与主尺必须成直角)，即可读出主尺上的刻度。

2.体斜长

体斜长通常指体长，是肩胛骨前缘到同侧坐骨结节后缘间的长度。用测杖和卷尺均可测量，前者测的数值比后者略小一些，故在体斜长值后面应注明所用测量工具。

3. 体直长

体直长是肩胛骨前缘至坐骨结节间的水平长度，用测杖测量。

4. 胸围

胸围是肩胛骨后缘处体躯的水平周径，其松紧度以能插入食指和中指并能自由滑动为宜。胸围是牛胸部发育的重要指标，与胸宽、胸深一起表明胸部的发育和健康状况，用卷尺测量。

5. 管围

管部最细处的水平周径，其位置一般在前肢掌骨上1/3处，表示四肢骨的发育程度，对鉴定役用牛很重要，用卷尺测量。

6. 胸宽

肩胛骨后缘胸部最宽的长度，用测杖或圆形测量器测量。

7. 胸深

沿着肩胛骨后方，由鬐甲至胸骨下缘的垂直长度。用测杖测量时将测杖倒转，沿肩胛骨后缘的垂直切线，将上下两横尺夹住背线和胸骨下缘，并使之保持垂直。

8. 腰角宽

两腰角外缘之间的长度，表示后躯的发育程度，用测杖或圆形测定器测量。

9. 腰高

两腰角的中央到地面的垂直高度，亦称十字部高，用测杖测量。

10. 尻高

又称荐骨高、臀高，荐骨的最高点到地面的垂直高度，表示牛后躯高度，用测杖测量。

11. 尻长

又称臀长，腰角前缘到坐骨结节后缘间的长度，用测杖或圆形测定器测量。

12. 臀端高

又称坐骨结节高，坐骨结节最后隆突至地面的垂直高度，用测杖测量。

13. 臀端宽

又称坐骨结节宽，两坐骨结节外缘间的长度。该体尺在鉴定母牛时特别重要，可表明母牛骨盆的容积，从而推断分娩的难易程度，用圆形测定器测量。

14. 髋宽

两臀角外缘的最宽长度，用圆形测定器测量。

15. 后腿围

从右臀角外缘处沿水平方向(通过尾的内侧)到左臀角外缘的长度，用卷尺测量。

16. 头长

额顶(枕骨嵴)到鼻镜上缘的直线长度,用卷尺或圆形测定器测量。

17. 额宽

常测量最大额宽(更常用)和最小额宽。

(1)最大额宽:两侧眼眶外缘间的直线长度,用测杖或圆形测定器测量。

(2)最小额宽:两侧颞颥外缘间的直线长度,用测杖或圆形测定器测量。

注意事项:①测量之前要检查和校正测量工具的准确性。②接触牛时应胆大心细,态度温和,从牛的左前方接近,切忌从后方突然接近。③被测量的牛站姿要正确,若不正确,可使其前进或后退以调整站姿。头部不能偏高或偏低,四肢要垂直立在同一水平面上。从前往后看,前后腿端正;从侧面看,左右腿相互掩盖。背腰不弓不凹,头自然前伸,不左看右看,不昂头或头下垂,待体躯各部呈自然状态后,迅速、准确地进行测量。④测量的部位起止点务必准确无误,读数要准,动作要迅速。⑤测量时注意测定器具的松紧程度,使其紧贴体表,不能悬空量取。

(二)体尺指数的计算和分析

鉴定牛的外貌时,为了进一步明确牛体不同部位间的比例是否匀称,是否符合某一生产类型、品种的特征,判断某些部位是否发育正常,在体尺测量后,常计算体尺指数。体尺指数是指牛体某一部位与另一部位体尺的百分比,从而显示两个部位之间的比例关系。

1. 体长指数

$$体长指数=\frac{体斜长}{体高}\times100\%$$

该指数说明体长与体高的相对发育情况,肉牛的体长指数一般大于乳用牛。胚胎期发育不全的牛,该指数大于品种的平均值;如果生后发育受阻,则此指数小于平均值;该指数随年龄增大而增大。

2. 体躯指数

$$体躯指数=\frac{胸围}{体斜长}\times100\%$$

该指数表示躯干容量的发育程度,一般肉用牛、役用牛的体躯指数大于乳用牛,原始品种牛此指数较小。

3. 胸围指数

$$胸围指数=\frac{胸围}{体高}\times100\%$$

该指数多用于役用牛，因为胸围大小是役用牛役用能力的重要指标之一。这一指数可以表明役用牛在体躯高度和宽度上相对发育的情况。

4.管围指数

$$管围指数=\frac{管围}{体高}\times100\%$$

该指数表示体躯骨骼的相对发育情况，役牛的管围指数最大，奶牛次之，肉牛最小。

5.腿围指数（产肉指数）

$$腿围指数=\frac{后腿围}{体高}\times100\%$$

该指数表示后肢肌肉的发育程度，与净肉率关系较大。一般肉牛的腿围指数最大，役用牛次之，奶牛最小。

6.肢长指数

$$肢长指数=\frac{体高-胸深}{体高}\times100\%$$

该指数表示四肢的相对长度，随着年龄的增长肢长指数值逐渐减小。

7.胸宽指数

$$胸宽指数=\frac{胸宽}{胸深}\times100\%$$

该指数表示牛胸部深宽的相对发育情况，一般役用牛和肉牛的胸宽指数较奶牛的大。

8.髋胸指数

$$髋胸指数=\frac{胸宽}{腰角宽}\times100\%$$

该指数说明前后躯在宽度上的相对发育情况，一般役用牛和肉牛的髋胸指数较奶牛的大，公牛的髋胸指数较母牛的大，髋胸指数随年龄的增长而逐渐减小。

9.尻高指数

$$尻高指数=\frac{尻高}{体高}\times100\%$$

该指数说明前后躯在高度上的相对发育情况。一般尻高指数较大为幼牛的特征，随年龄的增长而下降，如果成年牛尻高指数较高，则说明该牛在犊牛阶段发育不良。

10.尻宽指数

$$尻宽指数=\frac{坐骨结节宽}{腰角宽}\times100\%$$

该指数反映尻部发育是否匀称，一般奶牛、肉牛的尻宽指数大于役牛的，高度培育品种的尻宽指数大于原始品种的。尻宽指数越大，表明泌乳系统越发达，尻宽指数大于67%的为宽尻，小于50%的为尖尻。西门塔尔牛的尻宽指数大，尻部较宽；中国黄牛尻宽指数较小，所以尻部狭窄，多有尖尻现象。

11. 头长指数

$$头长指数=\frac{头长}{体高}\times100\%$$

四、实验结果

根据体尺测量的结果，计算各项体尺指数，并对结果进行分析。

五、思考题

（1）体尺测量在牛生产中有何用途？

（2）培育品种和原始品种在体尺指数方面有何不同？

六、拓展

不同经济用途牛的体型外貌有较大区别，体尺指数也因牛的品种及类型的不同而不同，不同品种、不同类型的牛其性能不同，因而各部位的发育情况也就不同，表示其相对比例的体尺指数也就不同。机体的各部位在不同的生长发育阶段其发育是不平衡的，因此其体尺指数也随年龄的不同而发生变化。某一类型、品种、品系的牛在某阶段的体尺指数具有一定的范围，超过此范围则为异常。不同类型牛的体尺指数有明显区别，如表3-1-1。

表3-1-1　不同类型牛的体尺指数

单位：%

指数名称	肉用型（短角牛）	肉乳兼用牛（西门塔尔牛）	乳用型（荷斯坦牛）	役用型（秦川牛）
肢长指数	42.2	48.2	45.7	48.71
体长指数	122.5	118.4	120.8	112.72
髋胸指数	83.5	85.5	80.2	86.57
胸宽指数	73.6	68.8	61.8	56.37
体躯指数	132.5	121.3	118.2	121.70

续表

指数名称	肉用型(短角牛)	肉乳兼用牛(西门塔尔牛)	乳用型(荷斯坦牛)	役用型(秦川牛)
尻高指数	102.5	103.2	100.9	99.59
尻宽指数	69.0	69.2	67.8	57.61
管围指数	13.9	15.1	14.6	13.52
头长指数	34.5	36.8	40.0	36.90

实验四　牛奶的感观、密度及新鲜度测定

牛奶的主要成分包括水分、脂肪、蛋白质、糖类、无机盐等，牛奶的特性包括色泽、气味、密度、黏度、冰点、比热容、表面张力、折射率和导电率等。在生产上，通过鉴定牛奶的色泽、气味、密度、酸度等物理化学特性，可以对牛奶的性质、品质、新鲜度等进行判定。

一、实验目的

掌握牛奶感官、密度和新鲜度的测定方法。

二、实验材料

牛奶、0.1 mol/L氢氧化钠溶液、酚酞指示剂、68%酒精溶液、亚甲蓝溶液、量筒、烧杯、温度计、牛奶密度计、滴定管、移液管、表面皿。

三、实验方法

(一)感官检测

取适量牛奶置于清洁的烧杯中，在自然光下观察其色泽和组织状态、是否有杂质，闻其气味并且品尝其味道。正常的牛奶呈白色或者淡黄色；组织状态均匀一致，无絮状物、无沉淀物、无杂质(如饲料残渣)、无异物、无异常气味(如酸味或者牛粪味)。

(二)密度测定

牛奶的密度是指20 ℃的牛奶与同体积4 ℃的水的重量比，正常新鲜牛奶的密度一般为1.027 ~ 1.032。牛奶的密度随温度的变化而变化，在10 ~ 25 ℃范围内，温度每升高或者降低1 ℃，牛奶的密度下降或者升高0.0002。所以实测时需要根据环境温度对牛奶的密度进行校正，校正公式为：

$$校正密度=密度计读数+(乳样温度-20)\times 0.0002$$

$$密度计读数=(密度计直接读数/1000)+1$$

例：牛奶温度为23 ℃，密度计直接读数为30.5(即密度计读数为1.0305)，那么：

$$校正密度=1.0305+(23-20)\times 0.0002=1.0311\approx 1.031$$

测定方法：

(1)沿量筒壁缓缓倒入奶样200～250 mL,避免产生气泡。

(2)将牛奶密度计插入量筒内,使牛奶液面达到30刻度处,将密度计轻轻松开,静待2 min,读取密度计与牛奶接触的最高液面上的密度值。

(3)用温度计测量牛奶温度。

(4)进行密度的校正计算。

一般来说,牛奶的密度可以反映牛奶的品质。比如牛奶脱脂后密度增大,掺水后密度减小,每加水10%,密度下降约0.003。

(三)牛奶新鲜度测定

1.酸度测定

牛奶的酸度通常以吉尔涅尔度(°T)来表示,即中和100 mL牛奶所需要的0.1 mol/L氢氧化钠溶液的体积数(mL)。因为牛奶中含有蛋白质、柠檬酸盐、磷酸盐、二氧化碳等物质,所以新鲜的生牛奶呈弱酸性反应,一般其自然酸度为16～18 °T。在牛奶贮藏的过程中,微生物分解乳糖产生乳酸,使牛奶酸度升高。这种由于发酵产酸而升高的酸度称为发酵酸度。自然酸度和发酵酸度之和为总酸度。

酸度测定方法:

(1)用移液管取10 mL奶样置于烧杯中,再加入20 mL蒸馏水(为了便于观察指示剂的颜色变化)。

(2)加入2～3滴酚酞指示剂。

(3)一边搅拌,一边用滴定管缓慢加入0.1 mol/L氢氧化钠溶液,直到出现淡红色并在1 min内不褪色。

(4)将消耗的0.1 mol/L氢氧化钠的体积数乘以10得到牛奶的总酸度,即滴定100 mL牛奶所需的0.1 mol/L氢氧化钠溶液的体积数,单位为°T。

2.酒精实验

一定浓度的酒精具有使一定酸度的牛奶中的酪蛋白沉淀的能力,所以在生产中常利用这一特性定性检测牛奶的新鲜度。

测定方法:在培养皿中加入待测牛奶样品1 mL,然后加入68%酒精1 mL,充分混合,仔细观察是否有絮状物或者小颗粒出现。如果有,则表明乳样酸度已经超过20 °T,并可根据絮状物大小推断其酸度(表3-1-2)。

表 3-1-2　牛奶酸度和絮状物大小的关系(68% 的酒精)

牛奶的酸度/°T	絮状物大小
21 ~ 22	极微小的絮状物
23 ~ 24	微小的絮状物
25 ~ 26	中等大小的絮状物
27 ~ 28	大的絮状物
29 ~ 30	极大的絮状物

四、思考题

牛奶采样后,在测定之前如何保持新鲜度?

五、拓展

还原酶实验测定牛奶品质

牛奶中的还原酶是细菌的代谢产物,其含量随着细菌数目的增加而增加。新鲜牛奶中还原酶含量较低,而在牛奶贮藏的过程中,随着细菌的增殖,还原酶含量上升。因此,可以通过测定牛奶中的还原酶含量来判断牛奶的品质。还原酶能让亚甲蓝失色,含量越高,亚甲蓝失色越快。

测定方法:实验时牛奶的温度一般不可高于6 ℃,接触牛奶的器皿在使用前要进行高压灭菌。将20 mL牛奶和1 mL亚甲蓝溶液混合,放入35 ~ 40 ℃的水浴锅中,在≤20 min、20 min ~ 2 h、2 ~ 5.5 h、>5.5 h这几个时间段观察褪色情况,并记录褪色时间,根据表3-1-3判定牛奶品质。

表 3-1-3　还原酶实验测定牛奶品质

褪色时间	1 mL 牛奶中的细菌数/个	牛奶的品质
≤20 min	$\geq 2\times10^7$	四级(极差)
20 min ~ 2 h	$4\times10^6 \sim 2\times10^7$	三级(差)
2 h ~ 5.5 h	$5\times10^5 \sim 4\times10^6$	二级(合格)
>5.5 h	$<5\times10^5$	一级(良好)

实验五　肉牛屠宰、屠宰性能及牛肉品质测定

屠宰是将活畜转化为可食肉品的具体过程，一般包括活牛检疫、称重、击晕、放血、剥皮、剖腹、摘除内脏、排酸处理、胴体分割、包装等步骤。肉牛的屠宰对于客观评价牛肉的产量和质量有重要影响。牛肉的品质是一个综合性状，主要由肌肉颜色、嫩度、pH、风味、吸水力、大理石纹等指标来度量，是决定消费者购买意向和市场价格的主要因素，具有十分重要的作用。

一、实验目的

了解肉牛屠宰过程，初步掌握屠宰性能的测定方法，掌握牛肉主要生理生化指标的测定方法。

二、实验材料

肉牛、屠宰工具、卷尺、卡尺、秤、硫酸纸、计算器、肉色图谱。

三、实验方法

（一）肉牛屠宰

1.屠宰前准备

屠宰前24 h停止饲喂，屠宰前8 h停止饮水。宰前称量活体重、评定膘情等级并进行体尺测量。

2.击晕

在眼睛与对侧牛角连线的交叉点处将牛电麻或者击晕。

3.放血

在颈下缘喉头部割开血管放血。

4.剥皮

用剥皮刀按照前蹄、胸、后腿、腹、头、背的顺序进行剥皮。

5.去头

剥皮后，在头骨后端和第一颈椎之间切断。

6. 去前肢、后肢、尾部

在前臂骨和腕骨间的腕关节处切断以分离前肢，在胫骨和跗骨间的跗关节处切断以分离后肢，在荐椎和尾椎连接处切开以分离尾部。

7. 剥离内脏

沿腹侧正中线切开，纵向锯断胸骨和盆腔骨，切除肛门和外阴部，分离横膈膜。切除消化系统、呼吸系统、排泄系统、生殖系统及循环系统等内脏器官，除去肾脏脂肪和盆腔脂肪。

8. 胴体的分割

沿胴体脊椎中线纵向将胴体锯(劈)成两片称为二分体，半片胴体从胸部第12 ~ 13肋骨处切开称为四分体。

(二)肉牛屠宰性能测定及计算

1. 胴体性状测定与计算

(1)宰前活重：屠宰前绝食24 h，临宰时的体重。

(2)宰后重：屠宰后放尽血的体重。

(3)血重：屠宰时所放出血的重量。

(4)胴体重：由宰前活重减去血重、皮重、内脏重(不含肾脏和肾脏脂肪)、头重、腕跗关节以下的四肢重后所得为胴体重。胴体重分为温胴体重和冷冻胴体重。

(5)净肉重：胴体剔骨后的肉重(包括肾脏和肾脏脂肪)。

(6)骨重：胴体重减去净肉重，要求骨上带肉不超过1.0 ~ 1.5 kg。

(7)切块肉重：胴体各个切块部位的重量。

(8)胴体脂重：胴体内、外侧表面及肌肉块间可剥离的脂肪总重量。

(9)屠宰率：胴体重占宰前活重的百分比。

(10)净肉率：净肉重占宰前活重的百分比。

(11)胴体产肉率：净肉重占胴体重的百分比。

(12)肉骨比：净肉重与骨重的比值。

2. 胴体体尺测量

(1)胴体长：耻骨缝前缘至第1肋骨与胸骨联合处中点的长度，又叫胴体斜长。

(2)胴体胸深：第3胸椎棘突的体表至胸骨下部的垂直深度。

(3)胴体体深：第7胸椎棘突的体表至第7肋骨的垂直深度。

(4)胴体后腿围：股骨和胫腓骨连接处的水平围度。

(5)背脂厚：第5 ~ 6胸椎间离中线3 cm处的两侧皮下脂肪厚度。

(6)肌肉厚度:大腿肌肉厚为体表至股骨体中点的垂直距离,腰部肌肉厚为体表至第三腰椎横突的垂直距离。

(7)眼肌面积:于第12肋骨后的眼肌横切面处用眼肌面积板直接测定,或者用硫酸纸将眼肌形状描出,用求积仪或方格透明卡片计算出眼肌面积。

(三)牛肉等级评价及肉质指标测定

1.牛肉等级评价

依据大理石纹、肌肉色、脂肪色、重量4个指标将牛肉划分为S级(特级)、A级(优级)、B级(良好级)、C级(普通级)(表3-1-4)。

表3-1-4 中国普通牛肉大理石纹、肌肉色、脂肪色和重量分级标准

等级	大理石纹(肌内脂肪含量)	肌肉色	脂肪色	重量(仅针对里脊)
S级	≥15%	鲜红色	洁白色	≥1.8 kg
A级	10% ~ 15%	深红色	乳白色	1.5 ~ 1.8 kg
B级	5% ~ 10%	浅红色	浅黄色	1.3 ~ 1.5 kg
C级	<5%	黑红色	黄色	<1.3 kg

(1)大理石纹:背最长肌横切面上脂肪的含量和分布情况。

(2)肌肉色:牛肉在<10 ℃的条件下经分割后,暴露于空气中30 min后所自然形成的肉的色泽。

(3)脂肪色:牛肉截面处肌内脂肪和皮下脂肪的色泽。

2.牛肉肉质测定

(1)pH测定。牛肉的pH反映了糖原酵解为乳酸的强度,正常牛肉pH范围在5.9 ~ 6.6。如果在屠宰后45 ~ 60 min内测定的牛肉pH<6.9,同时伴有灰白色肉和大量渗出汁液,可以判定该牛肉为白肌肉(PSE肉);如果屠宰后24 h测定的牛肉pH>6.6,同时伴有暗紫肉色和干燥的肌肉表面,可以判定该牛肉为黑干肉(DFD肉)。

测定方法:采用肉质pH计,按照使用说明,将电极直接插入背最长肌中部的刺孔中,或者分离的肉样中,要保证电极头被完全包裹,然后读取pH数值。

(2)肌肉系水力测定。滴水损失和肌肉系水力呈负相关,即滴水损失越大,肌肉系水力越差,肉质越差;反之肌肉系水力越好,肉质越好。一般牛肉滴水损失不超过3%。

测定方法:将肉样称重(m_1),然后放置于充气的食品袋中。用细铁丝勾住肉样一端,保持肉样垂直向下,不接触食品袋,悬吊于冰箱冷藏层中,放置24 h后取出肉样,用滤纸拭去肉样表层汁液后称重(m_2),按以下公式计算滴水损失。

$$滴水损失 = \frac{m_1 - m_2}{m_1} \times 100\%$$

(3)肌肉嫩度测定。肌肉嫩度一般用剪切力值来表示，剪切力值越高表示肉越老，越低表示肉越嫩，嫩度是评价牛肉品质的重要指标之一。

测定方法：取半腱肌或者12～13肋间背最长肌，长×宽×高不少于6 cm×3 cm×3 cm，肉样中心温度为0～4 ℃，插入温度计至肌肉中心部，置于塑料薄膜袋中，放入80 ℃水浴锅中，待肉样中心温度达到70 ℃，取出肉样冷却至0～4 ℃。然后使用直径为1.27 cm的圆形取样器顺肌纤维方向钻切肉样块，按照肌肉剪切力测定仪操作说明来测定肉块剪切力，测定样品数量不少于3个，取算术平均数，单位采用牛顿(N)或千克(kg)。

(4)肌内脂肪测定。肌内脂肪是肌肉结缔组织膜内的瘦肉中含有的脂肪，与牛的品种、性别、年龄、育肥方式等因素有关。肌内脂肪与牛肉品质正相关，其影响着牛肉的嫩度、多汁性、风味和系水力。

测定方法：参照GB 5009.6—2016《食品安全国家标准 食品中脂肪的测定》进行测定。取30～80 g背最长肌样品(m_2)，去膜后置于坩埚中剪碎，于102 ℃烘箱中烘6 h。将烘好的肌肉样品粉碎，精确称取2～5 g肌肉粉末并移入滤纸筒内。将滤纸筒放入索氏抽提器的抽提筒内，连接已烘干至恒重的接收瓶(m_0)，加入无水乙醚或者石油醚至瓶内容积2/3处，水浴加热，保持虹吸循环在6～8次/h，连续抽提6～10 h。提取结束时，用磨砂玻璃棒蘸取1滴提取液，磨砂玻璃棒上无油斑表示提取完毕。

取下接收瓶，回收无水乙醚或者石油醚，待接收瓶内溶液剩余1～2 mL时在水浴锅上蒸干，然后于95～105 ℃烘箱中烘至恒重后称量(m_1)。根据下列公式计算肌内脂肪含量：

$$肌内脂肪含量=\frac{m_1 - m_0}{m_2} \times 100\%$$

式中 m_1——恒重后接收瓶和脂肪含量(g)；

m_0——接收瓶重量(g)；

m_2——肌肉样品的重量(g)。

四、思考题

目前，主要牛肉生产国家的牛肉等级评定标准有何异同？造成差异的原因是什么？

五、拓展

(1)压缩仪测定肌肉系水力。肉牛屠宰后,切取1.0 cm长的背最长肌薄片,用直径2.523 cm的圆形取样器取样,精确称重。然后将肉样置于两层医用纱布之间,上下各放18层中速滤纸,滤纸外层各放一块硬塑料垫板,之后放在测定仪平台上匀速加压至35 kg,保持5 min,立即撤出压力并称重。前后肉样重量的差与压前肉样重的比为失水率。

在同一部位另取50 g肉样,65 ℃常规干燥24 h后测定其水分含量,计算公式如下。

$$\text{系水力}=\frac{\text{压前肉样水分含量}-\text{肉样失水量}}{\text{压前肉样水分含量}}\times 100\%$$

(2)熟肉率法。熟肉率法主要用于衡量肌肉在蒸煮过程中的损失情况,主要是水分、脂肪和可溶性蛋白质的损失。牛肉的熟肉率越高,烹调损失越少,肉的品质越高。测定方法:屠宰后切取1 kg牛腿部肌肉,在沸水中煮120 min后取出,15 min后称重,煮后肉重与煮前肉重的百分比为熟肉率。

牛生产实训

实训一 牛体活重的估测

牛体重在牛的养殖过程中非常重要，例如预估屠宰性能、生长速度、身体形态和状况。牛的体格很大，对牛进行体重测量对于很多生产者来说不是很方便，并且如果测定方法不合适对牛本身也是一种伤害，所以如果没有特殊要求，在实际生产中选择估测牛体活重即可。

一、导入实训项目

当需要根据牛的体重估算饲喂量、繁殖年龄、生长速度以及市场价值，而称重工作又无法或者不方便进行时，建议进行牛体活重的估测。

二、实训任务

（1）了解牛体长、胸围、肩高等的测量和体况评分的方法。

（2）掌握牛体活重的估测公式。

（3）每个小组由5～6人组成，其中2～3人进行牛只的保定，3～4人进行牛体尺测定和体况评分，轮换进行操作，然后根据公式估测体重。

三、实训方案

1.实训材料

荷斯坦牛、黄牛、水牛。

2. 实训内容

测量时，牛需站在平地上，牛头不要朝地，按照本篇"实验三"的操作方法测定牛的胸围和体斜长。

(1)估测乳用牛和乳肉兼用型牛体重的方法：

$$牛体重(kg)=胸围的平方(m^2)\times 体斜长(m)\times 87.5$$

(2)估测大型肉用牛体重的方法：

$$牛体重(kg)=\frac{胸围的平方(cm^2)\times 体斜长(cm)}{10800}$$

(3)估测我国本地黄牛体重的方法：

$$牛体重(kg)=\frac{胸围的平方(cm^2)\times 体斜长(cm)}{12500}$$

本公式中的系数(12500)并不适用于我国所有的黄牛品种或者杂交牛，因此必须在实践中对系数进行核对并修正，例如秦川牛的系数为11420。

$$估测系数=胸围的平方(cm^2)\times 体斜长(cm)\times 实际体重(kg)$$

四、结果分析

挑选10～20头同一个本地品种的牛，根据估测我国本地黄牛体重的方法估测所挑选牛的体重，再使用称重工具进行实测，并采用t检验法进行统计分析，然后校正系数，得到适合本地牛体活重的估测方法。

五、拓展提高

牛体活重的估测方法，除了上述方法外，可以参考表3-2-1进行估测。

表3-2-1　肉牛活重估测参考表

围长尺/cm	体况/kg			围长尺/cm	体况/kg		
	瘦	平均	肥		瘦	平均	肥
80	49	47	44	140	242	232	219
81	51	49	46	141	249	238	225
82	52	50	47	142	252	241	228
83	54	52	49	143	255	244	230
84	56	54	51	144	261	250	236
85	59	56	53	145	268	256	242
86	60	57	54	146	274	262	248

续表

围长尺/cm	体况/kg			围长尺/cm	体况/kg		
	瘦	平均	肥		瘦	平均	肥
87	61	58	55	147	280	268	253
88	64	61	58	148	287	275	259
89	66	63	60	149	290	277	262
90	69	66	62	150	294	281	266
91	70	67	63	151	301	288	272
92	72	69	65	152	308	295	278
93	75	72	68	153	312	299	282
94	78	75	71	154	315	301	285
95	80	77	72	155	322	308	291
96	82	78	74	156	329	315	297
97	84	80	76	157	337	322	305
98	87	83	79	158	340	325	307
99	91	87	82	159	344	329	311
100	94	90	85	160	351	336	317
101	95	91	86	161	355	340	321
102	98	94	89	162	359	343	324
103	101	97	91	163	367	351	332
104	105	100	95	164	374	358	338
105	106	101	96	165	382	365	345
106	108	103	98	166	390	373	353
107	112	107	101	167	394	377	356
108	116	111	105	168	397	380	359
109	121	116	109	169	405	387	366
110	125	120	113	170	414	396	374
111	127	122	115	171	422	404	381
112	129	123	117	172	426	408	385
113	133	127	120	173	430	411	389
114	137	131	124	174	439	420	397
115	140	134	127	175	447	428	404
116	142	136	128	176	451	431	408
117	146	140	132	177	456	436	412
118	151	144	136	178	464	444	419
119	154	147	139	179	473	453	428
120	156	149	141	180	477	456	431

续表

围长尺/cm	体况/kg			围长尺/cm	体况/kg		
	瘦	平均	肥		瘦	平均	肥
121	161	154	146	181	484	463	437
122	165	158	149	182	491	470	444
123	171	164	155	183	499	477	451
124	174	166	157	184	508	486	459
125	176	168	159	185	513	491	464
126	181	173	164	186	518	496	468
127	186	178	168	187	527	504	476
128	191	183	173	188	537	514	485
129	194	186	175	189	546	522	494
130	196	188	177	190	551	527	498
131	202	193	183	191	556	532	503
132	208	199	188	192	565	541	511
133	213	204	193	193	574	549	519
134	215	206	194	194	584	559	528
135	219	210	198	195	589	564	532
136	225	215	203	196	590	564	533
137	230	220	208	197	603	577	545
138	233	223	213	198	613	586	554
139	236	226	211	199	624	597	564

实训二　牛的年龄鉴定

牛的年龄是评定牛经济价值和种用价值的重要指标,也是采用不同饲养管理措施的依据。掌握牛群的年龄结构,是制订牛场生产计划和发展规划的基础。在牛买卖交易时,牛的年龄是决定其价格的重要因素。

一、导入实训项目

在现代肉牛和奶牛生产中,牛只的买卖越来越频繁。由于大多数牛场尚无完善的系谱记录,所以在牛只买卖过程中,购牛者往往无法知道牛的实际年龄,导致购买的牛年龄偏大、生产性能低、养殖效益差等。在缺乏可靠记录资料的情况下,可通过牛门齿的更换和磨损情况来鉴定其年龄,结果较为准确。

二、实训任务

(1)了解牛牙齿的齿式,学会分辨永久齿和乳齿。

(2)理解并掌握牛年龄鉴定的方法。

(3)每个小组由3～4人组成,2～3人进行牛只的保定,1～2人鉴定牛的年龄,轮换进行操作。

三、实训方案

1.实训材料

荷斯坦牛、黄牛、水牛。

2.内容和方法

(1)牛牙齿的种类、数目和排列方式。根据牙齿长出的先后顺序,牛的牙齿可分为乳齿和永久齿(恒齿)。牛出生时的牙齿为乳齿,随着年龄的增长,乳齿逐渐被永久齿替代。乳齿一共为10对20枚,无后臼齿;永久齿一共16对32枚。两者排列形式如下:

乳齿式=2×(门齿0/4+犬齿0/0+前臼齿3/3)=20

永久齿式=2×(门齿0/4+犬齿0/0+前臼齿3/3+后臼齿3/3)=32

(2)门齿的排列和结构。门齿也称为切齿,生于下颌的前方。牛上颚无门齿,仅有角质化的齿垫。下颚门齿为4对8枚，由中间向外依次称为钳齿、内中间齿、外中间齿和隅齿。从牛牙齿的外形看，门齿分为齿冠（齿的露出部分）、齿根（埋藏在齿槽内）、齿颈（齿冠与齿根之间的部分）三部分。

（3）乳齿和永久齿的区别。在鉴定牛的年龄时，必须将乳齿和永久齿加以区别（表3-2-2）。

表3-2-2　乳齿和永久齿的区别

特点	乳齿	永久齿
色泽	白色	乳黄色
齿颈	明显	不明显
齿根	插入齿槽较浅，附着不稳	插入齿槽较深，附着很稳定
大小	小而薄	大而厚
排列	排列不整齐，齿间隙大	排列整齐，齿间隙小或无空隙

（4）门齿的出生、磨损和更换。牙齿鉴定牛年龄主要依据门齿的发生、脱落和磨损形态等的规律性变化。犊牛出生时已长成第一对门齿（有的是3对），出生后5~6 d或半个月左右，其他几对门齿陆续长齐；从4 ~ 5月龄开始，乳门齿齿面逐渐磨损，磨损的顺序为由中央到两侧；1岁时，乳门齿的舌面已全部磨光；1.5岁时乳门齿已显著变短，开始松动，逐渐换生门齿，2岁左右换成永久齿；接近5岁时门齿全部换成永久齿。奶牛牙齿的发生期和脱换期见表3-2-3，以后根据永久齿的磨损状态来判别牛的年龄。齿面形状的磨损规律为：开始为长方形或横椭圆形，随磨损程度加深，逐渐向三角形→四边形或不等边形→圆形变化。根据牙齿变化情况鉴定奶牛年龄的方法见表3-2-4。

表3-2-3　奶牛牙齿的发生期和脱换期

齿名	发生期	脱换期
乳钳齿	生前	1.5 ~ 2岁
乳内中间齿	生前或生后1周	2.5 ~ 3岁
乳外中间齿	生后1 ~ 2周	3.5 ~ 4岁
乳隅齿	生后2 ~ 3周	4.5 ~ 5岁
第一对乳前臼齿	生时或生后2 ~ 3周	2 ~ 2.25岁
第二对乳前臼齿	生时或生后2 ~ 3周	2 ~ 2.5岁

续表

齿名	发生期	脱换期
第三对乳前臼齿	生时或生后2～3周	2.5～3岁
第一对乳后臼齿	生后6～9个月	不脱换
第二对乳后臼齿	生后1.5～2岁	不脱换
第三对乳后臼齿	生后4～5岁	不脱换

表3-2-4　奶牛牙齿生长、换生和磨损面特征与年龄关系

年龄	牙齿特征	俗称
4～5月龄	乳门齿已全部长齐，钳齿和乳内中间齿轻微磨损	无
6月龄	乳钳齿和乳内中间齿已磨损，有时乳外中间齿和乳隅齿也开始磨损	无
7～9月龄	乳门齿齿面继续磨损，磨损面扩大	无
12月龄	乳钳齿的舌面已全部磨光，齿冠整个舌面磨光	无
1.5岁	乳门齿显著变短，乳钳齿开始变松，乳内中间齿和乳外中间齿舌面已磨光	无
1.5～2岁	乳钳齿开始换生，2岁时换成永久齿	对牙
2.5～3岁	乳内中间齿开始换生，3岁时换成永久齿	四牙
3.5～4岁	乳外中间齿开始换生，4岁时换成永久齿	六牙
4.5～5岁	乳隅齿开始换生，4～5岁时换成永久齿；四对门齿发育齐全，磨损不明显	齐口
6岁	钳齿磨损面呈长方形或月牙形；钳齿和内中间齿的齿线外露，外中间齿和隅齿的齿线有不明显外露	无
7岁	钳齿磨损面呈三角形，内中间齿磨损面呈长方形，全部门齿的齿线和牙斑清晰可见	满口斑或双印
8岁	钳齿磨损面呈四边形或不等边形，内中间齿齿面呈三角形，外中间齿齿面呈月牙形	八斑或双印
9岁	钳齿齿面向圆形过渡，即出现齿星，牙斑消失；内中间齿的磨损面呈现四边形和三角形	九点珠六印
10岁	钳齿齿星出现；内中间齿向圆形过渡，齿星出现，且牙斑开始消失；外中间齿呈现四边形；隅齿呈三角形	二珠、小四斑或八印

续表

年龄	牙齿特征	俗称
11岁	外中间齿的齿星出现,隅齿呈四边形,齿间空隙继续增大	三珠
12岁	隅齿齿星出现,齿间空隙继续增大	十二满珠

我国的黄牛及水牛,因为成熟较晚,牙齿的换生、磨损比奶牛迟,黄牛一般比奶牛迟半年,水牛比奶牛约迟一年,在鉴定牛的年龄时需要注意牛的品种。

3.注意事项

牛牙齿的磨损由于受成熟性、营养和健康、饲养管理条件、自然条件及畸形齿等因素的影响,牙齿齿面通常有不规则的磨损,在进行年龄鉴定时,必须根据实际情况,并结合其他年龄鉴定方法,综合进行判断,以提高牙齿鉴定年龄的准确性。

(1)成熟性。早熟品种的牛牙齿的脱换和磨损较晚品种快。

(2)营养和健康。营养条件好的牛,体质较健康,齿质坚硬、不易磨损,反之则磨损快。

(3)饲养管理条件。舍饲牛由人工供给饲草,饲养条件较好,牙齿磨损慢;放牧的牛,饲养条件较粗放,牙齿磨损较快。若粗饲料品质差、粗老、坚硬且纤维含量高,则牙齿磨损较快。

(4)自然条件。自然条件差的地区,草短且草质粗硬,并夹杂许多砂砾,导致牛牙齿磨损快。牧草茂盛的滨湖地区,牙齿磨损慢。

(5)畸形齿。由于畸形齿磨损不规律,鉴定年龄应予以注意。如竹梗齿长宽且薄,向外倾斜,磨损面齿星呈月牙状,不出现圆形,鉴别年龄时应增加2岁。

四、结果分析

(1)根据牛只的牙齿情况,判断出牛的年龄。

(2)根据图3-2-1,判断牛的年龄。

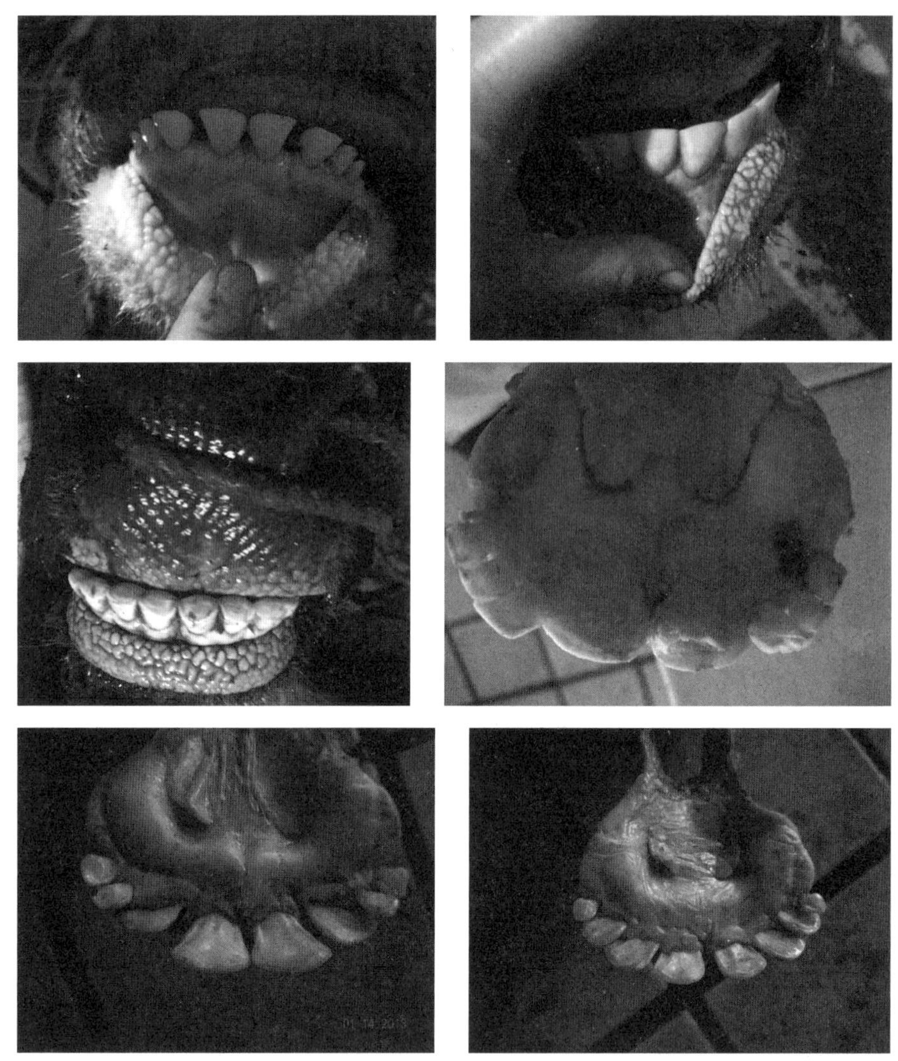

图3-2-1 牛的门齿

五、拓展提高

根据角轮和外貌鉴定牛的年龄

除了用牙齿鉴定牛的年龄外，还可以根据角轮、外貌来鉴定牛的年龄。

1.根据角轮鉴定

母牛在妊娠和哺乳期，由于营养消耗过多，若没有及时补充营养，则导致母牛营养不良，牛角组织便不能充分发育，表面凹陷，形成环形痕迹，称为角轮。母牛每妊娠一次就出现一个角轮，所以母牛的角轮数与产犊次数大致相同，由此可判断母牛的年龄。母牛年龄的计算公式如下：

母牛年龄(岁)=角轮数+初次配种年龄

阉牛、公牛营养条件差时也会形成角轮,且多出现在冬季。这是由于冬春饲料较缺乏,一年四季饲料供应不平衡,同时气候严寒也会影响暴露于体外的角的生长。考虑到角不是一出生就有的,所以公牛或阉牛的年龄为:

公(阉)牛年龄(岁)=角轮数+(0.5~1)

角轮法是以角存在为基础的,无角品种和因角斗等而掉角的有角品种的牛,无法用角轮法鉴定年龄。

角轮的变化受营养水平、妊娠或哺乳的影响较大。牛因营养不良、疾病等原因也会产生角轮,而当营养供应充分时,公牛和母牛可能都不出现角轮。如母牛中途流产时,角轮比正常的要窄;空怀使角轮间隙加大。根据角轮鉴定年龄误差较大,只能作为参考。

2.根据外貌鉴定

通过观察牛的外貌,可以大概估计牛的年龄,以判断是老年牛、壮年牛、青年牛还是幼年牛。

幼年牛头短而宽,眼睛活泼有神,眼皮较薄,被毛光润;体躯狭窄,四肢高,后躯高于前躯。一般年轻牛(壮年牛或青年牛)的被毛长短、粗细适度,皮肤柔润而富弹性,目光明亮,活动富有生气。老年牛一般站立姿势不正,皮肤枯燥,被毛粗乱、缺乏光泽,目光呆滞,眼圈上皱纹多并混生白毛,行动迟钝,塌腰,弓背。这种方法只能鉴定牛的老幼,不能确切判断牛只的年龄,故仅能作为年龄鉴定的参考。

实训三　牛的外貌评分

牛的体形外貌是生产性能的重要依据，也是非常重要的选种目标，不同生产性能的牛都具有与其相适应的体形外貌。牛的外貌评分就是根据其生产用途和品种的不同，按照牛的毛色、各部位的特征与健康程度、生产性能的关系大小，确定为不同的分数。在奶牛和肉牛生产中，生产者都希望通过牛的外貌特征来评定等级，但是外貌受到很多视觉因素的影响，因此通过外貌特征来完全评定生产性能还不够准确。为让外貌评分更加准确、规范，国际动物记录委员会提出性状间生物联系是更为精确的外貌评分标准记录系统，各国专业人员又在本国实际生产情况的基础上对外貌评分标准记录系统进行了校正，以更符合各国实际情况。

一、导入实训项目

产奶量高或者增重好的牛一般都具有优良的体形外貌，而优良的体形外貌也大都能获得较好的生产性能。因此，在进行牛的挑选、购买以及选种选配时都需要进行外貌评分。

二、实训任务

(1)掌握不同生产用途牛的体形鉴定和外貌评分的基本方法。

(2)熟悉不同生产用途牛的外貌特征及外貌评分总分的计算方法。

(3)每个小组由5～6人组成，其中3～4人进行外貌鉴定评分，2～3人进行记录和分析，轮换进行操作，然后一起根据牛的总分，判定牛的等级。

三、实训方案

1.实训材料

健康牛若干头。

2.内容和方法

在进行牛的外貌评分之前，首先应该了解牛的品种、年龄、胎次、泌乳阶段和繁殖状况等。进行鉴定时，让牛自然站立于宽广平坦、光照充足的场地上，鉴定人员根据外貌评分的方法站在距离牛10～15 m的地方，首先用肉眼环视牛体一周，整体观察牛的外貌特征，然后走到距离牛4～5 m的地方分别站在前面、侧面和后面进行观察；肉眼观察完后，再用手对一些关键部位进行触摸鉴定，了解皮肤和乳房等部位的发育情况，再让牛自由行走，观察其肢蹄健康状况。最后，按照外貌评分标准所列项目评出分数，汇总分数后确定该牛的等级。

（1）肉用牛的外貌评分。肉牛品种是指针对肉用性能专门选育的品种，从整体看，肉牛皮薄骨细，体躯宽深，全身肌肉丰满，皮下脂肪发达、疏松而匀称。因此，肉牛的外貌评分标准侧重于产肉特征，具体见表3-2-5和表3-2-6。

表3-2-5　肉用牛外貌评分标准表

部位	鉴定要求	评分	
		公牛	母牛
整体结构	品种特征明显，结构匀称，体质结实，肉用体形明显，肌肉丰满，皮肤柔软有弹性	25	25
前躯	胸宽深，前胸突出，肩胛宽平，肌肉丰满	15	15
中躯	肋骨张开，背腰宽而平直，中躯呈圆筒形；公牛腹部下垂	15	20
后躯	尻部长、平、宽，大腿肌肉突出伸延；母牛乳房发育良好	25	25
肢蹄	肢势端正，两肢间距宽，蹄形正，蹄质坚实，步态正常	20	15
合计		100	100

表3-2-6　肉牛外貌等级评定

性别	特等	一等	二等	三等
公	85	80	75	70
母	80	75	70	65

（2）荷斯坦牛（奶牛）的外貌评分。奶牛的体形外貌不仅与其健康状况和使用年限密切相关，还可以直接或间接影响牛的生产性能。因此，奶牛的外貌评分是品种选育、繁殖性能评定的重要依据，具体的评分方法见表3-2-7。

表3-2-7　荷斯坦牛（母牛）外貌评分标准表

项目	项目与给满分要求	标准分
一般外貌与乳用特征	1.头、颈、鬐甲、后大腿等部位棱角和轮廓明显	15
	2.皮肤薄而有弹性，毛细而有光泽	5

续表

项目	项目与给满分要求	标准分
	3.体高大而结实,各部位结构匀称,结合良好	5
	4.毛色黑、白、花,界限分明	5
	小计	30
体躯	5.体躯长、宽、深	5
	6.肋骨间距宽、长而开张	5
	7.背腰平直	5
	8.腹大而不下垂	5
	9.尻长、平、宽	5
	小计	25
泌乳系统	10.乳房形状好,向前后延伸,附着紧凑	12
	11.乳腺发达,乳房柔软而有弹性	6
	12.四乳区:四个乳区匀称,前乳区中等大,后乳区高、宽而圆,乳镜宽	6
	13.乳头:大小适中,垂直呈柱形,间距匀称	3
	14.乳静脉弯曲而明显,乳井大	3
	小计	30
肢蹄	15.前肢:结实,肢势良好,关节明显,蹄质坚实,蹄底呈圆形	5
	16.后肢:结实,肢势良好,左右两肢间距宽,系部有力,蹄形坚实,蹄底呈圆形	10
	小计	15
总计		100

当外貌评分总分≥85分时评定为“特等”,总分为80(含)~85分时评定为“一等”,总分为75(含)~80分时评定为“二等”,总分为70(含)~75分时评定为“三等”。另外,在对奶牛进行外貌评分时,若乳房、四肢和体躯其中一项有明显生理缺陷时不能评为“特等”,其中有两项生理缺陷时不能评为“一等”,当三项都存在生理缺陷时则不能评为“二等”。在对乳用犊牛和育成牛进行外貌评分时,由于泌乳系统尚未发育成熟,可作为次要部分,把重点放在一般外貌与乳用特征、体躯和肢蹄部分上。

四、结果分析

利用多元统计方法，分析外貌评分法与牛生产性能的相关性。

五、拓展提高

不同国家根据本国肉牛生产的特点所制订的体形外貌评定标准内容有所不同，我国肉牛繁育专家根据我国黄牛生产的实际状况制订了中国黄牛外貌评分标准，具体见表3-2-8。

表3-2-8　中国黄牛外貌评分标准表

<table>
<tr><th colspan="2">项目</th><th>满分标准</th><th>公牛</th><th>母牛</th></tr>
<tr><td colspan="2" rowspan="2">品种特征及整体结构</td><td>要求该品种全身被毛、眼圈、鼻镜、蹄趾等的颜色，角的形状、长短和光泽等品种特征明显</td><td rowspan="2">30</td><td rowspan="2">30</td></tr>
<tr><td>体质结实，结构匀称，体躯宽深，发育良好，皮肤粗厚，毛细短、光亮，头型良好，公牛有雄相，母牛俊秀</td></tr>
<tr><td rowspan="3">躯干</td><td>前躯</td><td>公牛鬐甲高而宽，母牛鬐甲较低但宽；胸部宽深，肋弯曲扩张，肩长而斜</td><td>20</td><td>15</td></tr>
<tr><td>中躯</td><td>背腰平直宽广，长短适中，结合良好；公牛腹部呈圆筒形，母牛腹大不下垂</td><td>15</td><td>15</td></tr>
<tr><td>后躯</td><td>尻宽长，肌肉丰满；公牛睾丸两侧对称，大小适中，附睾发育良好；母牛乳房呈球状，发育良好，乳头较长且排列整齐</td><td>15</td><td>20</td></tr>
<tr><td colspan="2">四肢</td><td>健壮结实，肢势良好，蹄大、圆、坚实，蹄缝紧，动作灵活有力，行走时后蹄落地能赶过前蹄</td><td>20</td><td>20</td></tr>
<tr><td colspan="3">合计</td><td>100</td><td>100</td></tr>
</table>

美国荷斯坦牛协会在研究荷斯坦牛外貌评定方法的过程中发现，用外貌线性评定法分别对单个生物性状进行评定可以大大提高遗传改良作用。这种方法涉及生理价值和经济价值的性状，将管理和环境影响作为新的考虑因素纳入评定标准，参考价值更高。

第四篇

羊生产实验与实训

概述

羊生产学是动物科学及相关专业的传统核心课程，具有理论性强、内容抽象、涉及面广等特点，是进一步学习后续课程和进行科学实践的重要基础。同时，羊生产学也是一门操作性很强的实验实践性学科，因而在羊生产学教学过程中，除了加强理论课的学习外，还必须加强实验实践教学环节，注重培养学生独立思考和实际动手操作的能力，提高学生观察问题、分析问题和解决问题的能力，激发学生的主动探索精神和知识创新精神。

羊生产实验与实训部分由羊生产实验和羊生产实训两部分构成，包括8个实验、5个实训。实验部分侧重于巩固和提高课堂所学的理论知识，要求学生通过掌握羊毛(绒)品质分析样品的采集与处理方法、羊毛(绒)纤维组织学构造的观察方法、羊毛纤维类型分析及羊毛种类的识别方法、羊毛(绒)细度的测定方法、羊毛(绒)自然长度和伸直长度测定方法、羊毛(绒)密度的密度钳测定法和皮肤切片测定法、净毛率的测定方法等以强化羊毛品质鉴定方面的知识；通过对羊屠宰和肉品质评价，加强对羊屠宰分割和肉质评价方面知识的了解。实训部分主要通过对肉用绵羊、肉用山羊、乳用山羊、细毛羊和半细毛羊的外貌鉴定和个体鉴定，羊的体尺、体重测量，我国主要羔皮、裘皮的识别及品质评定等内容的实训，强化学生理解问题、分析问题的能力，同时培养学生的创新思维、创新能力。

本篇内容力求简洁性、实用性和系统性相结合，注重学生能力的培养。在每个实验、实训中不仅介绍了实验、实训背景，还突出操作方法和过程，实验现象的观察记录和结果计算。

本篇内容可供羊生产实验与实训教学、毕业论文设计和科学研究时查阅和参考，也可供羊养殖从业者参考。

第一部分 羊生产实验

实验一　羊毛(绒)品质分析样品的采集与处理

在羊毛的生产、加工和流通过程中，都需要进行羊毛品质的分析工作，而分析毛样的采集是所有羊毛品质分析工作的首要基础。在养羊业中进行羊毛品质分析，可为培育产毛性能优秀、羊毛品质良好的新品种及羊的饲养管理提供科学依据。在羊毛流通过程中对羊毛进行公证检验，可保护牧、工、商的利益，合理利用羊毛资源，保证公平交易。在毛纺工业中研究羊毛品质可提高羊毛原料的合理利用率，提高产品质量。

羊毛品质分析的结果，不仅取决于实验方法和使用的仪器，还取决于实验材料(毛样)的代表性。因此，只有采样时做到随机取样才能接近真实情况，才能准确反映生产和指导生产，分析结果也才有意义。

一、实验目的

识别羊毛样品采集部位，掌握羊毛毛样的采集方法、采样时间及数量，了解不同分析内容毛样的采集要求及毛样的包装与保存方法。

二、实验材料

采样羊只、剪毛剪、电子秤、自封口塑料袋、标签纸、记号笔、包装用品。

三、实验方法

1. 毛样的采集部位

采样部位可由实验目的来定，一般情况下，用于科学实验的样品，种公羊采样的主要部位为肩部、体侧部、股部、背部和腹部5个部位，或至少需采集肩部、体侧部和股部3个部位的毛样，母羊采样部位仅为体侧部1个部位，或肩部、体侧部和股部3个部位。具体采样部位可根据实验要求和分析项目等酌情而定。

肩部：指肩胛骨的中心点。

体侧部：指肩胛骨后缘一掌，体侧中线稍偏上处。

股部：指腰角至飞节连线的中间点。

背部：指鬐甲至十字部背线的中间点。

腹部：指胸骨后缘至耻骨前缘连线的中部，公羊在阴鞘前、母羊在乳房前一掌处的左侧。

羊毛交易中质量检验所用的样品，应从毛包中钻芯扦取或抓取，具体数量和方法参照GB 1523—2013《绵羊毛》。

2.毛样的采集方法

在规定部位用剪刀贴近皮肤剪下毛样，要求毛茬整齐。用手指捏紧样品将其撕下，尽可能保持羊毛的长度、弯曲度及毛丛的原状。测定净毛率的毛样，应在采集时称重，避免抖掉杂质；也可以在剪毛前于采样部位做记号，待剪毛完毕时，在记号处采样，同样应称重并避免抖掉杂质。

3.毛样的采集时间及数量

分析用毛样应于每年剪毛前采集生长足12个月的羊毛。采集的只数越多，样品的代表性越强，分析结果就越可靠，但具体应视实际情况而定。

(1)一般情况下，对种公羊和参加后裔测验的幼龄公羊应全部采样。

(2)细毛和半细毛的一级成年母羊及1.0～1.5岁育成母羊，可按羊群中一级羊总数的5%～10%采样，亦可随机从上述羊群中抽选10只作为代表羊进行采样。

(3)同质毛的杂种母羊应从每一等级羊群中，随机抽取5%或10～15只羊作为采样羊。

(4)裘皮羊和羔皮羊的毛样应根据不同目的，在不同等级羊群里按总数的5%或随机抽选10～15只羊进行采样。

4.不同分析内容的采样要求

(1)纤维类型分析用毛样。主要用于鉴定杂种羊及粗毛羊的羊毛品质，在采样前应先按世代数或鉴定等级确定出采样羊只，采样部位为肩部、体侧部和股部。采样时将每个部位被毛分开，随机取3～5个完整的毛辫，或从根部剪取一定量的毛样，装入采样袋并加以标记。

(2)细度、长度、强伸度、含脂率等分析用毛样。一般从肩部、体侧部和股部3个部位各取毛样15~30 g,分别包装并加以标记。

(3)净毛率测定用毛样。个体净毛率测定用毛样采集方法可分以下三种,但具体选择哪种应根据实际情况酌情选用。

①从羊的肩部、体侧部、股部、背部、腹部这5个部位,每个部位取40 g毛样,共200 g组成一个分析用毛样,每个部位采集3次,共采集3个分析用毛样,分别装入采样袋中并加以标记。

②从肩部、体侧部、股部各取200 g毛混匀后,均分为三个样品后进行测定。

③从体侧部100 cm^2的面积上取样70~100 g进行测定。

5.分析用毛样的包装与保存

采集到的毛样需按其自然状态装入毛样样品袋并包装好,每袋毛样都需注明采样地点(或单位)、品种、羊号、性别、羊的年龄、等级、采样部位、样品编号、采样日期和采样人等信息。每只羊的不同部位的毛样,应按一定顺序放置。进行含脂率测定的毛样应用蜡纸、塑料袋或带盖玻璃瓶包装,以防因油脂损失而影响测定结果。

毛样保存时应注意通风、干燥、防虫蛀,采集的毛样最好在6个月之内完成测定,保存期过长将影响测定的结果。

6. 羊毛质量检验样品的采集

在羊毛贸易中,对各种羊毛进行品质检验和公量检验的毛样参考GB/T 14269—2008《羊毛试验取样方法》(已废止,但有参考意义)和GB 1523—2013《绵羊毛》中所规定的要求和方法进行采集。

四、思考题

简述科学实验中羊毛样本的一般采集及处理方法。

五、拓展

混合毛样采集方法

为了解全群或某一等级某一类羊的平均净毛率时,需采混合毛样。混合毛样应于全群10%的羊体上采集,如要对300~500只的羊群采混合毛样,应在剪毛过程的前、中、后期各采10~15只羊的混合毛样,每个毛样重为300~500 g。混合毛样采集方法可分为由羊体上直接采样、毛包钻孔扦样两种。

(1)由羊体上直接采样。为做到随机扦取,应在剪毛的前、中、后期分批进行采集,每次采10～15只羊的毛样，可在剪毛后由套毛的不同部位按网格法依次等量采样，从每头羊体上所取的毛样无须单独包装，待全部采完后充分混合，由大样中随机抽3份300～500 g的分析用毛样。

（2）毛包钻孔扦样。毛包钻孔扦样代表性最佳，国内外毛纺工业常采用此取样方法，近来毛包钻孔扦样也为畜牧生产所采用，其操作方法如下所述。

钻样工具：扦样采用的人工手插式钻孔器，由500～550 mm长的不锈钢管制成，钻孔管端部装有可卸的圆形削刃刀口，直径不小于25 mm，钻孔装置抽取的毛柱的多少由钻孔管的直径和长度决定。

扦样方法：扦取样品与打包过秤工作同时进行，将毛包包皮割开，要防止包皮材料混入毛样内，钻管从毛包的顶面或底面插入，并随机在距离毛包边缘不少于100 mm处钻取毛样。钻管应与毛包表面呈微倾斜的角度插入，钻孔的深度应是毛包高度的90%以上。要求同批羊毛所采用的钻孔工具的类型及直径一致，全批各个毛包钻样的深度及样品数量要近似相等。取样后将样品立即放入带有编号的塑料袋内，严防毛样丢失、土杂和水分变化。全部扦样结束时应立即称重记录，不同日期扦取的样品应分别称重累加。

扦样包数：在生产中每一单位样包不能过多，因此扦样包数应根据总包数而定。25包以下，每包都扦样；26～50包，扦样30包；51～75包，扦样37包；76～100包，扦样39包。

每包的钻孔数目：每个样包至少钻孔1次，如毛包过少且逐包钻孔也不能满足需用时，可酌情增加每包钻孔数，但各钻孔之间应保持500 mm以上的距离。各批毛包钻孔扦样对应交替互换扦孔部位，力求样品的充分代表性。同质细羊毛每包应钻扦800 g，半细毛及异质羊毛每包为600～800 g。

实验二　羊毛(绒)纤维组织学结构的观察

羊毛(绒)纤维的组织学结构是羊毛(绒)工艺性能的基础,因此,观察羊毛(绒)纤维组织学结构是研究羊毛(绒)品质的基本方法。

一、实验目的

了解不同类型羊毛(绒)纤维组织结构特点,观察构成羊毛(绒)纤维的鳞片层、皮质层和髓质层的细胞形状、大小及排列状态,并在此基础上,全面比较不同类型羊毛(绒)纤维外部形态上的差别,以准确识别不同类型的羊毛(绒)纤维。

二、实验材料

黑绒布、尖头镊子、载玻片、盖玻片、250 mL烧杯、外科直剪、玻璃棒、吸水纸、乙醚、浓硫酸、甘油、无水乙醇、火胶棉、蒸馏水、显微镜、1 mL移液枪、1 mL移液枪头、枪头盒、实验用毛(绒)样。

三、实验方法

1.实验用毛(绒)样的洗涤

将适量乙醚或无水乙醇倒入烧杯中,用镊子夹住羊毛(绒)基部,在溶液中轻轻摆动,勿弄乱纤维。若洗后液体较浑浊,可重复洗涤步骤。洗净后取出毛(绒)样,挤掉溶液,用吸水纸吸去残留溶液,待溶液挥发干后备用。

2.羊毛(绒)的纤维组织学结构观察

(1)鳞片层。鳞片层是毛纤维的最外一层,由扁平、无核、形状不规则的角质细胞组成,起到保护、黏合、决定羊毛光泽的作用。

①鳞片可分为环状鳞片和非环状鳞片两类。

环状鳞片(图4-1-1)是单独的一个鳞片,像一个环一样,每一个鳞片即绕毛干一周,将毛干完全包裹起来。上面的一个环圈的下端伸到下面环圈的上端之内,每个环状鳞片都完整无缝,而且边缘相互覆盖。环状鳞片是无髓毛的典型特征。

非环状鳞片也叫瓦状鳞片(图4-1-2),由2~3个或更多个各种形状的鳞片绕毛干一周，鳞片相互覆盖或相互衔接，以覆瓦状或鱼鳞状排列，下端附着在毛干上，但覆盖面积不大，其上端翘起但程度小，鳞片边缘的锯齿形也不太明显。一般两型毛和有髓毛的鳞片属此类型鳞片。

图4-1-1 环状鳞片

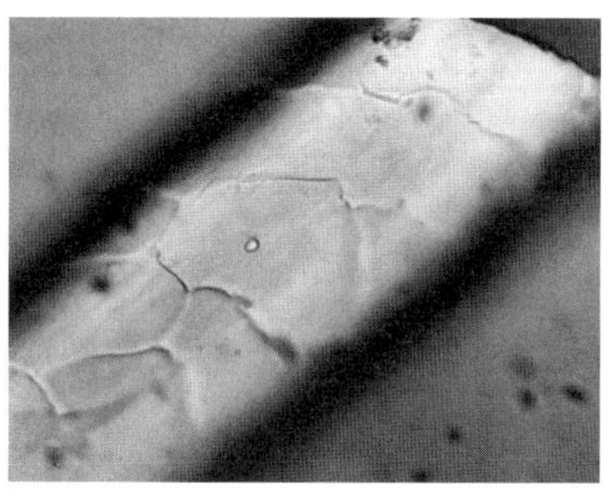

图4-1-2 瓦状鳞片

②鳞片层的观察方法有直接观察法和间接观察法两种。

鳞片层直接观察法：在黑绒布上挑取数根洗净的羊毛(绒)并剪成2～4 mm长的短纤维置于载玻片上，滴一滴甘油，盖上盖玻片于显微镜下观察。

鳞片层间接观察法：用玻璃棒将火棉胶均匀涂少许于载玻片上，待其呈半干状态时，再将挑取的毛纤维横置其上，稍加压力使毛纤维一半嵌入胶中，即能印出理想的鳞片形状，但纤维嵌入胶中过深或过浅均不能印出较好的鳞片形状(图4-1-3)。待胶干后轻轻取下毛纤维，胶膜上就印出了纤维鳞片的形状，将胶膜置于显微镜下观察。此法虽较简单，但要反复练习才能掌握要领，其关键点是要根据不同的羊毛纤维类型来准确掌握涂胶技术、印压时间长短和取下毛纤维力度大小。

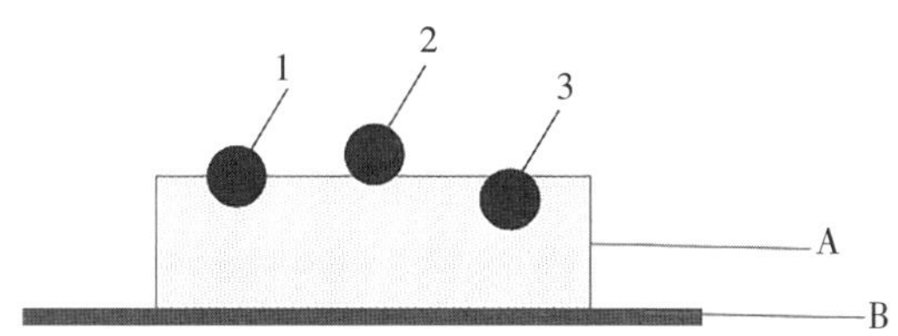

A. 火棉胶；B. 载玻片；1. 纤维嵌入正确；2. 纤维嵌入过浅；3. 纤维嵌入过深

图4-1-3 鳞片印制示意图

(2)皮质层。皮质层由细胞间质和皮质细胞组成，决定羊毛的理化性能(颜色、染色)和机械性能(强度、伸度)。细胞间质为非角质物质，主要成分是无定形结构的蛋白质，其二硫键较多，容易受到化学试剂作用，易被浓硫酸破坏。皮质细胞为细长、两端尖、扁的梭状角质化细胞。一般羊毛越细，皮质层所占比例越大，越粗的羊毛皮质层所占比例越小。

皮质层观察方法:取数根羊毛并剪成2~4 mm长的短纤维置于载玻片上,然后滴一滴浓硫酸再盖上盖玻片,经2~3 min后用镊子将盖玻片稍加力度按压后,于显微镜下即可观察皮质层。

(3)髓质层。髓质层位于有髓毛和两型毛的毛纤维中央,是有髓毛的主要特征。髓质层是由不规则形状的薄壁空心细胞组成,各种形状的细胞重叠似蜂窝状,细胞内有很多气孔,内含大量空气(图4-1-4)。因此,在显微镜下观察时,由于光的反射,白色的毛纤维也会看到黑色的髓质层。有髓毛的髓质层较发达,一般为连续状,其髓腔的大小往往随着毛纤维直径的增大而增大。两型毛的髓质层较细,多呈线状、断续状和点状,或一部分有髓,一部分无髓。

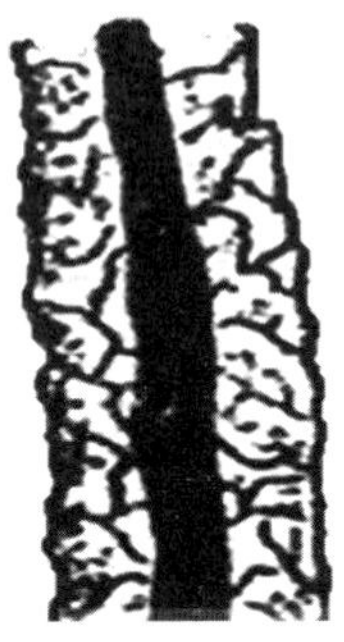

图4-1-4 羊毛纤维的髓质层

髓质层观察方法:取适量洗净的羊毛并剪成2~4 mm长的短纤维置于载玻片上,滴一滴蒸馏水再盖上盖玻片,在盖玻片一端加无水乙醇,另一端用吸水纸吸液体,反复数次约5 min后于显微镜下观察,髓质层细胞即清晰可见。此操作旨在排出髓质层里的空气,因髓质层含有大量空气,显微镜下显示为黑色,不便于观察,在排出空气后,于显微镜下观察髓质层较清晰。

四、思考题

绘图比较有髓毛、两型毛、无髓毛(羊绒)的组织学结构,并绘图说明羊毛鳞片层细胞、皮质层细胞及髓质层细胞的特点。

五、拓展

羊毛(绒)鳞片层间接观察的其他方法

(1)玻璃纸印模法。取洗净的羊毛(绒)纤维数根,置于新的玻璃纸上,并将夹有羊毛的玻璃纸放在两块平板玻璃之间,用钢夹子夹紧,外面加一定压力,将毛纤维压在中间,再放入 70 ~ 80 ℃烘箱中烘烤 5 min 左右，鳞片痕迹便印在玻璃纸上，取出观察。

（2）明胶印模法。取 1 g 白明胶加水 3 ~ 5 mL，放在水浴锅中加热，滴加少许美蓝溶液使其呈现为蓝色的明胶溶液。用玻璃棒将明胶溶液均匀涂于载玻片上，待其呈半干状态时，再将洗净的羊毛纤维嵌入明胶之中，等明胶干后取下毛纤维，不加盖玻片，放在显微镜下可观察到明胶表面上印有鳞片的痕迹。

（3）市售指甲油印模法。市售指甲油可代替明胶溶液，操作同上。

实验三　羊毛纤维类型分析及羊毛种类的识别

羊毛纤维类型和羊毛种类是两个不同的概念，羊毛纤维类型是对单根纤维而言，而羊毛种类则是指羊被毛的集合体。不同种类的羊毛，其组成成分、细度、长度，以及用其为原料所织成的织品种类和品质各不相同。因此在羊毛生产中，从业者首先应对羊毛纤维类型和羊毛种类有明确的概念，掌握两者的特点和区别。羊毛纤维类型的分析，是在正确区分羊毛纤维类型的基础上，对异质羊毛品质优劣评价的一种方法。其目的有三：一是评定粗毛羊羊毛工艺品质；二是研究细毛羊、半细毛羊杂交改良粗毛羊的效果；三是分析羔皮羊、裘皮羊的羊毛纤维类型含量与羔皮、裘皮品质的关系。

一、实验目的

（1）根据各类型羊毛纤维在形态、粗细、组织学结构等方面的不同，掌握辨认不同羊毛种类和羊毛纤维类型的方法。

（2）掌握羊毛纤维类型分析的基本方法。

二、实验材料

黑绒布、尖头镊子、天平（精确度0.0001 g）、称量瓶、烘箱（0～200 ℃）、干燥箱、长柄镊子、显微镜、计数器、培养皿、表面皿、烧杯（250 mL）、实习羊毛样品、苯溶液、乙醚或碱皂溶液。

三、实验方法

1.羊毛种类的识别

取细羊毛、半细羊毛和粗羊毛实习样品，分别置于黑绒布上，仔细观察其同质性、长短、粗细、弯曲形状、油汗多少等特点及区别，并记录观察结果。

2.羊毛纤维类型的识别

取异质毛一束，先用乙醚洗净、晾干，置于黑绒布上。选取有髓毛、两型毛、无髓毛等各若干根，并取刺毛若干根。仔细观察这些毛在外观形态上的异同及在苯溶液中（将毛纤维放入盛有苯的表面皿中）的可见程度，记录观察结果。

3. 羊毛纤维类型分析方法

羊毛纤维类型分析方法有重量法和数量法两种。据实验分析目的不同，重量法与数量法的具体分析方法也有所不同。如在羊毛商业检验中，羊毛纤维类型分析方法参考GB/T 14270—2008《毛绒纤维类型含量试验方法》；而在养羊实际生产中，为了更准确地分析羊毛纤维类型，常常采用下列方法进行测试。

（1）重量分析法。

①从被检毛样中取3个重为2～3 g的试样（分析、对照、后备）。

②将已洗净的称量瓶置于烘箱中烘至绝干后取出置于干燥器中冷却，用天平称重（精确度为0.0001 g）并记录。

③供试毛样用乙醚或碱皂溶液洗涤干净。

④将洗净的毛样放入已称重的称量瓶中，然后置于105 ℃烘箱中烘至绝干。取出后置于干燥器内冷却（至少20 min），最后称重并记录。

⑤将已称重的毛样置于黑绒布上（若为有色毛则用白绒布），用尖头镊子按照羊毛纤维的几种基本类型把每种类型的纤维选出来，并按有髓毛、两型毛、无髓毛、干毛及死毛归类放置。

⑥将分出的不同类型羊毛分别装入已称重的称量瓶中，然后置于105 ℃烘箱中烘至绝干，取出置于干燥器中冷却后在天平上称重，分别记录各类型纤维的重量。

分析工作结束后，可能残留少量未经撕开的纤维小团，这些在技术上无法列入各类型之中，故称残留物；还可能存留少量杂物，统称垃圾。残留物和垃圾均应在绝干情况下分别称重，并进行记录，如某一项的重量超过样品原重的3%时，分析结果为不合格。另外，在分析中不管如何小心，总会有一些损耗，但损耗量如果超过了样品原重的3%，亦应视为分析结果不合格。

（2）数量分析法。

①取供试毛样0.5 g。

②数量分析与纤维重量无关，所以一般不需洗毛。但为了分析工作更方便，也可将毛样用乙醚清洗干净。

③将毛样置于黑绒布上，按有髓毛、两型毛、无髓毛归类放置，以由长到短的顺序，用镊子逐根抽取，并用计数器进行数量统计。

分析过程中动作要轻，注意尽量不要拉断纤维，如不慎拉断，应做好记录，拉断的数量不能超过纤维总数的5%。

3.分析统计公式

$$\text{某一纤维类型的绝干重量百分比}=\frac{\text{某一纤维类型的绝干重量(mg)}}{\text{各类型纤维的绝干总重量(mg)}}\times 100\%$$

$$\text{残留物的重量百分比}=\frac{\text{残留物绝干重量(mg)}}{\text{样品绝干重量(mg)}}\times 100\%$$

$$\text{垃圾重量百分比}=\frac{\text{垃圾绝干重量(mg)}}{\text{样品绝干重量(mg)}}\times 100\%$$

$$\text{某纤维类型根数百分比}=\frac{\text{某纤维类型根数}}{\text{各类型纤维总根数}}\times 100\%$$

$$\text{损耗}=\frac{\text{样品绝干重量}-(\text{各类型纤维绝干总重量}+\text{残留物绝干重量}+\text{垃圾绝干重量})}{\text{样品绝干重量}}\times 100\%$$

四、思考题

(1)将羊毛纤维类型重量分析法测得的结果填入表4-1-1。

表4-1-1 羊毛纤维类型重量分析统计表

项目	第一样品		第二样品		第三样品		平均
	重量/mg	百分比/%	重量/mg	百分比/%	重量/mg	百分比/%	
有髓毛							
两型毛							
无髓毛							
死毛							
以上共计							
残留物							
垃圾							
损耗							
样品总量							

(2)将羊毛纤维类型数量分析法测得的结果填入表4-1-2。

表4-1-2　羊毛纤维类型数量分析统计表

毛样	有髓毛		两型毛		无髓毛		死毛		干毛		总根数
	根数	百分比/%	根数	百分比/%	根数	百分比/%	根数	百分比/%	根数	百分比/%	
实验组											
对照组											
平均											

注:①统计分析结果后,如实验样品与对照样品之间各类型纤维重量或数量百分比之差不超过3%,即认为分析合格,并可用两个样品的平均数代表分析结果;如差异超过3%,则需分析第三样品,并以其中两个相近结果的平均数为分析结果。

②对0.5 cm以下的短纤维,采用重量分析法时将其列入杂质中计算,数量分析时可不计。

五、拓展

了解GB/T 14270—2008《毛绒纤维类型含量试验方法》。

实验四　羊毛(绒)细度的测定

细度是羊毛(绒)物理性能中的一项重要指标,直接关系到羊毛(绒)的用途及工艺价值。另外,目前世界各国通用的羊毛(绒)分级方法都是以细度为基础的,所以细度也是绵羊、山羊育种工作中一项重要的鉴定内容。细度的测定方法较多,但概括起来主要分为经验测定法与实验室测定法两种。经验测定法多在现场应用,一般是将羊毛(绒)细度下限标样与待测羊毛(绒)样进行对照;实验室测定法根据所用仪器的不同可分为显微投影仪法、显微镜法、气流仪法、激光扫描纤维直径分析仪法、光学纤维直径分析仪法等,各种方法的测试原理不同,测试结果也可能略有差异。

目前,在我国的羊毛商业检验中最常用的测定方法是显微投影仪法,依据的标准是GB/T 10685—2007《羊毛纤维直径试验方法　投影显微镜法》。故本次实验主要介绍用显微投影仪测定羊毛(绒)细度的方法。

一、实验目的

掌握用显微投影仪测定羊毛(绒)细度的方法。

二、实验材料

毛样、绒样、显微投影仪、物镜测微尺、楔形尺、黑绒板、载玻片、盖玻片、烧杯(250 mL)、培养皿、标本针、单面刀片、甘油(或石蜡油)、乙醚。

三、实验方法

显微投影仪法测定羊毛(绒)细度是通过光学显微镜将放大的纤维片段轮廓图像投射到屏幕上,用刻度尺或电子楔形尺测量纤维片段的宽度,记录单根纤维测量值,然后计算出平均直径、标准差和变异系数,也可以此绘出细度分布频率曲线图。本法适用于从原料到成品所有形态羊毛纤维的细度检测,但缺点是检测速度慢、效率低,且受人为因素及测试数量的限制,精确度相对较差。其测定方法如下。

1.制片

(1)从供测试的毛、绒样中,各选取重约1～2 g的小试样。

(2)将毛、绒小样分别置于乙醚中洗涤干净。

(3)将干燥后的小样分别仔细掺和,颠倒放置,使其中某些纤维的尖端,距离不等地置于另一些纤维的基部,然后用两个对齐并紧贴的单面刀片分别在小样上切取纤维片段。

(4)将切取的毛、绒纤维片段分别置于载玻片上,滴适量甘油,用标本针充分搅动,待均匀后覆以盖玻片即可分别测定供试样的细度。

2.测定

用显微投影仪测定羊毛(绒)细度时应注意如下两点:

(1)测定工作是利用楔形尺进行的。楔形尺上的数值是放大500倍以后的读数,并以2.5 μm为组距从小到大按顺序排列。这种量具分7.5 ~ 75 μm和75 ~ 195 μm两种,因此在测定工作开始前应选好与所测毛、绒样细度接近的楔形尺。

(2)显微投影仪工作时的放大倍数为500倍,应于测定工作开始前调整和校正该机的放大倍数。

测定方法:将做好的待测玻片置于投影仪的载物台上,使纤维的影像投于实验台上,调节焦距至影像清晰为止,然后用楔形尺逐根测量。严格注意不要跳越和重复测试,为此,应由盖玻片的左上方开始按顺序逐渐向右、向下移动观察。

在测量每根纤维时要测定其中部而避免测定断端,每个样品的测定数量应根据样品的种类或测试样品的要求而定,一般规定同质毛不少于400根,异质毛不少于600根,在教学实验中可根据时间酌情减少。

3.注意事项

(1)测定中如有纤维重叠、交叉和边缘不清者,可不测定。

(2)测定中如有纤维两边不能同时看清楚时,可先使一边看清,然后再调清另一边。

(3)测定后样品误差(同一试样,两次测定):同质毛不得超过3%,异质毛不得超过5%,否则应测定第三次,结果取相近两个值的平均值。

(4)统计数字,小数点后第二位按四舍五入记录。

四、思考题

根据记录,按生物统计法分别算出该毛(绒)样品细度的平均数、标准差、变异系数,绘出细度分布频率曲线图。

绘图前先列出以微米(μm)表示的细度变数行列,标绘时沿横轴列出以μm表示的细度组别,沿纵轴以百分数表示纤维数量。

五、拓展

羊毛(绒)细度测定的其他方法

1.气流仪测定法

(1)原理:当一股气流通过装在有漏孔底的筒状容器内的一定重量的纤维时,气流的流量(L/min)与纤维总表面积的平方成反比,而一定重量的纤维总表面积与纤维总直径成反比,从而可估算纤维的平均直径,这就是气流仪测定羊毛纤维平均直径的原理。

(2)优缺点:只能用于测定同质羊毛纤维的平均直径,不能提供细度分布的任何信息,不适用于毛丛形态差、细度均匀性不好的羊毛细度的检测。

(3)测定方法:

①称取洗净的同质毛,要求毛样含脂率不超过1%,若超过1%则需再次洗涤。因为试样中含脂量的增加会使实际放入样筒内的纤维数相应减少,从而缩小了纤维总面积,减少了气流阻力,致使气流量增大,最终导致结果读数偏高。

②用镊子将试样夹入试样筒内,勿使纤维外露,并盖紧试样筒盖。

③开动抽气泵,并通过调节阀将水柱调到所要求的刻度处,然后读取流量计刻度数。

④依流量计显示的刻度数查询细度查对表,即可得到试样的纤维平均细度。

(4)注意事项:

①储水瓶中的蒸馏水必须经常更换。

②气流仪只能测同质毛的平均细度,反映不出细度变异情况。

③同一试样应测两次,第一次测定读取数据后,将毛样取出更换位置重新装入,使原来样筒上部的毛换到筒底再做测定,两次测定结果相差不能超过0.5 μm。

④测定值应根据测定地点的相对湿度及海拔进行必要的修正。

2.激光扫描纤维直径分析仪法

(1)原理:激光扫描纤维直径分析仪是应用光散射原理测试单根羊毛纤维直径。将1.8 ~ 2.0 mm的短纤维片段放入仪器的样品分散瓶中,使其悬浮分散于92%异丙醇和8%蒸馏水的混合液中,并随混合液流向测量室,测量室安装在测量探测器和光学鉴别器之间的光束通道上,短纤维片段在逐根通过直径为500 μm的激光光束时遮断了激光光束,使激光光束的强度发生改变,从而测量探测器检测出与单根纤维直径大小相应的电信号,该电信号通过光学鉴别器进行鉴别,剔除错误信号(例如杂质尘粒、纤维片、交错纤维等),有效信号通过模数转换由计算机进行数据处理后显示并打印出纤维的平均直径及其标准差、变异系数,而且还能够测试羊毛纤维的卷曲性能、舒适度指数以及直径大于

30 μm的纤维含量等多项指标。

（2）优点：激光扫描纤维直径分析仪科技含量高、性能稳定、测试范围广、速度快、操作简便，该法是目前世界上应用较广泛的羊毛细度测试方法。

3.光学纤维直径分析仪法

（1）原理：光学纤维直径分析仪包括一套投影光电显微镜、一个由电动机驱动并由计算机控制的载物台、与载物台同步移动的频闪光源和一个CCD（电荷耦合器件）摄像头，另外还有一台装有捕获图像和数据分析处理软件的计算机。纤维投影图像的光密度值的变化被电脑的图像处理系统接收并自动测量，计算出纤维平均直径及其标准差和变异系数，以及髓腔纤维含量、纤维弯曲度、纤维清洁程度及直径不匀率等指标，同时绘制出纤维直径分布频率图。

（2）优点：操作者可以直接观察测试点，并且可以全程跟踪检查。

实验五　羊毛(绒)长度的测定

长度是羊毛重要的物理性能之一,是羊毛交易中羊毛定等的重要依据,也是鉴定羊品种、个体羊毛品质及杂交改良效果的重要指标。毛纺工业根据羊毛伸直长度确定原料毛用途,养羊业中通过测定羊毛长度了解羊毛生长情况,故羊毛长度的测定在实际生产中的作用十分重要。

一、实验目的

掌握羊毛自然长度和伸直长度的测定方法。

二、实验材料

黑绒布、尖头镊子、直钢尺、培养皿、实验用毛样。

三、实验方法

测定羊毛长度的方法较多,总体可分为单纤维法和束纤维法两种,在毛纺工业中多用羊毛长度分析梳片机测定毛条的束纤维长度,在羊毛商业检验中按照GB/T 6976—2007《羊毛毛丛自然长度试验方法》进行测定。羊毛长度指标有两种,一种是羊毛长度集中性指标,如自然长度、伸直长度、主体长度等;另一种是离散性指标,如羊毛长度的均方差、变异系数、整齐度、短毛率等。本实验仅介绍自然长度和伸直长度的测定方法。

1.自然长度的测定

自然长度是指羊毛在自然状态下两端的直线长度。一般是直接在活羊体上测定毛丛的自然垂直高度,通常是在剪毛之前羊毛生长足12个月时量取,以厘米(cm)为单位,一般要求精确到0.5 cm,最好精确到0.1 cm,常以体侧部的毛丛高度为代表。

实验室测定的是已剪下的毛样,按其自然状态置于黑绒布上,用直钢尺沿毛丛平行方向直接测量其长度。

2.伸直长度的测定

伸直长度是指将羊毛纤维拉伸至弯曲刚消失时两端的直线长度,也称真实长度。羊毛伸直长度主要用于毛纺工业中,养羊业中也用其评价羊毛品质。同质毛可直接测定伸直长度，若为异质毛则需把不同的纤维类型分开后按油板法量取不同类型的纤维伸直长度。

（1）测定时先将毛样和钢尺按顺直方向摆在黑绒布上，然后用尖头镊子由毛丛根部一根一根抽出纤维，每抽出一根后用镊子夹住纤维两端，拉到弯曲刚刚消失时为止，在直钢尺上量其长度，准确到0.1 cm，并记录测定结果。

（2）同质毛每个毛样测150 ~ 200根，异质毛每种纤维类型测100根。教学实验因时间所限，可酌情减少测定根数。

四、思考题

（1）根据实验测得的数据，计算出该毛样的平均伸直长度、标准差、变异系数。

（2）绘制羊毛长度一次累积分布曲线图，以累积根数与总根数的百分比为纵坐标，以羊毛长度为横坐标。

（3）按下式计算平均伸直率：

$$伸直率=\frac{A-B}{B}\times 100\%$$

式中，A——平均伸直长度；

B——羊毛自然长度。

五、拓展

了解GB/T 6501—2006《羊毛纤维长度试验方法　梳片法》。

实验六　羊毛(绒)密度的测定

羊毛密度是指单位皮肤面积上羊毛着生的纤维根数,是决定羊毛产量的重要因素之一,准确测定羊毛密度,对选择具有高度育种价值的种羊意义重大。

一、实验目的

掌握羊毛(绒)密度的密度钳测定法和皮肤切片测定法。

二、实验材料

羊毛密度钳、外科直剪、尖头镊子、黑绒板、标本针、培养皿、烧杯、天平(精确度0.00001 g)、计数器、乙醚、实习用羊。

三、实验方法

羊身体各部位的羊毛密度不同,应根据不同测定目的选择不同测定部位。羊毛密度测定方法有密度钳测定法、皮肤切片测定法两种,实际生产中可根据具体情况选用合适的方法。

(一)密度钳测定法

该法是用羊毛密度钳采取1 cm^2皮肤上的毛样,再测定纤维的根数。

1.采样

(1)采样部位。一般为肩部、体侧部和股部3个部位,亦有采体侧部1个部位的情况。

(2)采样方法。

①一人保定羊只,另一人在确定的样区内沿着被毛的自然龟裂将毛丛分开,并将一面压倒,露出整齐的采样区。将已校正过面积的羊毛密度钳沿毛丛垂直方向轻轻插入,插入时不要牵动皮肤,以免样区内毛纤维位置变动。

②用标本针轻轻分开钳齿两边的羊毛,露出齿上的两孔,然后将横叉插入孔中。这样1 cm^2皮肤上的毛纤维即被隔在密度钳的间隙中。

③将密度钳向外移动少许,再把密度钳夹紧,用外科直剪贴皮肤整齐地把毛羊剪下。

④用标本针将密度钳1 cm^2范围以外的毛纤维拨开,再将密度钳内所采得的毛样取

出，并装入培养皿中，注明品种、性别、年龄及部位。

2. 毛样处理

用镊子夹紧样品的根端放入乙醚中清洗，注意不可使毛纤维脱落、拉断或弄乱，以免影响测定结果，洗净后晾干即可进行测定。

3. 测定

采用重量推算根数的方法，先将毛样两端剪齐，取中间段置于天平上称重。然后将毛样等分为16小份。用镊子任取其中一份，或从每份中各取少量毛样合成一个小样，称小样的重量，并数其根数。

4. 注意事项

（1）测定时不要用手直接接触毛样，以免影响毛样重量。

（2）分成16份毛样后，取小样时要随机选择。

（二）皮肤切片测定法

（1）用环形皮肤取样刀（直径1 cm）在待测部位取活体皮肤一块。

（2）将取得的皮样在10%的甲醛溶液中至少固定24 h。

（3）将固定后的皮样制成10 ~ 20 μm厚的皮肤横切片，并用明矾苏木精伊红液染色。

（4）将染色后的切片置于放大100倍的显微镜下，观察10个不同的视野，并计算出每一视野内的毛囊数。观察时勿重复测或漏测，最好用方格形测微目尺按一定顺序进行测量。

四、思考题

（1）将密度钳测定法所测得的结果填入表4-1-3中，按公式计算：

$$N=\frac{N'W}{W'}$$

式中：N——样品总根数；

N'——小样根数；

W——样品总重；

W'——小样重量。

表4-1-3　羊毛密度测定表

羊号	品种	年龄	性别	等级	羊体部位/（根/cm^2）			
					肩部	体侧	股部	平均

(2)根据皮肤切片测定法测得的数据算出每个视野内的毛囊平均数、每个视野的面积、每1 cm^2内含有多少个视野及每1 cm^2皮肤上的羊毛密度。

计算方法如下：

设环形皮肤取样刀在羊活体上的取样面积为α_1，经过处理后制成的皮肤切片的面积为α_2(因经过固定、包埋、染色和切削等处理后会引起皮肤收缩)，皮肤毛囊数为X。

则羊体皮肤样品上的羊毛密度(Q_1)为：

$$Q_1=\frac{X}{\alpha_1}$$

$$X=Q_1\alpha_1$$

切片上的羊毛密度(Q_2)为：

$$Q_2=\frac{X}{\alpha_2}$$

$$X=Q_2\alpha_2$$

$$Q_1=\frac{Q_2\alpha_2}{\alpha_1}$$

其中，活体皮肤样品的面积α_1是已知的($\alpha_1=\pi R_1^2$)，Q_2和α_2可测出。

α_1的计算：R_1为圆形活体皮肤样品的半径，因其直径为1 cm，所以R_1=0.5 cm，α_1=3.1416×0.5^2(cm^2)

α_2的测算：$\alpha_1=\pi R_2^2$

R_2的测算：R_2为圆形皮肤切片的半径，可借助于测微目尺测出。为保证测量的准确，应多测几次并求其平均数(一般测8～15次)。

所以：

$$R_2=\frac{r_1+r_2+\cdots+r_n}{n}$$

则：

$$\alpha_2=\pi\left[\frac{(r_1+r_2+\cdots+r_n)}{n}\right]^2$$

n为测量次数。

密度Q_2的测定：Q_2的测定要借助于100×显微镜。用目镜测微尺和物镜测微尺找出显微镜视野半径，并求得视野面积。已知视野面积便可求出1 cm^2内含有多少个视野，用1 cm^2内的视野数乘以每个视野面积上的平均毛囊数，即可求得Q_2。已知了α_2、α_2、Q_2根据以下公式：

$$Q_1=\frac{Q_2\alpha_2}{\alpha_1}$$

则可求得活体皮肤样品上的羊毛密度。

五、拓展

了解NY/T 1817—2009《羊毛密度测试方法　毛丛法》。

实验七　净毛率的测定

在养羊业和羊育种工作中，净毛量常用来精确地表示羊只实际的羊毛生产力。羊毛交易中通过净毛率折算净毛量，保证交易公平；羊毛加工业中根据净毛率可测算出实际加工的羊毛重量。净毛率与品种、个体、性别、取样部位、外界环境及育种工作等因素密切相关。

一、实验目的

掌握实验室烘箱法测定净毛率的方法。

二、实验材料

恒温烘箱、天平（精确度为0.001 g和0.01 g）、搪瓷盆、温度计、量杯（100 mL）、玻璃棒、尖头镊子、纱布、中性肥皂、碳酸钠、热水、实验用毛样。

三、实验方法

目前，常用的测定普通净毛率的方法主要有油压法和烘箱法两种。在羊毛商业检验时，净毛率通常按照GB/T 14271—2008《毛绒净毛率试验方法　油压法》进行测定；但在公量检验需要终局复验或仲裁检验时按GB/T 6978—2007《含脂毛洗净率试验方法　烘箱法》测定净毛率。在养羊业现场为了快速测定净毛率常采用油压法，但在要求准确测定净毛率时，应在实验室用烘箱法进行测定。本实验主要介绍实验室烘箱法。

1.取样称重

取约200 g供试毛样，置天平上称重（精确度0.001 g），记录其重量并编号。

2.撕松抖土

仔细把羊毛撕松，并尽量抖去沙土、粪块和草，但注意不应使羊毛丢失。

3.配制洗毛液

洗毛液的皂碱比例、温度及洗毛时间见表4-1-4。

4.洗毛

将撕抖过的毛样根据要求按顺序依次通过各盆洗毛液（不要用手揉搓羊毛，只许轻轻摆动)，每次由一盆移入另一盆时，需将液体挤净。洗毛液配制比例、洗毛时间及温度见表4-1-4。

5.烘毛与称重

将洗过的毛样置于70～80 ℃的烘箱中烘干，然后取出撕松，并用镊子仔细夹去毛样中的杂质。再将毛样放入105 ℃烘箱中烘2～3 h后进行第一次称重，以后每隔30 min称重一次，直至恒重为止。

表4-1-4　不同类型羊毛的洗毛液配制比例(每千克水中含量)、洗毛时间和温度

类型	洗毛盆号	时间/min	碱/g	皂/g	温度/℃
同质毛	1	1.5	—	—	25～30
	2	3.0	3	3	40～45
	3	3.0	4	4	50
	4	3.0	3	4	50
	5	3.0	3	3	45～50
	6	1.5	—	—	40～45
异质毛	1	1.5	—	—	45～50
	2	3.0	8	5	50
	3	3.0	6	8	50
	4	1.5	—	—	45～50

注:“—”表示不添加。

四、思考题

(1)将净毛率测定结果记录在表4-1-5中。

表4-1-5　净毛率测定记录表

羊号	毛样编号	原毛重/g	净毛重量/g			净毛率/%
			第一次称重	第二次称重	第三次称重	

2.根据以下公式计算净毛率：

$$Y=\frac{m_1\times(1+R)}{m}\times100\%$$

式中：Y——净毛率（%）；

m_1——绝干净毛重（g）；

m——原毛重（g）；

R——公定回潮率（%）。

五、拓展

油压法测定毛（绒）净毛率请参照GB/T 14271—2008《毛绒净毛率试验方法　油压法》。

实验八 绵羊(或山羊)屠宰、肉用性能及羊肉品质的测定

绵羊(或山羊)的屠宰率、净肉率等,都是衡量肉羊羊肉生产水平的重要指标。测定绵羊(或山羊)的肉用性能,是检验羊品种在产肉性能方面选育效果的重要手段,也是检验肉羊饲养效果的手段之一。本次实验要求学生了解屠宰测定的整个过程,掌握羊的肉用性能中主要项目的测定方法。

一、实验目的

了解羊肉的成分与营养价值及安全质量检测方法,理解羊只的屠宰与屠宰检验的概念,熟悉羊胴体的分级、分割及组织器官的识别方法,掌握羊只产肉力的测定、羊肉的品质评定及羊只组织器官发育与健康状况的检测等技术。

二、实验材料

肉羊、秤、刀具、钢卷尺、游标卡尺、硫酸纸、皮尺、直钢尺、求积仪等。

三、实验方法

一般肉羊在屠宰前24 h应停止放牧和补饲,宰前2 h停止饮水。除肉联厂采用机械、半机械化屠宰外,目前我国广大农村和牧区宰杀羊只多采用“大抹脖”的方法。较好的宰杀方法是在刺杀羊时,在羊的颈部纵向切开皮肤,切口约8～12 cm,然后将刀伸入切口内向右偏,挑断气管和血管进行放血,但避免刺破食管。放血时注意把羊固定好,防止血液污染毛皮。刺杀后经3～5 min,即可进入下一道工序。

1.宰前活重

屠宰前24 h,一般应停止放牧和补饲;宰前2 h停止饮水,宰前称重即为宰前活重。

2.胴体重

胴体亦称屠体,肉羊经宰杀、放血、剥皮后,去掉内脏(保留肾脏及周围脂肪),再去头(沿耳根后缘及下颌横褶、寰枢关节、枕关节处切离)及前肢膝关节和后肢趾关节以下部分,整个躯体静置30 min后的重量即为胴体重。

3. 屠宰率

指胴体重与宰前活重之比，用百分率表示。

$$屠宰率=\frac{胴体重}{宰前活重}\times 100\%$$

4. 后腿比例与腰肉比例

将胴体从第12与第13肋骨之间，分切成前躯肉和后躯肉两部分，即在后躯肉上保留一对肋骨。前躯肉包括肋肉、肩肉和胸肉，后躯肉包括后腿肉及腰肉。胴体上最好的肉为后腿肉和腰肉，其次为肩肉，再次为肋肉和胸肉。从最后腰椎处横切下后腿肉，占整个胴体的比例即为后腿比例；切下腰肉，即可计算腰肉比例。

$$后腿比例=\frac{后腿重量}{胴体重}\times 100\%$$

$$腰肉比例=\frac{腰肉重量}{胴体重}\times 100\%$$

5. 胴体脂肪含量（GR值）

在第12与第13肋骨之间，距背脊中线11 cm处的组织厚度，作为代表胴体脂肪含量的标志。

6. 眼肌面积

测量第12与第13肋骨之间，胸椎上眼肌（背最长肌）的横切面积。可先用硫酸绘图纸描出眼肌横切面的轮廓，再用求积仪计算出面积。如无求积仪，可用下面公式估测：

$$眼肌面积(cm^2)=眼肌高度(cm)\times 眼肌宽度(cm)\times 0.7$$

7. 净肉重

将温胴体精细剔除骨头，称取余下的净肉重量。要求整个胴体在剔肉后的骨头上附着的肉量及损耗的肉屑量不能超过300 g。

8. 净肉率

净肉重占宰前活重的比例即为净肉率。净肉重占胴体重的比例则为胴体净肉率。

$$净肉率=\frac{净肉重}{宰前活重}\times 100\%$$

$$胴体净肉率=\frac{净肉重}{胴体重}\times 100\%$$

9. 骨肉比

指胴体骨重与胴体净肉重之比。

$$骨肉比=\frac{胴体骨重}{胴体净肉重}\times 100\%$$

10.羊肉的品质评定

若有条件或根据实际需要对羊肉的品质进行评定，常见的测定项目如下。

（1）肉色。在屠宰现场多用目测法，取最后一个胸椎处背最长肌（眼肌）为代表，新鲜肉样于宰后2 h内，对照肉色评分图进行测定。在室内自然光度下，用目测评分法评定肉样的切面时，避免在阳光直射下或在室内阴暗处评定。灰白色评1分，微红色评2分，鲜红色评3分，微暗红色评4分，暗红色评5分。两级间允许评0.5分。评分时可用美式或日式肉色评分图对比，凡评为3分或4分者均属正常颜色。

（2）大理石纹。现在常用的方法是取第一腰椎部背最长肌鲜肉样，置于0～4 ℃冰箱中24 h后，取出横切，观察新鲜切面的纹理结构，并借用大理石纹评分标准图评定。只有大理石纹的痕迹评为1分，有微量大理石纹评为2分，有少量大理石纹评为3分，有适量大理石纹评为4分，若是有过量大理石纹的评为5分。

（3）酸碱度（pH）。现常用酸度计测定肉样pH，按酸度计使用说明书在室温下进行测定。直接测定时，在切开的肌肉面用金属棒从切面中心刺一个孔，然后插入酸度计电极，使肉紧贴电极球端后再读数。捣碎测定时，将肉样加入组织捣碎机中捣3 min左右，取出装在小烧杯中，插入酸度计电极测定。鲜肉pH为5.9～6.5；次鲜肉pH为6.6～6.7；腐败肉pH在6.7以上。

（4）失水率。测定时，取一段第一腰椎以后背最长肌5 cm肉样，平置在洁净的橡皮片上，用直径为2.532 cm的圆形取样器（面积约5 cm^2），切取样品中心部分肉样，厚度为1 cm，立即用天平（精确度0.001 g）称重，然后放置于铺有多层吸水性好的定性中速滤纸上，以水分不透出、全部吸净为度，肉样上方覆盖18层定性中速滤纸，上、下各加一块书写用的塑料板，加压至35 kg，保持5 min，撤除压力后，立即称取肉样重量。肉样加压前后重量之差即为肉样失水重。计算公式为：

$$失水率=\frac{(肉样压前重量-肉样压后重量)}{肉样压前重量}\times100\%$$

（5）系水力。测定方法是取背最长肌肉样50 g，按食品分析常规测定法测定肉样加压后保存的水量占肉样水分总量的百分数。计算公式为：

$$系水力=\frac{(肉样水分总量-肉样失水量)}{肉样水分总量}\times100\%$$

（6）熟肉率。以腰大肌为样本，取一侧腰大肌中段样本约100 g，于宰杀后12 h内进行测定。剥离肌外膜所附着的脂肪后，用精确度0.1 g的天平称重（m_1），将样品置于铝蒸锅的蒸屉上用沸水在2000 W的电炉上蒸45 min，取出后冷却30～45 min或吊挂于室内无风阴凉处30 min后再称重（m_2）。计算公式为：

$$熟肉率=\frac{m_2}{m_1}\times100\%$$

(7)嫩度。羊肉嫩度评定通常采用仪器评定和品尝评定两种方法。仪器评定法目前通常使用肌肉嫩度计,以kg为单位。数值愈小,肉愈细嫩;数值愈大,肉愈粗老。采用口感品尝法时,通常是取后腿或腰部肌肉500 g放入锅内蒸60 min,取出切成薄片,放于盘中,佐料任意添加,凭咀嚼碎裂的程度进行评定,易碎裂则嫩,不易碎裂则表明粗硬。

(8)膻味。鉴别羊肉膻味最简便的方法是煮沸品尝。取前腿肉0.5 ~ 1.0 kg放入铝锅内蒸60 min,取出切成薄片,放入盘中,不加任何佐料(原味),凭感觉来判断膻味的浓淡。

四、实验结果

(1)将屠宰测定结果记录在表4-1-6上。

(2)将羊肉品质评定结果记录在表4-1-7上。

表4-1-6　绵羊(或山羊)屠宰测定结果记录

羊号	宰前活量/kg	胴体重/kg	屠宰率/%	后腿比例/%	腰肉比例/%	GR值/mm	眼肌面积/cm^2	净肉重/kg	净肉率/%	骨肉比/%

表4-1-7　绵羊(或山羊)肉品质评定结果记录

肉样序号	时间/h	肉色/分	大理石纹/分	酸碱度	失水率/%	系水率/%	熟肉率/%	嫩度/kg	膻味

五、拓展

深刻认识肉羊屠宰与加工过程中各种检验对确保肉品安全的重要性。

羊生产实训

实训一　肉用绵羊(或肉用山羊)个体外貌鉴定

羊是由各个器官系统构成的有机整体,为了实际生产上的需要,人们将羊体表划分为不同的部位并加以描述和相互区别,掌握这些部位的位置、名称及特点对于行业从业者来说是非常必要的。羊体表的各个部位都是以骨骼、肌肉及内部器官等为基础的,有一定的外形特征,并反映一定的内部器官情况与性能特点。了解和掌握这些知识是描述羊的体质外貌、测量体尺及完成其他工作的基础。

一、导入实训项目

体形外貌、年龄判断、体重体尺。

二、实训任务

学会根据绵羊、山羊牙齿变化情况初步判断羊只年龄,为学会选择优良种羊奠定基础;学习并初步掌握肉用绵羊、山羊的鉴定技术和基本方法;了解记载符号的应用。

三、实训方案

1.实训材料

周岁以上肉用绵羊、山羊若干只,鉴定标准,绵羊、山羊鉴定记录表,测杖等。

2.内容和方法

(1)绵羊、山羊年龄判断。绵羊、山羊的年龄一般根据育种记录和耳牌即可知道,但在无记录、无耳牌情况下,只能根据绵羊、山羊牙齿的更换和磨损情况进行初步判定。虽然绵羊、山羊牙齿的变化随品种、饲料条件等因素的不同而略有差异，但在一般情况下，可根据表4-2-1所列内容对照判断。

表4-2-1　绵羊、山羊年龄判断表

绵羊、山羊年龄/岁	乳门齿的更换及永久齿的磨损情况	习惯叫法
1.0 ~ 1.5	乳钳齿更换	对牙
1.5 ~ 2.0	乳内中间齿更换	四齿
2.5 ~ 3.0	乳外中间齿更换	六齿
3.5 ~ 4.0	乳隅齿更换	新满口
5.0	钳齿齿面磨平	老满口
6.0	钳齿齿面磨损显著，牙齿变短	无
7.0	钳齿齿面磨损显著，牙齿出现缝隙	漏水
8.0	开始有牙齿脱落	破口
9.0 ~ 10.0	牙齿基本脱落	光口

（2）绵羊、山羊外貌鉴定技术和步骤。

①具体鉴定时，首先要看羊的整体结构以及外形有无严重缺陷，公羊是否单睾、隐睾，母羊乳房发育情况，上、下颌发育是否正常等。以上内容观察后，再决定被鉴定个体有无鉴定的必要性和价值。

②每个鉴定人员应配备一位记录员，两位抓羊及保定人员。

③为了便于现场学习、记录和资料整理，在鉴定之前，应查阅资料，确定被鉴定羊只品种等级标准，以方便需要时参考。

四、结果分析

将鉴定结果记入鉴定表4-2-2中。

表 4-2-2　肉用绵羊、肉用山羊个体外貌鉴定表

项目		结果
性别		
年龄		
体形、外貌	描述	
	评分	
	等级划分	
体重、体尺	体高/cm	
	体长/cm	
	胸围/cm	
	体重/kg	
	等级划分	

五、拓展提高

不同品种的绵羊、山羊，都有相应的品种标准，在实际鉴定时，应先熟悉该品种的品种标准。

实训二　乳用山羊的外貌鉴定

根据家畜有机体外貌与器官功能相关的原理，对乳用山羊进行逐部位的评定，掌握外貌鉴定技术，为今后在生产实践中选择优良乳用山羊打下基础。乳用山羊的外貌是其器官和系统的外部表现，在一定程度上反映了其品种特征、生产性能和对环境的适应性。通过外貌鉴定评分，了解乳用山羊的品种特征是否明显，各器官、系统的发育是否充分、协调，体质是否健壮，潜在的生产性能等情况如何，进而评定其种用价值和经济价值。因此，乳用山羊的外貌鉴定评分是乳用山羊育种资料中记录的常规项目，是乳用山羊买卖交易时确定价格的重要参考依据。

一、导入实训项目

个体品质鉴定包括生长发育、体形外貌、生产性能和后裔鉴定等。

二、实训任务

种羊是根据其祖代、个体（本身）、同胞和后裔四个方面的优劣来评定的，而实际上是以个体品质鉴定为基础的，因此必须熟练掌握个体品质鉴定的标准和方法。

三、实训方案

1.实训材料

供评定用的乳用山羊（公羊、母羊）若干只。

2.方法与内容

本实训以鉴定乳用萨能山羊为例，参照萨能山羊鉴定标准，并由有关人员讲解、示范后，学生分组练习鉴定。

(1)萨能山羊成年母羊外貌评定(按表4-2-3内容进行)。

表4-2-3 母羊外貌鉴定标准

项目	满分标准	标准分
一般外貌	体质结实,结构匀称,轮廓明显,反应灵敏;外貌特征符合品种要求;头长,清秀,鼻直,嘴齐,眼大有神,耳长、薄并前倾、灵活,颈部长;皮肤柔软、有弹性;毛短,白色有光泽	25
体躯	体躯长、宽、深,肋骨开张、间距宽,前胸突出且丰满,背腰长而平直,腰角宽而突出,肷窝大,腹大而不下垂,尻部长而不过斜,臀端宽大	30
泌乳系统	乳房容积大,基部宽广、附着紧凑,向前延伸、向后突出;两叶乳区均衡对称;乳房皮薄、毛稀、有弹性,挤奶后收缩明显,乳头间距宽,位置、大小适中,乳静脉粗大弯曲,乳井明显,排乳速度快	30
四肢	四肢结实,肢势端正,关节明显而不膨大,肌腱坚实,前肢端正;后肢飞节间距宽,利于容纳庞大的乳房;系部坚强有力,蹄形端正,蹄质坚实,蹄底圆平	15

(2)萨能山羊成年公羊外貌评定(按表4-2-4内容进行)。

表4-2-4 公羊外貌鉴定标准

项目	满分标准	标准分
一般外貌	体质结实,结构匀称,雄性特征明显;外貌特征符合品种要求;头大,额宽,眼大突出,耳长直立,鼻直,嘴齐,颈粗壮;前躯略高,皮肤薄而有弹性,被毛短而有光泽	30
体躯	体躯长而宽深,鬐甲高;胸围大,前胸宽广,肋骨拱圆,肘部充实;背腰宽平,腹部大小适中,尻长宽而不过斜	35
雄性特征	体躯高大,轮廓清晰,目光炯炯,温顺而有悍威;睾丸大、左右对称,附睾明显、富于弹性;乳头明显、附着正常,无副乳头	20
四肢	四肢健壮,肢势端正,关节干燥,肌腱坚实,前肢间距宽阔,后肢开张;系部坚强有力,蹄形端正,蹄缝紧密,蹄质坚韧,蹄底平正	15

四、结果分析

(1)将乳用山羊的成年公羊、母羊外貌评定结果填入鉴定表中。

(2)根据评定结果,参照等级评分标准(表4-2-5),定出等级。

表4-2-5 外貌评分标准

等级	特级	一级	二级	三级
成年公羊	≥85	≥80	≥75	≥70
成年母羊	≥80	≥75	≥70	≥65

五、拓展提高

现在奶山羊的个体鉴定也采用线性评定方法。美国奶山羊协会开始正式采用线性评定方法对全美奶山羊进行评定之后,我国也开始应用线性评定方法,但目前仍处于起步阶段,有许多问题需要进一步探讨。

实训三　细毛羊和半细毛羊个体鉴定

羊毛是养羊业的主要产品之一，也是毛纺工业的重要原料。羊毛的产量和质量直接关系到养羊业和毛纺工业的发展。根据国内外羊毛市场发展的趋势，急需提高羊只剪毛量和羊毛品质，为毛纺工业提供更优质的原料。

一、导入实训项目

细毛羊、半细毛羊的外貌特征、被毛品质、生产性能。

二、实训任务

对细毛羊和半细毛羊个体进行鉴定。

三、实训方案

1.实训材料

细毛羊、半细毛羊各若干只，钢尺，羊毛细度标本，绵羊鉴定记录表，鉴定分级标准。

2.内容和方法

(1)鉴定人员首先要对羊群的来源、饲养管理、以往鉴定等级及育种等方面的情况有一个全面了解；并对全群进行粗略的观察，对羊群的品质特性和体格大小等有一个整体的感官印象。

(2)将待鉴定羊只保定在平坦、光线好的地方，羊只站立的姿势要端正。

(3)鉴定要点如下。

①观察羊只整体结构是否均匀，外形有无严重缺陷，被毛有无花斑或杂色毛，行动是否正常等。

②鉴定人员的两眼与羊只保持同高，观察羊只的头部、鬐甲、背腰、体侧、四肢姿势、臀部等。

③查看公羊睾丸及母羊乳房的发育情况，以确定有无进行个体鉴定的价值。

④查看耳牌、年龄、口齿情况、头部发育状况及面部、颌部有无缺点等。

⑤根据农业行业标准NY 1—2004《细毛羊鉴定项目、符号、术语》依次对羊毛密度、长

度、细度、弯曲、油汗等进行详细鉴定，并根据标准规定符号做好记录。

(4)根据鉴定成绩，对照相应标准评定出等级。

(5)鉴定结束后要进行复查，如果分级有误可做调整。

四、结果分析

(1)简述细毛羊鉴定的要点。

(2)对1～2只细毛羊进行鉴定，将鉴定结果填入绵羊鉴定记录表4-2-6中。

表4-2-6　绵羊鉴定记录表

序号	品种	羊号	性别	年龄	鉴定成绩										毛量	体重	等级
					头毛	体形类型	被毛长度/cm	被毛密度	被毛纤维细度/μm	细度匀度	弯曲	油汗	被毛手感	总评			

实训四　羊的体尺、体重测量

羊的体尺即羊体某一部位的长或宽的度量，不仅能反映机体某一部位和整体的大小，而且能反映各部位及整体的发育情况。经常测量羊的体尺，可以了解各部位及整体的生长发育情况，估计内部器官的发育是否正常，从而检验饲养管理等技术措施是否合理，以便及时制订改进的方案。羊的体重是生产力的重要指标之一，根据体重可估计羊的生长发育情况、役用能力及产肉性能等。体重也是计算营养需要、给药量等的基础，体重还与一些生理、生化、生物特性有关，在进行科学研究时也必须知道羊的体重。

一、导入实训项目

羊的体尺、体重测量。

二、实训任务

掌握羊的主要体尺测量指标及测量部位，了解羊的体重实测方法。

三、实训方案

1. 实训材料

成年羊、测杖、圆形测定器、卷尺、称量秤（量程大于30 kg），这些工具在使用前要仔细检查并校准。

2. 内容和方法

（1）羊的体尺测量。根据测量目的选择相应的测量部位进行测量。一般奶羊主要测量体高、荐高、体斜长、胸围、管围、尻长等指标；肉羊主要测量体高、体直长、胸围、腿围、管围、尻宽等指标。测量时，应让羊只站立在平坦的地上，肢势端正，左右两侧的前后肢均必须在同一直线上，从后面看后腿掩盖前腿，侧望左腿掩盖右腿或右腿掩盖左腿。头应自然前伸，既不向左右偏，也不高抬或下垂，枕骨应与鬐甲接近在一个水平线上。测定人员一般站在被测羊只的左侧，测具应紧贴所测部位表面，防止悬空测量。按技术要求对各体尺指标进行测量，每个指标测两次，取其平均值，并做好记录。操作时应细心、准确、迅速。

鬐甲高(体高):鬐甲最高点至地面的垂直距离,用测杖量取。

体斜长(体长):肩端最前缘至坐骨结节后缘的距离,用测杖量取。

体直长:由肩端前缘向下引垂线至坐骨结节后缘向下所引垂线之间的水平距离,用测杖量取。

胸围:由肩胛骨后缘绕胸口1周的周长,用卷尺测量,松紧度以能插入食指和中指上下滑动为准。

胸深:肩胛骨背线(鬐甲后缘)至胸骨下缘的垂直距离,用测杖或圆形测定器量取。

胸宽:左右第六肋骨间的最大距离,即肩胛骨后缘胸部最宽的距离,用测杖或圆形测定器量取。

背高:最后胸椎棘突后缘垂直到地面的高度,用测杖量取。

腰高(十字部高):两腰角的中央(即十字部)垂直到地面的高度,用测杖量取。

荐高:荐骨最高点垂直到地面的高度,用测杖量取。

臀端高:坐骨结节垂直至地面的高度,用测杖量取。

背长:肩端垂直切线至最后胸椎棘突后缘的水平距离,用测杖量取。

腰长:最后胸椎棘突的后缘至腰角前缘切线的水平距离,用测杖量取。

尻长:腰角前缘至尻端后缘的直线距离,用测杖量取。

腰角宽(后躯宽):左右两腰角(髋结节)最大宽度,即两腰角外缘的距离,用测杖或圆形测定器量取。

髋宽:左右髋部(髋关节)的最大宽度,即两髋关节外缘的距离,用测杖或圆形测定器量取。

坐骨端宽:左右坐骨结节最外隆突间的宽度,用测杖或圆形测定器量取。

腿围:后膝关节处的周长,用卷尺量取。

管围:管骨最细处的周长,一般是左前肢掌骨上1/3处(最细)的周长,用卷尺量取。

尾长:脂尾内侧的自然长度,用卷尺量取。

头长:额顶至鼻端的直线距离,用卷尺量取。

(2)羊的体重测量。用称量秤称重。

四、结果分析

(1)根据实训内容,简述各体尺指标的测定方法。

(2)填写体尺测量统计表(表4-2-7)和体重测量统计表(表4-2-8),并对体重实测值与估测值进行分析。

表4-2-7　体尺测量统计表

羊号		品种		性别	
体高/cm		体斜长/cm		体直长/cm	
胸围/cm		胸深/cm		胸宽/cm	
背高/cm		腰高/cm		荐高/cm	
臀端高/cm		背长/cm		腰长/cm	
尻长/cm		腰角宽/cm		髋宽/cm	
坐骨端宽/cm		腿围/cm		管围/cm	
尾长/cm		头长/cm			

表4-2-8　体重测量统计表

羊号	品种	年龄	性别	体重/kg

五、拓展提高

在体尺测量后常采用计算体尺指数的方法来研究各部位相对发育情况。所谓体尺指数，就是畜体某一部位尺寸相对于另一部位尺寸的百分比。体尺指数可以表示两个部位间的相互关系，通常所应用的指数都为彼此间相互关系比较密切的两个部位之比，而且这两个部位的解剖构造及生理功能具有一定的关系。

实训五　我国主要羔皮、裘皮的识别及品质评定

羔皮和裘皮是养羊业的重要产品之一,在我国出口贸易和内销方面均占有一定比重。鉴于毛皮质量千差万别,国家制定了皮张采购规格,作为衡量等级差价的标准和生产优等、合格产品的依据,不光质检人员必须掌握鉴定羔皮和裘皮品质的技术,作为畜牧工作者也有必要对各种羔皮和裘皮的性状进行全面的了解和认识。

一、实训项目导入

商场里琳琅满目的羔皮、裘皮服装,每件都价格不菲,裘皮服装因原料稀缺,属于高档的华贵服装。如果消费者要去购买羔皮、裘皮服装,如何判定买到的是真品,不是次品或仿造品呢?如果是真品,又如何判定其等级档次呢?

二、实训任务

通过本次实训,学生能识别和区分我国生产的几种主要羔皮和裘皮,初步掌握其分级和鉴定技术。

三、实训方案

(一)实训材料

钢尺、卷尺(150 cm)、各种羔皮标本、各种裘皮标本。

(二)实训方法

1.羔皮和裘皮品质鉴定要点

(1)羔皮品质的鉴定要点。羔皮主要供制皮帽、皮领和翻毛女大衣,因此评定羔皮品质的主要要求是美观。在鉴定羔皮品质时,将毛绒花案为主、皮板大小为辅作为鉴定原则。

通常,羔皮鉴定的要点是花案弯卷、毛绒空足、颜色和光泽、张幅大小、皮板质地、完整性等。在方法上,主要凭眼看、手摸等感官经验,以眼看为主、手摸为辅,两者相互参照、彼此印证。

花案弯卷:鉴定标准随品种不同而不同,重点注意各种花案弯卷的式样是否符合各

品种的特征,一般要求是美丽、全面和对称。美丽是好看悦目,全面是指周身全有花案弯卷,对称是指毛皮的前部和后部、脊线两边的花案弯卷均匀对称。标准花案面积越大,则羔皮利用率越大,价值也越高。

毛绒空足:毛空是指毛绒比较稀疏,毛足是指毛绒比较紧密。一般来讲,毛足比毛空好,但适中最好,羔皮因毛绒过足就显得笨重,厚实有余、灵活不足,不能算是上等品质。鉴定方法一般是用手把毛皮先抖几下,使羔皮的毛绒松散开来,然后用手戗着毛去摸,毛足的会有挡手之感或者立即恢复原状,毛空的会感到稀薄或散乱不顺。毛绒的空足和季节关系很大,一般是春、夏季生产的羔皮毛绒较空疏,秋、冬季生产的羔皮毛绒较厚足。此外,毛绒的空足也与羔羊本身的体质和发育有关。

颜色和光泽:随羊品种不同而各有一定的标准。一般被毛的颜色有白、黑、褐、花数种,其中以纯黑或纯白色最受欢迎。被毛光泽也很重要,病死羊的羔皮大都缺乏良好的光泽。若羔皮保管不好,颜色和光泽也会发生变化,白色逐渐变为淡黄,黑色逐渐发红,光泽也变差。鉴别时,仔细观察毛根部的颜色和光泽,白色羔皮毛根部洁白光润。

张幅大小:在品质相同的情况下,皮张面积越大,可制成品越多,价值就越高。因此,在收购上,尽管弯卷、皮板质地都够条件,但张幅小的羔皮也应该降级。

皮板质地:一般分三种情况,第一种为皮板良好,厚薄适中,经得起鞣制处理;第二种为皮板带有轻微伤残,鞣制以后,虽然仍有痕迹,但损坏不大;第三种为皮板有严重伤残,如霉烂、焦板等,经过鞣制,皮板部分甚至整张皮板完全被破坏。在鉴定皮板质量时,应抓住季节特点。一般而言,秋、冬季产的皮板比较厚实,春、夏季产的皮板比较薄弱,对皮板的要求是厚薄适中为最佳。

完整性:羔皮要具有完整性,因为羔皮的任何部分都有利用价值。如头、尾、四肢等部位的羔皮虽然弯卷不同,但各有一定的风格,也可为制衣原料。皮板如有描刀、空洞、伤残等都会影响皮板的完整性和利用价值。

(2)裘皮品质的鉴定要点。裘皮主要供制皮袄用,评定裘皮品质的要点是结实性、保暖力、轻软度、擀毡性、美观性、面积和伤残等。

结实性:皮板致密肥厚、柔韧有弹性的裘皮结实耐穿、导热性小、保暖力强。结实性与羊的宰剥季节、营养状况和气候等因素有密切关系。

保暖力:裘皮保暖力首先取决于绒毛和有髓毛的比例,绒毛多于有髓毛的裘皮保暖力强;绒毛密且长的裘皮保暖力也强。

轻软度:裘皮笨重的原因是皮板过厚、毛股过长、毛纤维过密。为了减轻裘皮的重量和降低裘皮硬度,在加工时可以适当削薄皮板、剪短毛股或梳去部分过密的毛纤维等,以达到轻裘的目的，但是必须要保证裘皮具备一定的保暖能力。

擀毡性：擀毡会导致裘皮失去保暖力和美观性，且穿着也不舒适。一般经常摩擦的肘部、膝部和臀部等处，最容易发生毛皮擀毡。裘皮的绒毛密且长的，则擀毡性强；有髓毛密且长的，则擀毡性小，甚至不擀毡。因此，在选择裘皮时，为了防止擀毡并且兼顾保暖的要求，除皮板厚薄、松紧要适度外，毛绒的比例也需适当。

美观性：毛股的弯曲形状、粗细、多少、颜色和光泽等都和裘皮的美观性有关，我国一般以颜色全黑或全白、毛股弯曲多而整齐的为上品。

面积和伤残：裘皮的张幅越大其利用价值越高。裘皮伤残越小，尤其是主要部位无伤残，则利用价值越高。

2. 羔皮和裘皮的商业分级标准

(1)湖羊羔皮(又称小湖羊皮)的商业分级标准，主要包括两个指标，即等级规格和等级比差。

①等级规格：主要根据羔皮大小及花案面积等制定的湖羊羔皮分级规格，共分甲、乙、丙三个正式等级和次$_1$、次$_2$、次$_3$三个等外级，具体要求如下。

甲级：小毛或小中毛，毛细，有波浪状卷花或片花，花纹面积占全皮面积50%以上，板质良好，色泽光润。

乙级：中毛而细，有波浪状卷花或片花，花纹分布面积占全皮的50%以上；或毛较短但花纹欠明显，或毛略粗但花纹明显者，板质良好，色泽光润。

丙级：大毛而粗，有波浪状卷花，但花纹欠明显；或片花、花纹分布面积占全皮面积50%，板质尚佳，但色泽欠光润；或毛短小，花纹隐暗；或毛粗涩。

次$_1$：一般为特大毛、直毛、大粗毛，或毛过于松软、空疏，绒比丙级皮更稀疏，或有花斑及不同损伤。或为死胎皮、杂交一代羔皮等。

次$_2$：多为尺寸不够的次$_1$皮，皮板损伤严重的羔皮，流产羔皮，杂交二代羔皮。

次$_3$：凡不符合次$_1$、次$_2$规定者均属次$_3$。

②等级比差：一等100%，二等80%，三等60%，等外30%以下按质计价。羔皮有薄弱板、折痕、毛空疏、水伤等缺点或为死胎皮时应酌情决定。

以上的要求作为鉴定时的依据，但在具体鉴定过程中皮板质量变化多端，必须灵活掌握分级要领。

(2)青山羊猾子皮的商业分级标准主要包括两个指标，即等级规格和等级比差。

①等级规格分为一等、二等、三等，具体要求如下。

一等：毛细且密度适中，呈正青色或略深、略浅的颜色，清晰、坚实的波浪形花纹不低于全皮面积50%,色泽光润,板质良好,整幅皮毛面积在944 cm^2以上。

二等:与一等皮相比,毛色较深或较浅,毛略长或略粗或较软而有花纹,毛细、紧密,花纹隐暗,面积在944 cm^2以上。或具有一等皮毛质、板质,面积889 cm^2以上。

三等:毛色铁青或粉青,毛略粗直,毛略空软而有花纹,毛略大或略小而有花纹,面积在889 cm^2以上。或具有一、二等皮毛质、板质,面积770 cm^2以上。

不符合等内要求的或毛过粗过长、严重火燎、杂色的皮均为等外皮。

②等级比差:一等100%,二等75%,三等50%,等外20%以下按质计价。

(3)滩羊二毛皮(滩羊皮)的商业分级标准,主要包括三个指标,即等级规格、等级比差及色泽比差。

①等级规格分为一等、二等、三等,具体要求如下。

一等:毛绺花弯多,色泽光润,板质良好,面积2444 cm^2以上。

二等:毛绺花弯较少或板质较薄弱,面积2000 cm^2以上。

三等:晚春皮、秋皮,皮毛毛发过粗,毛梢发黄,面积1556 cm^2以上。

特等:一等皮毛质、皮质,面积在2889 cm^2以上。

不符合等内要求的均为等外皮。

毛长规定:滩羊二毛皮的毛长在7.7 cm以上。

②等级比差:特等120%,一等100%,二等80%,三等60%,等外40%以下按质计价。

③色泽比差:白色100%,纯黑色130%。

(4)中卫沙毛皮的商业分级标准,主要包括三个指标,即等级规格、等级比差及色泽比差。

①等级规格分为一等、二等、三等,具体要求如下。

一等:毛绺花弯较多,毛长6.7 cm以上,色泽光润,板质良好,面积2222 cm^2以上。

二等:具有一等皮毛质、板质,或白毛带黄梢、黑毛带红梢,面积1718 cm^2以上。

三等:毛略短或略空,毛质、板质尚好,面积1340 cm^2以上。

不符合等内要求的均为等外皮。

②等级比差:一等100%,二等80%,三等60%,等外40%以下按质计价。

③色泽比差:纯色皮无比差。

(三)注意事项

(1)毛长:短毛指长度1.00 cm以下的毛,小毛指1.00 ~ 2.50 cm之间的毛,中毛指2.50 ~ 3.25 cm之间的毛,大毛指3.25 cm以上的毛.

(2)花纹:小花花纹两嵴之间的宽度为0.50 ~ 1.00 cm,毛皮中花花纹两嵴之间宽度为

1.00 ~ 2.00 cm，大花花纹两嵴之间的宽度在2.00 cm以上。

(3)加工要求：宰剥适当，形状完整，全头全腿，晾晒平展。毛皮带轻微伤残，不算缺点，伤残严重的酌情降等。

(4)量毛方法：选中脊两侧适当部位，轻轻将毛拉直除去虚尖之后测量其长度。

(5)量皮方法：从颈部中间至尾根，选腰间适当部位，长宽相乘即可求出面积。

四、结果分析

将各种羔皮与裘皮的品质记录在表格中(表4-2-9至表4-2-12)。

表4-2-9　各种羔皮观察记录表

羔皮名称	毛色	弯曲形状	皮板大小			花案分布		皮板厚度/cm	备注
			长度/cm	宽度/cm	面积/cm²	部位	占面积/%		

表4-2-10　青山羊猾子皮分级鉴定表

裘皮编号	光泽	颜色	弯曲形状及分布面积	皮板面积/cm²	伤残面积/cm²	评定等级	备注

表4-2-11　滩羊二毛皮与中卫沙毛皮比较表

项目	滩羊二毛皮	中卫沙毛皮
皮张形状		
尾部形状		
尾巴大小		
皮板薄厚		
羊毛密度		
毛股大小		
弯曲多少		
羊毛颜色		
擀毡性		
手感		

表4-2-12　滩羊二毛皮与中卫沙毛皮分级鉴定

项目		滩羊二毛皮	中卫沙毛皮
色泽			
皮张面积/cm^2			
主要部位花穗类型			
花穗品质	分布面积/cm^2		
	弯曲数		
	长度/cm		
	占毛股长度的百分比		
	紧密度		
	清晰度		
毛股长度/cm			
毛股宽度/cm			
伤残缺点			
评价等级			
备注			

五、拓展提高

了解GB/T 14629.1—2018《小湖羊皮》、GB/T 14629.4—2018《猾子皮》、GB/T 14629.3—2008《滩二毛皮、滩羔皮》。

第五篇

兔生产实验与实训

概述

兔生产学是动物科学及相关专业的传统核心课程，是进一步学习后续课程和进行科学实践的重要基础，同时兔生产学也是一门专业性很强的实验实践性学科。因此，在兔生产学教学过程中，除了加强理论课的学习外，还需进一步强化实验与实训的教学，培养学生的动手能力和独立思考能力，提高学生观察问题、分析问题和解决问题的能力，激发学生的主动探索精神和知识创新精神。

兔生产实验与实训部分由兔生产实验和兔生产实训两部分组成，包括3个实验、3个实训。实验部分侧重于巩固和提高课堂所学的知识，要求学生通过完成实验，深入了解家兔的消化和生殖系统，强化对家兔消化生理和繁殖生理方面的了解；通过对家兔外貌观察与体尺、体重的测量，巩固对家兔品种识别和体尺、体重等参数的测定方法的掌握；通过家兔屠宰和肉品质评价，加强对家兔屠宰分割和肉质评价方面知识的了解。实训部分，通过对家兔品种识别与主要性状比较、家兔发情鉴定、人工授精及妊娠检查、兔场规划设计等内容的实训，强化学生理解问题、分析问题的能力，同时培养学生的创新思维、创新能力。

本篇内容力求简洁性、实用性和系统性相统一，注重学生能力的培养。在每个实验、实训中不仅介绍了实验、实训背景，还突出操作方法和过程，以及现象的观察记录和结果计算。

本篇内容可供兔生产实验与实训教学、毕业论文设计和科学研究时查阅和参考，也可供家兔养殖从业者参考使用。

兔生产实验

实验一　家兔消化器官及生殖器官解剖结构观察

家兔是单胃动物，以植物性饲料为主，主要采食植物的根、茎、叶和种子。家兔的一些特点，如特异的口腔构造、较大容积的消化道、特别发达的盲肠和特有的淋巴球囊等，都是对草食习性的适应。家兔的繁殖能力强，有性成熟早、刺激性排卵、双子宫、妊娠期短等特点；当室内温度超过30 ℃时，只要高温连续10 d以上，公兔的精子活力就会下降，精子密度也会减小，从而导致公兔不育或无精。这些特殊的消化和生殖生理特点都与家兔特殊的消化器官及生殖器官密切相关。

一、实验目的

(1)认识家兔消化器官、生殖器官的解剖构造及形态。

(2)了解家兔的器官构造与功能的关系。

二、实验材料

每小组公兔、母兔各一只，V形固定架，解剖刀，手术剪，镊子，骨钳，解剖盘，注射器，卷尺，生理盐水等。

三、实验方法

1.家兔处死和简单解剖

将家兔固定在V形固定架上，待兔耳边缘血管(耳缘静脉)扩张后，用注射器注入10 mL空气，形成空气栓塞，使家兔脑缺氧死亡。将处死的家兔仰卧于解剖盘内，伸展四肢，然后润湿腹毛，并将兔毛分向两侧。然后左手用镊子夹起腹部皮肤，右手持解剖剪沿腹中线从尿殖孔至下颌剪一纵切口，再用解剖刀分离切口两侧的皮肤和肌肉。

用解剖剪按同样方法沿腹中线自后向前剪开腹壁直到胸骨后缘，再由此向两侧剪成横切口以暴露腹腔；之后用解剖剪沿胸骨两侧向前剪断肋骨，再剪去胸骨。

2.消化器官的观察与测量

(1)观察兔上下唇的特点、牙齿的数量及排列方式。

(2)观察兔胃的形态特点、大小、在腹腔的位置以及不同部位的颜色。称取胃的总重量，取出内容物，分别称取胃重和内容物重。往胃内灌注37 ℃的生理盐水，记录胃的容积。

(3)观察比较小肠(十二指肠、空肠和回肠)和大肠(盲肠、结肠和直肠)不同区段的形态特征、分界线、肠管直径、内容物特点等，重点观察十二指肠、盲肠(圆小囊和蚓突)及结肠袋的特点。

(4)观察肝脏的形态、位置、颜色和大小，胆囊的形状、位置以及胆汁状态，胰脏的形状、位置。

3.生殖器官解剖学观察

(1)公兔的生殖器官。

①观察公兔睾丸形状，触摸睾丸的质地，测量其长度、宽度和厚度，称其重量。

②观察附睾形状，区别附睾头、附睾体、附睾尾，了解附睾与睾丸的关系。

③观察精索的组成以及输精管的形状、起始部位和颜色等。

④观察腹股沟和阴囊的特点。

⑤观察公兔副性腺(精囊及精囊腺、前列腺、旁前列腺、尿道球腺等)的形态、位置及排出口。

⑥观察阴茎的形态。

(2)母兔的生殖器官。

①观察卵巢形状、大小、位置、颜色及卵泡发育情况。

②观察输卵管形状、长度及起始部位。

③观察子宫形状、位置，并测其长度；观察子宫颈开口特点；剖开子宫，观察子宫黏膜特征。

④测量母兔阴道长度，观察膀胱开口位置及外生殖器特点。

四、数据记录与计算

(1)测量并记录家兔肠管(小肠和大肠)的总长度及体长,计算肠体比(肠长:体长)和盲体比(盲肠长:体长)。

(2)绘出母兔生殖器官简图,标出各段长度。

五、拓展

(1)简述家兔消化器官的解剖特点。

(2)简述公兔生殖器官的解剖特点。

(3)查阅资料了解盲肠的酸碱平衡调节和硬软粪形成机制。

(4)查阅资料了解公兔夏季精子活力下降的机理。

实验二　家兔外貌观察与体尺、体重测量

家兔的外貌、体尺和体重可以从不同方面反映其内部结构、组织发育、生理功能和生产性能等情况，在生产中通常作为品种鉴定、生理阶段、健康状况的依据，同时也是家兔育种的重要指标。

一、实验目的

(1)掌握家兔的捕捉保定方法。

(2)以生理解剖学为基础，了解家兔体态结构，准确掌握家兔体表各部位名称。

(3)学习并掌握体尺、体重的测量方法。

二、实验材料

家兔若干只、家兔骨骼及家兔部位名称挂图、卷尺、卡尺、电子秤等。

三、实验方法

1.捕捉保定方法

先用手在兔的背部顺毛方向反复抚摸，待兔安静后，用右手抓住两耳和颈部皮肤，提起后用左手托住臀部，使家兔重心落在左手上，左手起举重的作用，右手起保定作用。家兔捕捉保定时切忌只抓两耳、腰部或提后肢等。

2.外貌识别与鉴定

家兔的外貌识别与鉴定应在笼内或在平坦的场地内进行，先看头部，再看左侧，然后看后躯，最后鉴定人员转至兔的右侧重复进行一次同样的观察。

(1)头部：以头骨和额骨为基础，主要观察头部的大小、宽窄，面形，耳、眼、鼻等的状况。

①大小：头的大小和体躯大小相适应，头的大小和发育程度代表品种特征，也可说明家兔的体质类型。一般看来，肉用兔头较大而重厚，皮用兔头清秀细致，毛用兔头则小一些。头大体躯小的兔是发育不全的表现，头小体躯大的兔是过度发育的结果。

②宽窄：头部宽窄是相对额宽而言的，一般公兔的前额比母兔的宽，略呈椭圆形；而母兔的头平而窄。

③面形：从侧面观察鼻骨与额骨的角度，若鼻骨隆起，呈凸头，是野生兔的特征。

④耳：耳的大小、形状、厚薄、颜色在不同程度上代表着品种的特征。根据大小分为长耳和短耳。根据形状分为立耳、垂耳、斜耳。根据颜色可判断家兔的健康程度，一般耳色粉红者表示血旺；过红者为发烧，用手触摸有烫热感；耳色灰白者表示血亏；耳色青紫、耳温偏低者，病情一般较重；要求耳内没有黄褐色积垢，耳背、耳尖没有癣痂。

⑤眼：观察眼睛的大小、分泌物、眼神（对外界条件的反应程度）、眼球颜色。检查兔眼结膜是否充血、流泪，有无脓液分泌物，同时观察眼睛的神态表现。如果眼大、圆睁、明亮、活泼有神，则表示家兔健康，新陈代谢良好；如果家兔表现迟钝、萎靡、眼睛昏暗，则是体质衰老、病态的特征。

家兔眼球颜色与被毛颜色相一致。一般来说，白色兔皮肤无色素，眼球呈现鲜红色；而有色兔的眼球也有色素，并与被毛同色。

⑥鼻：健康兔鼻孔大，轮廓清楚，鼻端周围无鼻液和脏物附着，鼻孔黏膜呈粉红色，鼻镜夏季潮湿、冬季温暖。

（2）颈部：以颈椎为基础，连接头与躯干的部分。注意观察颈部的长短、厚薄、肉髯等特点。

①长短：应与躯干相协调，肉用兔颈短而粗，皮用兔颈较长且头颈结合界线明显。

②厚薄：从侧面观察头颈与颈肩的结合是否协调一致。要求颈部附着发达的肌肉，如果颈脊薄则表示发育不良。

③肉髯：位于颈与喉结合处，是由颈部皮肤隆起形成的。一般大型品种家兔都有肉髯，母兔的肉髯比公兔发达。肉髯过度发达是体质疏松的表现。

（3）躯干部：包括胸部、背腰、臀部、腹部及乳房、乳头。

①胸部：以肋骨和胸骨为基础，前面以颈、后面以胸膈膜为界。胸是心脏与肺脏所在部位，要求胸部宽而深。胸的宽窄是全身肌肉发育好与不好的重要标志，胸窄是发育不良、体质瘦弱的表现。

②背腰：背腰可结合起来观察，背是以第6～13脊椎为基础的体表部位，腰是以6块腰椎骨为基础的体表部位。一般要求种兔背腰长而宽广。当用手触摸家兔脊椎时，发育良好的家兔背腰部的肌肉和脂肪层都厚，脊椎骨不易分辨。过瘦的家兔脊椎骨节突出，类似算盘珠，表明营养不良或病态。选留种兔应以不肥不瘦、脊椎骨略能分辨，但不十分清楚者为宜。驼背、凹背或腰的两侧内陷都是缺陷，是肌肉发育不良、韧带松弛、骨骼纤细和体质瘦弱的表现。

③臀部：以荐骨、骨盆骨为基础。要求家兔臀部长、宽、圆，臀长、宽、圆是生产性能高

的表现，尤其要求繁殖母兔臀部发达。臀部的长短、宽窄与整个体躯相关，臀宽时胸也宽，臀长时腰也长。

④腹部：从胸下缘的后方到骨盆边缘的部分称为腹。腹部要求大而不松弛，家兔腹部应柔软而有弹性，且无肿瘤存在。妊娠母兔在妊娠后期腹部膨大并略有下垂。

⑤乳房、乳头：乳房在家兔的腹下，母兔的乳头一般为3～6对，乳房、乳头的发育情况与母兔的泌乳力有关，是育种的重要指标。乳头干瘪不饱满、乳头凹陷等都是缺陷。经产母兔的乳房、乳头比初产母兔的更大而且更外露。

(4)四肢：包括前肢与后肢。

①前肢：以肩胛骨、肱骨和掌骨及其附着的筋腱为基础，腕关节以下的部分都直接与地面接触，形成前肢。家兔的前肢比较小，在跳跃时只起支撑身体的作用。要求家兔前肢粗壮、屈伸灵活，在鉴定时应注意检查脚掌和趾爪是否有肿瘤和疥癣。

②后肢：以股骨、胫腓骨及附着的筋腱和发达的肌肉为基础，飞节以下部分直接与地面接触，形成后肢。后肢在家兔的跑跳中起推动作用，特别是后肢的股部和胫部不但附着发达的肌肉，而且筋腱的曲张能力很强。在鉴定家兔的四肢时，长的后肢和发达的肌肉是理想的要求。同时观察后肢有无肿瘤、疥癣和外伤等。

在鉴定家兔四肢时，应整体观察，除检查静卧姿态外，还应驱赶家兔运动，在跑跳中观察家兔的动作是否轻快敏捷，有无跛行、划水或后肢瘫痪等情况。

(5)生殖器官：主要注意公兔睾丸和阴囊的发育程度；主要注意母兔外阴部是否发育正常。

①睾丸发育程度：用手触摸公兔是否有两个睾丸，并观察两个睾丸的大小是否均匀，单睾和隐睾都不能作种兔用。

②阴囊发育程度：观察阴囊的紧张程度，并用手触摸阴囊感受其弹性大小。

③阴茎形态：公兔阴茎呈圆柱形，尖端稍向下弯曲。

④阴户发育程度：要求母兔的阴部大、无炎症，着生位置正常。成年母兔的阴户呈长形，幼年母兔呈柳叶形。

(6)被毛：主要观察被毛颜色、光泽度、密度、长度、结构和纤维类型等，还需要吹开被毛，用手触摸抓握被毛。要求家兔毛色符合品种标准，被毛有光泽、自然平顺、分布全身。若被毛暗淡无光、稀疏，则是营养不良或病态的表现。

3.家兔的体尺测量

(1)体长：家兔自然趴伏状态下，由鼻端到尾根的水平长度。

(2)背长：由头部枕骨大孔至尾根的自然长度。

(3)头长:项顶部至两鼻孔下角的长度。

(4)头宽:两眼窝外角突起之间的宽度。

(5)额长:项顶部至两眼内角的长度。

(6)耳长:耳根至耳尖部的长度。

(7)胸围:肩胛骨后缘绕胸廓一周的周长。

(8)胸宽:左右第六肋骨的最大长度。

(9)胸深:肩胛骨最高处至胸下缘的长度,用量角规测量。

(10)臀端宽(坐骨结节宽):用卡尺量取两臀端外缘的水平长度。

(11)腿臀围(半臀围):从左侧膝关节前缘突起,经肛门,至右侧膝关节前缘突起的长度,用软尺紧贴体表量取。

4. 体重测量

家兔体重测量的项目包括初生窝重、21日龄窝重、断奶个体重、3月龄重、4月龄重、5月龄重和6月龄重,体重测量应在早饲前相对空腹的状态下进行。

四、数据记录与计算

根据实验所得数据,填写表5-1-1。

表5-1-1 家兔体尺、体重测量登记表

测量指标	序号							
	1	2	3	4	5	6	7	…
体长/cm								
背长/cm								
头长/cm								
头宽/cm								
额长/cm								
耳长/cm								
胸深/cm								
胸围/cm								
胸宽/cm								
臀端宽/cm								
腿臀围/cm								
体重/kg								

续表

测量指标	序号							
	1	2	3	4	5	6	7	…
体躯指数/%								
胸深指数/%								

体躯指数:用于表示体躯大小的指数。

$$体躯指数=\frac{体长}{胸围}\times 100\%$$

胸深指数:用于表示家兔体躯对宽度和深度的指标。

$$胸深指数=\frac{胸深}{体长}\times 100\%$$

五、拓展

(1)说出并在家兔图片上标注各部位名称。

(2)简述家兔体尺测量和体重测量的方法。

(3)查阅资料,罗列常见家兔品种在各个年龄阶段的体尺、体重。

(4)在兔场随机选择家兔,通过外貌鉴定判断其是否健康。

实验三　家兔屠宰与肉品质评价

屠宰是连接消费市场和养殖业的桥梁,这座桥梁掌控着消费市场和养殖业的发展。在现代肉类消费中,屠宰后的胴体如何分割和分级销售,影响着整个产业链的利益。对于消费者来说,肉质是较为复杂的概念,将鲜肉的感观特征、技术质量、营养价值、卫生质量和安全性等综合起来进行评价。在各类肉制品中,兔肉以“三高三低”著称,“三高”即兔肉中蛋白质含量高、矿物质含量高、人对兔肉的消化率高;“三低”即脂肪含量低、胆固醇含量低、能量低。因此,兔肉的营养价值较高,是居民未来肉类消费的一大潜在选择,有广阔的市场前景。综上所述,对家兔的屠宰性能评价及兔肉的合理分割和科学评价,对家兔生产和兔肉消费都有重要意义。

一、实验目的

(1)了解家兔屠宰规程与取皮技术。

(2)掌握家兔屠宰率的测定方法。

(3)掌握家兔胴体测定指标及方法。

(4)掌握胴体分割方法。

二、实验材料

经检疫合格的活兔若干只、解剖台、盛血盆、台秤、吊脚钩、手术剪、手术刀、短木棒等。

三、实验方法

1.家兔的屠宰

(1)称重。将要屠宰的家兔停食12 h以上,称空腹体重。

(2)击晕:左手捉提兔的两耳或倒提两后肢,手握木棒,在兔的延脑部猛击一下;也可用右手手掌侧部在兔延脑部猛揺一下。只要击准,兔会立刻休克。

(3)放血:用解剖刀在兔咽喉处割断颈动脉,倒悬兔体,将血放入已知重量的盆中直到血液流尽为止。

(4)剥皮:放血后立即剥皮,否则尸体僵冷后兔皮不易剥离。先将前肢腕关节以下和后肢跗关节以下的皮剪断,并沿两后肢股内侧经外生殖器将皮剪开,在第三尾椎处剪断尾椎,然后将一侧(或两侧)后腿吊起,把兔皮由尾部向头部如翻衣服一样毛向里皮向外往下扒,到耳朵时沿耳根部将皮割开,直至整张兔皮全部扒下。

(5)剖腹:沿腹中线由外生殖器上方剪开腹肌至剑状软骨处。

(6)取胃肠道:将胃肠道取出,避免弄破后污染胴体。

(7)取器官:胴体冷藏24 h后将器官逐一取出。

2.家兔的分割(图5-1-1)

去头:在第一颈椎前缘用刀将头砍掉。

分割点1:在第7和第8胸椎之间切割,并沿肋骨切断胸壁。

分割点2:在最后一个胸椎和第一个腰椎之间切割,并沿肋骨切断胸壁。

分割点3:在第6、7腰椎间,连腹壁一起横切切断。

分割点4:前腿分离,包括附着的前腿的肌肉和胸肌。

分割点5:后腿分离,包括髋骨以及切面后的髂腰肌、腰大肌和髂肌(外侧和内侧部分)。

分割方法可分为分割点2、3和分割点1、3、4两种。

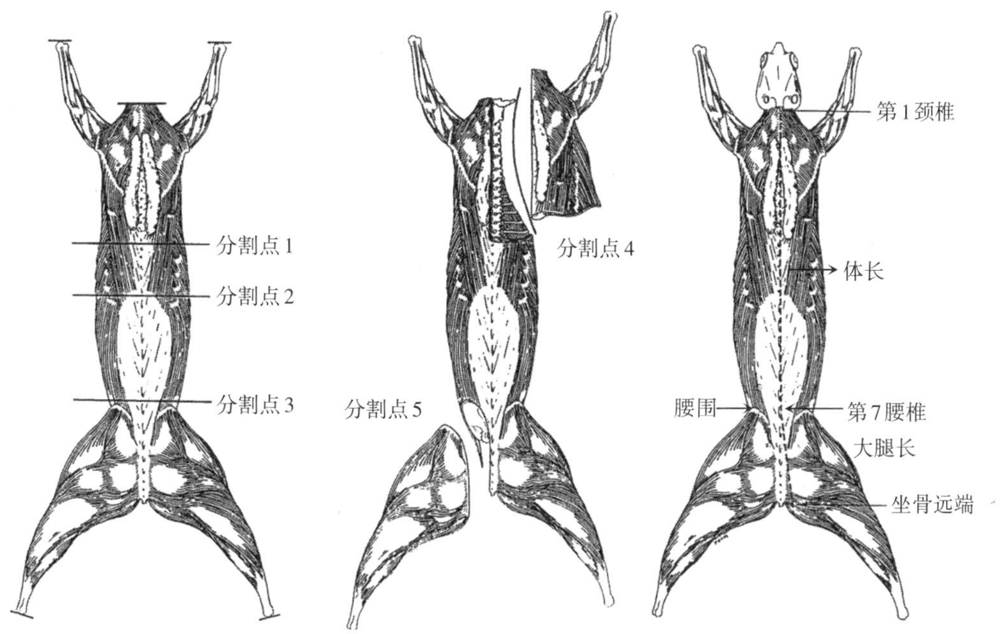

图5-1-1 家兔分割点及胴体测量部位图

3. 称重

(1)血重:血盆总重量减去空盆重量。

(2)皮重:包括耳朵的重量、尾巴远端的重量,但不包括前腿和后腿剪断的远端的重量;也包括一些皮下脂肪的重量,但不包括肩胛部位沉积的皮下脂肪的重量。

(3)全胃肠道重:包括胃、肠道及二者的内容物,以及膀胱排空后的泌尿生殖道。

(4)空胃肠道重:去掉胃肠道内容物并滴净液体后的重量。

(5)热胴体重:屠宰后15 ~ 30 min的胴体重量。不包括血液、皮、尾部远端、前腿和后腿的远端、胃肠道和泌尿生殖道的重量,包括头部、肝脏、肾脏以及位于胸部和颈部的器官(肺、食道、气管、胸腺和心脏)的重量。

(6)商品胴体重:屠宰后1 h左右将胴体置于冷藏室(0 ~ 4 ℃)冷藏24 h后的重量。注意:胴体不能清洗,冷藏期间应悬挂,并保持通风。

(7)标准胴体重:商品屠体重减去头、肝脏、肾脏以及胸部和颈部的重量。

(8)头重:分割下的头的重量。

(9)器官重:取出的器官各自的重量。

(10)板油重:位于腹腔内、肾周围板油的重量。

(11)肩胛脂肪重:位于肩胛上方皮下的脂肪重。

胴体分割1,各部位的重量:即取分割点2、3进行分割,分别测量胴体前、中、后3个部位的重量。

胴体分割2,各部位的重量:即取分割点1、3、4进行分割,分别测量前腿、胸腔(无前腿附着肌肉)、腰部和后腿的重量。

4. 胴体测量(图5–1–1)

(1)体长:第1颈椎到第7腰椎的长度。

(2)大腿长度:第7腰椎与坐骨远端的长度。

(3)腰围:第7腰椎处,绕胴体一周的周长。

5. 屠宰率计算

$$\text{商品胴体屠宰率}=\frac{\text{商品胴体重}}{\text{宰前活重}}\times 100\%$$

$$\text{标准胴体屠宰率}=\frac{\text{标准胴体重}}{\text{宰前活重}}\times 100\%$$

6. 肉骨比率

将后腿的肉骨分开,称重后计算肉重与骨重的百分比。

7.兔肉质量评定

家兔的两个背最长肌(左右腰部)被认为是兔肉质量评定的最佳部位,通常取下来用于测定肉色、pH、风味、剪切力、系水力、蒸煮损失和咀嚼特性等。

四、数据记录与计算

根据实验过程中所得到的结果,填写表5-1-2。

表5-1-2　家兔屠宰记录表

品种:　　　　耳号:　　　　编号:　　　　屠宰时间:

体重/g		胴体分割1	前/g	
血重/g			中/g	
皮重/g			后/g	
全胃肠道重/g		胴体分割2	前腿/g	
空胃肠道重/g			胸腔/g	
热胴体重/g			腰部/g	
商品胴体重/g			后腿/g	
标准胴体重/g		体长/cm		
头重/g		大腿长/cm		
心重/g		腰围/cm		
肝重/g		商品胴体屠宰率/%		
脾重/g		标准胴体屠宰率/%		
肺重/g		肉骨比/%		
肾重/g		$pH_{(45\ min)}$		
板油重/g		$pH_{(24\ h)}$		
肩胛脂肪重/g		肉色		
蒸煮损失/%		剪切力/N		

五、拓展

(1)在家兔屠宰过程中,哪些环节会影响肉的卫生和品质?

(2)简述家兔胴体评价指标及测定方法。

(3)家兔肉质评价的指标及方法有哪些?

兔生产实训

实训一　家兔品种识别与主要性状比较

一、导入实训项目

一个品种应具备较高的经济或种用价值，来源相同、性状相似、遗传性稳定，作为同一个品种的家畜，在体形结构、生理功能、重要经济性状、对自然环境条件的适应性等方面都应该是相似的，这些相似的内容构成了该品种的基本特征。在影响家兔生产效率的诸多因素中，品种起着主导作用（高达40%），因此对品种的识别和不同品种间的经济性状比较是家兔育种与家兔生产中很重要的环节。

二、实训任务

（1）了解我国兔种资源及地方优良品种在体质外形结构上的特征及优缺点。

（2）熟悉国外优良品种的外貌特征及优缺点。

（3）认识和掌握国内外优良家兔品种。

（4）学会识别各类家兔的要领，着重识别头形、耳形、体形、毛色等特征。

三、实训方案

1.实训材料

具有典型特征的不同品种家兔的照片、挂图、幻灯片，各类家兔品种若干只，钢板尺，钢卷尺，皮尺，游标卡尺，电子秤等。

2. 内容与方法

(1)观看照片、挂图、幻灯片。在室内集中观看照片、挂图、幻灯片,对各家兔品种有初步认识。

(2)兔场实地观察比较。在兔场选择几个具有代表性的家兔品种各若干只,分组交换观察,主要观察各品种家兔的外貌特征,了解各个品种的培育过程和主要优缺点。

四、结果分析

根据实验过程中所得到的结果,填写表5-2-1、表5-2-2、表5-2-3、表5-2-4。

表5-2-1 品种来源及现状表

品种(体系)	原产地	经济类型	育成史	主要优点	主要缺点

表5-2-2 家兔外貌特征的观察比较

类别	品种(系)	编号	总体				耳朵			颜色						
			类型	体型	耳形	肉髯	长度/cm	宽度/cm	厚度/cm	基本	头部	耳朵	背部	体侧	腹部	眼球

注:类别指毛用、肉用和皮用;基本颜色指八点黑、青紫兰、白色、黄褐、黑色、海狸等;体型指大、中、小型;肉髯指观察有无。

表5-2-3 家兔被毛特征鉴定和比较

品种(系)	编号	肉用兔					皮用兔				毛用兔					
		枪毛长/cm	绒毛长/cm	被毛密度	粗毛率/%	脚毛	毛长/cm	被毛密度	粗毛率/%	脚毛	耳毛	颊毛	脚毛	毛长/cm	被毛密度	粗毛率/%

注:脚毛、耳毛和颊毛指观察有无。

表5-2-4 家兔肉用性状的鉴定和比较

类别	品种(系)	编号	月龄	体重/kg	胸围/cm	胸宽/cm	胸深/cm	臀端宽/cm	臀围/cm

五、拓展提高

(1)说出不同品种家兔的特点,并能在兔场对不同类型家兔进行品种识别。

(2)对不同养殖需求,提出品种选择方案。

(3)根据所学知识,比较各个家兔品种,论证哪个家兔品种最适于本省(市)饲养。

实训二　家兔发情鉴定、人工授精及妊娠检查

一、导入实训项目

动物繁殖是畜牧生产的基础，是动物育种工作的有力手段，优良种畜的扩繁可以加速畜牧生产的发展，在生产中运用好动物的繁殖性能，可极大推动畜牧生产产业化的发展和提高生产效率。家兔繁殖力很强，从生理角度上讲，一年四季都可以繁殖。一般情况下，母兔繁殖周期是44～48 d，妊娠期为28～32 d；母兔具有刺激性排卵的特点，其发情时间并没有准确的周期性，变化范围较大，一般为7～15 d发情一次，每次持续3～5 d。在家兔生产中，如果能对母兔的发情和妊娠情况准确判断，从而降低母兔空怀或假妊娠概率，对增加兔场兔群数量和提高全群生产性能非常重要。

二、实训任务

(1)观察母兔不同发情阶段的表现，并对发情情况做出初步判断。

(2)学习并掌握家兔妊娠诊断的方法，并对妊娠情况做出初步判断。

三、实训方案

1.实训材料

在兔场选择有生产记录和繁殖记录的健康母兔若干只，包括不同发情阶段的母兔和妊娠兔；健康公兔2～3只(用于试情和妊娠检查)。

2.内容和方法

(1)发情期母兔观察。

①行为变化。发情母兔表现为兴奋，爱跑跳，常用前爪刨地，后脚顿足；食欲减退，有的甚至完全拒食，常用料槽或其他用具摩擦下颌；喜欢爬跨同一笼内的其他母兔，若放入公兔笼内，会主动接近公兔，接受爬跨；当人用手抚其背时，母兔会贴伏地面并将尾举起。

②外阴变化。有的发情母兔外阴部会出现红肿现象，初期粉红、中期大红、后期紫红，配种最好在中期，俗称“粉红早，黑紫迟，大红正当”。但也有部分发情母兔的外阴部并无红肿现象，仅出现水肿、腺体分泌物等含水湿润现象，此时以阴户含水量特别多、湿

润肿胀时配种最适宜。如果发情母兔阴唇湿润含水，即使泛白，也极容易接受交配；外阴部红肿，但不湿润，则不易接受交配。

（2）妊娠诊断方法。

①摸胎检查法。在母兔配种后10 d左右，用手触摸母兔腹部，判断是否受孕，称为摸胎检查法，在实际生产中多用此法诊断。

具体方法为：一手抓住兔的双耳和领皮，兔头朝向术者，另一手的拇指与其余四指呈八字形张开，从兔的腹侧伸入腹下，从前向后沿腹壁推移，到腹腔最后部位即两后肢之间时，手指合拢，通过手的前后滑动，用手指腹去感觉腹腔内容物的状况和胎儿的形状、大小、弹性及光滑度。如果母兔没有怀胎，则腹内柔软如棉；如果母兔已经怀胎，则内容物为扁圆形，两个子宫重叠时呈捻珠状，且胎儿有弹性，手感光滑。8～10 d的胚胎如花生米大小，15 d的胚胎如小红枣大小，20 d的胚胎似核桃大小，22～23 d可触到胎儿较硬的头骨。

但要注意胚胎与粪球的区别，粪球无弹性、质硬、粗糙。摸胎检查法操作简便，准确性较高，但注意动作要轻柔，检查时不要将母兔提离地面悬空，更不要用手指去捏数胚胎数，以免造成流产。

②复配检查法。在母兔配种后7 d左右，将母兔送入公兔笼中复配，如母兔拒绝交配，表示可能已怀孕。若接受交配，则可认为未孕。但要注意，此法准确性不高。

③称重检查法。母兔配种前先行称重，隔10 d左右复称一次，如果体重比配种前明显增加，表明已经受孕，如果体重相差不大，则视为未孕。

④注意事项。

a.摸胎检查时操作要谨慎，以免用力过猛造成母兔流产。

b.摸胎检查时，要通过手掌的前后滑动，用手指腹去感觉内容物，而不应用手指去捏，以免造成胚胎死亡，引起流产。

c.摸胎检查时，应注意胚胎与粪球的区别。因为8～l0 d的胚胎与粪球大小相近，可以从内容物的形状、位置、弹性和光滑度等几方面加以区别。胚胎呈扁圆形、光滑，有弹性和肉样感，位置靠下；而粪球呈球形、表面粗糙，没有弹性和肉样感，位置靠上紧贴脊梁，并与直肠宿粪相接。

d.母兔的妊娠诊断最好在早饲前空腹时进行。

四、结果分析

根据实训得到的结果，完成表5-2-5和表5-2-6。

表 5-2-5 母兔发情时表现记录表

母兔号	外部表现	外阴表现	其他生理现象	现所处生理阶段	发情鉴定结果

表 5-2-6 母兔妊娠诊断记录

母兔号	外部表现	摸胎结果	复配表现	发情鉴定结果

五、拓展提高

(1)根据兔场生产计划,制订合理的繁殖计划。

(2)简述家兔发情鉴定和妊娠诊断操作要领及注意事项。

实训三　兔场规划设计

一、导入实训项目

养殖场是集中饲养家畜的场所，科学规划设计现代养殖场，可以使养殖场建设投资减少、生产流程更通畅、劳动效率提高、生产潜力得以发挥、生产成本降低。合理的养殖场规划设计是养殖生产达到社会效益、经济效益、生态效益"三效统一"的基础。兔是食草性哺乳动物，具夜行性和嗜眠性；胆小，怕惊扰，厌湿喜干，嗅觉灵敏，群居性差，喜打洞穴居，有啮齿行为。兔场的建设应按用途进行设计，在满足家兔生物学特性的情况下，还要考虑生产工艺、生产效率和环境保护等因素。

二、实训任务

(1)熟悉兔场生产的主要工艺参数。

(2)了解兔舍建造与兔笼设计的一般要求。

(3)掌握兔场基础设施规划布局方法。

三、实训方案

(1)兔场实地参观学习：老师准备幻灯片或照片，通过多媒体介绍不同类型兔场的规划设计情况；老师带领学生到兔场实地参观，并结合兔场实际情况讲解各个设计环节的注意事项和要求。

(2)本节以有400只基础母兔的兔场设计为例介绍具体规划设计方法

①兔场主要信息如下。

性成熟月龄：公兔4～5月龄；母兔3～4月龄。

初配月龄：公兔7～8月龄；母兔6～7月龄。

发情周期：7～15 d发情一次，每次持续3～5 d。

妊娠期：28～32 d。

哺乳期：28～40 d。

年产胎数：4～7胎。

每胎产仔数:6～8只。

仔兔初生重:50～70 g。

仔兔断奶重:大型兔1000～1500 g;中型兔450～550 g。

仔兔断奶成活率:70%～85%。

幼兔成活率:70%～80%。

公母比:1∶(8～10)。

成年兔体重:大型兔6 kg以上,中型兔4～5 kg。

平均每天每只兔耗料量:150 g。

商品肉兔饲料转化率:(2.5～3)∶1。

②性质和规模。实训的肉兔场为有400只基础母兔的兔场,年出栏商品肉兔13000～15000只。

③生产工艺流程如图5-2-1所示。

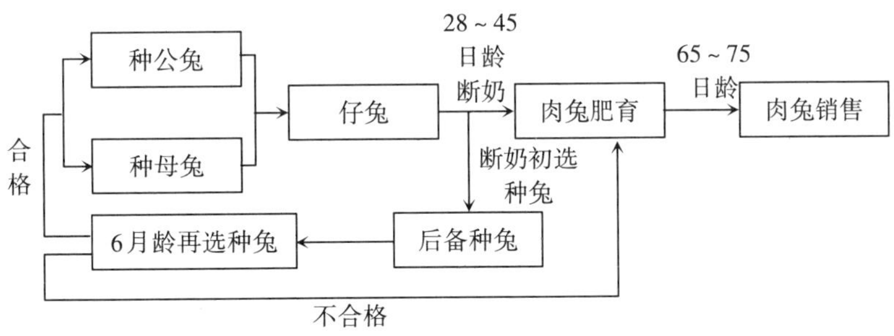

图5-2-1 肉兔生产工艺流程

④饲养管理方式。该肉兔场有两名工作人员,采用全封闭兔舍室内笼养、自繁自养、手动投料、自动清粪饲养方式。

⑤兔群组成和周转。基础母兔400只,若公母比为1∶8,则需公兔50只。种兔使用年限按3年算,则每年更新种公兔17只,种母兔134只,每年需准备后备种兔150只左右。每年“春繁”和“秋繁”各用一次半密集繁殖(产后2周左右配种),其他时段用常规繁殖(断奶后1～2 d内配种),保证每只母兔每年至少产6胎,每胎产仔8只。保持存栏仔兔、幼兔4800只左右(年繁殖6～7胎,每胎存活6只,上市时间为65～75日龄,每年7、8月份不配种),全年出栏量13000～15000只商品肉兔。

⑥兔场建筑种类和面积。该肉兔场有1栋兔舍,内有2层兔笼,共4列安装448个兔笼。兔场设单独的生活区,包括饲料储藏室、管理办公室和宿舍。兔场饮水为地下水或井水,配备单独的蓄水池。兔舍建筑面积333 m^2,生活区面积120 m^2,按建筑物占地20%计算,全场需要场地面积为2265 m^2(约3.4亩)。

⑦兔笼及兔场(舍)布局示意图见图5-2-2至图5-2-6。

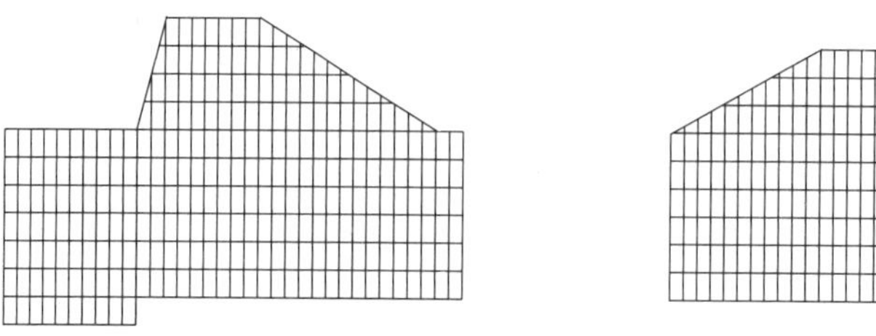

图5-2-2　兔笼

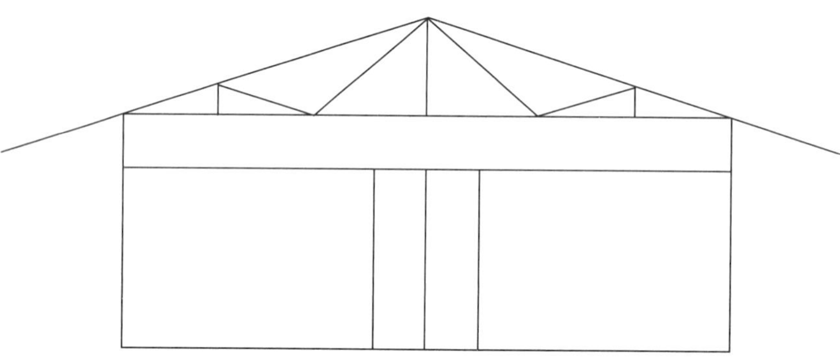

图5-2-3　兔舍剖面图A

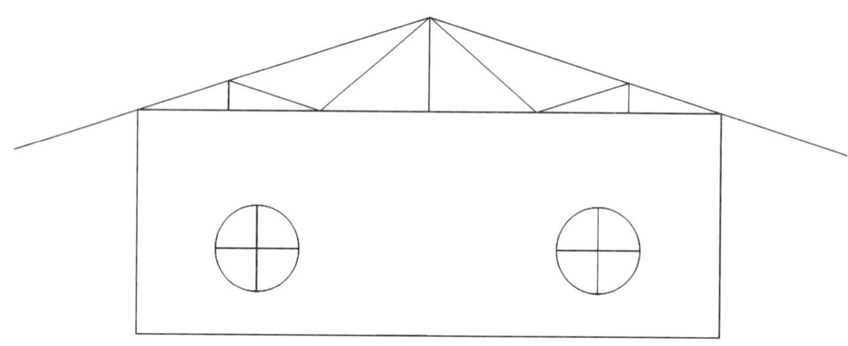

图5-2-4　兔舍剖面图B

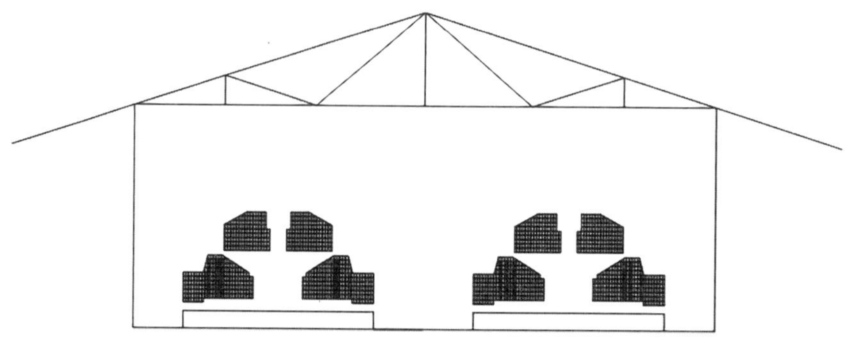

图5-2-5　兔舍内部剖面图

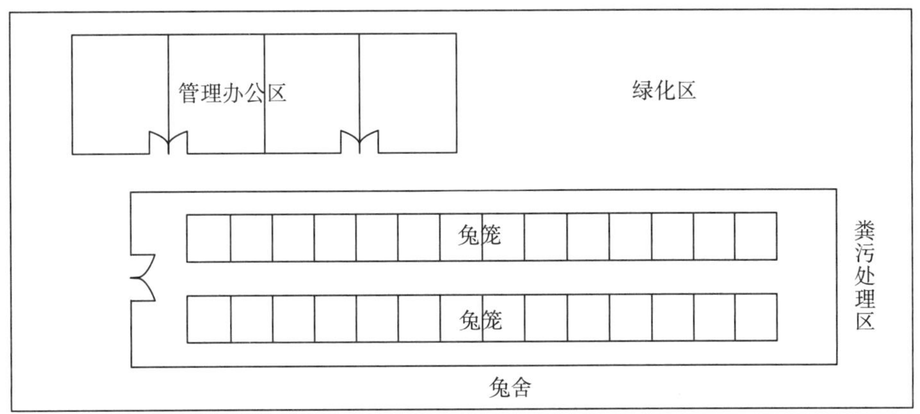

图5-2-6 兔场平面示意图

实际设计兔场时,还应有地形图、建筑施工图、基础设施预算等。

四、拓展提高

(1)设计一个1000只基础母兔的肉兔场。

(2)根据肉兔场的生产需要,编制一个繁殖计划。

参考文献

[1]JOHN GADD.现代养猪生产技术:告诉你猪场盈利的秘诀[M].北京:中国农业科学技术出版社,2015.

[2]陈代文,余冰.动物营养学[M].4版.北京:中国农业出版社,2020.

[3]董修建,李铁,张兆琴.新编猪生产学[M].北京:中国农业科学技术出版社,2012.

[4]国家畜禽遗传资源委员会.中国畜禽遗传资源志:猪志[M].北京:中国农业出版社,2011.

[5]国家市场监督管理总局,中国国家标准化管理委员会.畜禽屠宰操作规程 生猪:GB/T 17236—2019[S].北京:中国标准出版社,2019.

[6]黄武光.智能化猪场建设与环境控制[M].北京:中国农业科学技术出版社,2015.

[7]刘瑞生.超声波技术在母猪妊娠诊断上的研究概况[J].养猪,2018(02):53-56.

[8]刘莹莹,李凤娜,印遇龙,等.中外品种猪的肉质性状差异及其形成机制探讨[J].动物营养学报,2015,27(01):8-14.

[9]彭健.母猪营养代谢与精准饲养[M].北京:中国农业出版社,2019.

[10]申子平.猪妊娠诊断技术概述[J].湖南畜牧兽医,2018(06):15-17.

[11]吴德.猪标准化规模养殖图册[M].北京:中国农业出版社,2013.

[12]谢水华.猪活体背膘测定方法的研究[J].养猪,2016(03):84-85.

[13]杨公社.猪生产学[M].北京:中国农业出版社,2002.

[14]杨光希.猪的外貌评定技术[J].贵州畜牧兽医,2003(04):40-44.

[15]张树敏,陈群,李娜,等.松辽黑猪种质特性及其利用的研究[J].当代畜禽养殖业,2006(06):42-45.

[16]赵江.猪生产实训教程[M].北京:中国农业科学技术出版社,2012.

[17]赵思思,贾青,胡慧艳,等.华南型猪品种资源状况变化分析[J].黑龙江畜牧兽医,2017(23):115-118.

[18]赵思思,贾青,胡慧艳,等.华中型地方猪品种资源变化分析[J].湖南农业科学,2016(09):67-72.

[19]赵思思,贾青,胡慧艳,等.江海型猪品种资源状况变化分析[J].江苏农业科学,2017,45(22):179-182.

[20]赵思思,贾青,胡慧艳,等.西南型地方猪品种资源的变化[J].贵州农业科学,2016,44(10):91-94.

[21]中华人民共和国农业农村部.猪肉品质测定技术规程:NY/T 821—2019[S].北京:中国标准出版社,2019.

[22]蔡发奇,杨永恒,赵军.热风炉在肉鸡生产上的应用技术[J].中国禽业导刊,1999(02):18-19.

[23]车永顺.禽生产学实验指导[M].长春:吉林大学出版社,2008.

[24]杜晓惠,熊婷.母鸡产蛋量、孵化率与蛋品质的关系研究[J].中国畜牧杂志,2013,49(05):9-12.

[25]高文征.鸡笼的合理使用[J].山东畜牧兽医,2003(04):21.

[26]洪图,方岳,王志,等.基于物联网的畜牧智能养殖系统[J].农业技术与装备,2019(12):126,128.

[27]黄华.影响雏鸡质量的因素及解决办法[J].现代畜牧科技,2019(08):46,48.

[28]赖正超.家禽的血液样品采集技术[J].广西畜牧兽医,2016,32(03):150-151.

[29]刘安芳,梅学华.规模化蛋鸡养殖场生产经营全程关键技术[M]北京:中国农业出版社,2019.

[30]慕宗杰.雏鸡的选择、处理和运输技术[J].畜牧与饲料科学,2009,30(Z2):155-156.

[31]王丽娟,卜春华.家禽血液样品的采集技术及应用[J].湖北畜牧兽医,2010(07):40-42.

[32]王新钧,刘春雨.家畜繁殖学[M].北京:阳光出版社,2013.

[33]夏炎.雏鸡断喙、剪冠、断趾及其注意事项[J].养殖技术顾问,2012(08):38.

[34]杨洁,石凯,廖飞.规模化种鸡场常见喂料设备的应用[J].中国家禽,2012,34(20):50-51.

[35]杨宁.家禽生产学[M].3版.北京:中国农业出版社,2023.

[36]杨艳玲,张福寿.防止育种鸡群系谱混乱的有效方法[J].中国家禽,2012,34(12):48-49.

[37]张国锋,肖宛昂.智慧畜牧业发展现状及趋势[J].中国国情国力,2019(12):33-35.

[38]朱庆生.蛋鸡标准化规模养殖图册[M].北京:中国农业出版社,2013.

[39]朱守智.鸡常用饮水设备的介绍[J].吉林畜牧兽医,2002(06):37-39.

[40]陈侠飞.改良牛体重的估测[J].四川草原,1981(04):72,55.

[41]李彦超.奶牛外貌的鉴定[J].养殖技术顾问,2013(06):3.

[42]梁学武.养牛学实习指导[M].北京:中国农业出版社,2014.

[43]刘建明,杨光维,李涛等.应用约翰逊法估测美新杂交褐牛体重[J].中国牛业科学,2019,45(06):23-25.

[44]马彦男,吴建平,朱静.基于EXCEL的奶牛体型外貌线性评分系统[J].中国草食动物,2009,29(03):30-33.

[45]毛玉胜.约翰逊公式在秦川牛体重估测上的具体应用[J].中国良种黄牛,1983(03):48-50.

[46]莫放.养牛生产学[M].2版.北京:中国农业大学出版社,2010.

[47]邱怀.牛生产学[M].北京:中国农业出版社,1995.

[48]王根林.养牛学[M].北京:中国农业出版社,2000.

[49]王淑辉.肉牛线性外貌评定和不同经济类型牛评定方法的研究[D].杨凌:西北农林科技大学,2003.

[50]杨和平.牛羊生产[M].北京:中国农业出版社,2001.

[51]昝林森.牛生产学[M].3版.北京:中国农业出版社,2017.

[52]昝林森.牛生产学实习指导[M].北京:中国农业出版社,2018.

[53]张巧娥.牛生产学实习实验指导[M].北京:中国农业出版社,2019.

[54]朱凯,刘光磊,黄黎明,等.上海地区荷斯坦牛体型外貌与产奶性状的相关分析[J].中国奶牛,2014(Z1):17-20.

[55]汪水平,王文娟,汪学荣,等.舍饲大足黑山羊羔羊肉品理化性状及食用品质的研究[J].安徽农业科学,2010,38(33):18874-18876.

[56]王文娟,汪水平,张家骅.舍饲大足黑山羊羔羊生长发育及产肉性能的研究[J].黑龙江畜牧兽医,2011(05):72-74.

[57]赵有璋.羊生产学[M].3版.北京:中国农业出版社,2014.

[58]周贵,王立克,黄瑞华,等.畜禽生产学实验教程[M].北京:中国农业大学出版社,2006.

[59]A. B,J. O,G. M. Harmonization of criteria and terminology in rabbit meat research[J]. World Rabbit Science,2010,1(1).

[60]李福昌.兔生产学[M].2版.北京:中国农业出版社,2016.

[61]罗文华,周勤飞,周玲.如何办个赚钱的肉兔家庭养殖场[M].北京:中国农业科学技术出版社,2015.